U0150093

数学物理方程简明教程

张鲁明　王姗姗　编

科学出版社

北　京

内 容 简 介

本书是数学物理方程的入门教材,主要介绍三个经典方程 (波动方程、热传导方程和 Laplace 方程) 定解问题的导出及求解. 通过介绍一般二阶线性偏微分方程的分类与化简,指明这三个方程代表着数学物理方程的三种类型. 针对不同的定解问题,介绍了如分离变量法、积分变换法、通解法和 Green 函数法等常规的求解方法,还介绍了由分离变量法求解定解问题时引出的两个特殊函数——Bessel 函数和 Legendre 函数. 本书没有致力于严谨的数学理论分析,而是通过经典的问题,向读者展示数学物理方程定解问题适定性的分析方法,以期达到抛砖引玉的目的.

本书可作为数学类专业本科生以及工科类专业研究生的教材,也可供从事相关专业的科研和工程技术人员参考.

图书在版编目(CIP)数据

数学物理方程简明教程/张鲁明,王姗姗编. —北京: 科学出版社,2022.6
ISBN 978-7-03-072528-8

Ⅰ. ①数… Ⅱ. ①张… ②王… Ⅲ. ①数学物理方程-高等学校-教材
Ⅳ. ①O175.24

中国版本图书馆 CIP 数据核字(2022)第 100954 号

责任编辑: 王 静 李香叶 / 责任校对: 杨聪敏
责任印制: 张 伟 / 封面设计: 陈 敬

科 学 出 版 社 出版
北京东黄城根北街 16 号
邮政编码: 100717
http://www.sciencep.com
北京建宏印刷有限公司 印刷
科学出版社发行 各地新华书店经销
*
2022 年 6 月第 一 版 开本: 720×1000 1/16
2023 年 1 月第二次印刷 印张: 14 1/4
字数: 287 000
定价: **49.00 元**
(如有印装质量问题, 我社负责调换)

前　言

　　数学物理方程是普通高等学校数学类专业及部分理工类专业本科生或研究生的一门重要基础课程, 为后继课程的学习之必需. 可以说, 无论是对于从事相关基础理论研究的科研人员, 还是从事工程技术应用的科学技术工作者, 数学物理方程都非常重要. 因此, 如何开展好这门课程的教学就尤为重要, 作为教学工作的一部分——精品教材的编写, 也得到教师和学校的重视.

　　数学物理方程内容繁杂, 如何在目前较少课时的前提下, 让学生掌握该课程的基本内容, 成为一线教师的研究课题, 也是教材编写者思考的重中之重. 编者长期面向数学专业本科生及理工类研究生开展数学物理方程教学工作, 对学生及其对课程知识接受情况有着一定程度的了解, 再加之教学过程中参阅过许多国内外同类教材, 集众家所长, 因地制宜, 适当选材, 数次修订, 形成了现在的教学教案, 想在此基础上为学生提供一本易于学习的数学物理方程入门教材, 这也是我们编写本书的初衷.

　　精品教材的编写得到南京航天航空大学各级部门的重视, 我们有幸承担数学物理方程教材的编写工作, 高兴之余, 也倍感责任之重大. 本书在编写过程中, 得到了南京航空航天大学理学院领导及同仁的大力支持. 东南大学孙志忠教授和南京师范大学张志跃教授审阅了本书, 提出了许多宝贵的意见, 值此书出版之际, 特向对本书给予支持的老师表示衷心的感谢. 另外编者的研究生李鑫、魏新新、纪兵权等也给予了帮助, 在此也一并致谢.

　　由于本书是在编者多年教学教案的基础上编写而成的, 而教案时常修改, 有些内容没有记录出处, 参考文献列出可能不全, 对此深感歉意, 在此对曾经参考过的所有书籍的作者表示感谢. 鉴于编者水平有限, 书中肯定存在一些不足之处, 恳请读者批评指正.

编　者

2022 年 4 月 8 日于南京

目　　录

第 1 章　典型方程及其定解问题

数学物理方程是一个十分广阔的领域, 一般是指由物理学、力学和工程技术问题中导出并反映物理量之间关系的偏微分方程和积分方程等. 作为基础教材, 本书将致力于讨论三类典型的线性偏微分方程, 即线性双曲型方程、线性抛物型方程和线性椭圆型方程, 研究其定解问题的建立、解析求解的方法及其解的适定性问题.

1.1　偏微分方程的基本概念

当研究依赖多个自变量的运动过程时常常会遇到偏微分方程. 通常称一个含有多元未知函数及其偏导数的等式为偏微分方程, 其一般形式为

$$F\left(x_1, x_2, \cdots, x_n, u, u_{x_1}, \cdots, u_{x_n}, u_{x_1^2}, u_{x_1 x_2}, \cdots, u_{x_i x_j}, \cdots\right) = 0, \qquad (1.1)$$

其中 u 为自变量 $x_1, x_2, \cdots, x_n$ 的多元函数. 函数 F 的变量中自变量 $x_1, x_2, \cdots, x_n$ 与 u 对自变量的低阶导数可以不出现. 例如

$$u_t = a\left(x, t\right) u_{xx} + b\left(x, t\right) u_x + c\left(x, t\right) u + f(x, t), \qquad (1.2)$$

$$u_t + \alpha u_x = 0, \qquad (1.3)$$

$$u_{tt} = K^2\left(u_{xx} + u_{yy} + u_{zz}\right), \qquad (1.4)$$

$$u_{xx} + u_{yy} + u_{zz} = 0, \qquad (1.5)$$

$$u_t - u_{xx} + u u_x = 0, \qquad (1.6)$$

$$i u_t - u_{xx} + |u|^2 u = 0, \qquad (1.7)$$

$$u_t + K u u_x + u_{xxx} = 0 \qquad (1.8)$$

等都是偏微分方程, 其中 $a\left(x, t\right), b\left(x, t\right), c\left(x, t\right), f\left(x, t\right)$ 为已知函数; α, K 为常数; u 为未知函数.

在偏微分方程中出现的未知函数偏导数的最高阶称为偏微分方程的阶. 如上面给出的偏微分方程中, (1.3) 为一阶, (1.8) 为三阶, 其他方程为二阶.

如果一个偏微分方程中, 未知函数及其各阶偏导数都是一次, 就称为线性偏微分方程. 否则称为非线性偏微分方程 (在许多偏微分方程的教材中, 被称为非线性的偏微分方程更细致地分为拟线性、半线性和非线性方程). 如上面给出的方程中 (1.2)—(1.5) 为线性的, (1.6)—(1.8) 为非线性的.

偏微分方程中不含有未知函数及其偏导数的项称为自由项, 不含有自由项的方程称为齐次方程, 否则称为非齐次方程. 例如上面例子中的 (1.2) 为非齐次方程, 其他均为齐次方程.

若函数 u 满足偏微分方程 (即将 u 代入偏微分方程后, 使其成为恒等式), 则称 u 为该方程的解.

以上概念与常微分方程完全一致. 另外, 在常微分方程中还有一个普遍出现的概念: 通解, 但在偏微分方程中很少出现. 这是因为随着自变量个数的增加, 寻找通解有时变得非常困难. 一般说来, 一阶偏微分方程的通解包含一个任意函数, 二阶偏微分方程的通解包含两个任意函数, 依次类推.

如果不考虑数学物理方程中的积分方程部分, 则显然偏微分方程涵盖了数学物理方程. 在数学物理方程的研究中, 对自变量赋予物理意义, 通常以 t 表示时间变量, 以 x, y, z 表示空间变量, 而把出现的空间变量的个数称为数学物理方程的维数, 如 (1.4) 称为三维波动方程, 而 (1.5) 称为三维 Laplace 方程, (1.3)、(1.6)、(1.7) 和 (1.8) 分别称为一维对流方程、一维正则长波方程、一维非线性薛定谔方程和一维 KdV(Korteweg-de Vries) 方程.

1.2 典型方程及定解条件的导出

本节我们将导出三个典型的二阶线性偏微分方程.

(1) 波动方程:

$$u_{tt} = a^2 \left(u_{xx} + u_{yy} + u_{zz} \right);$$

(2) 热传导方程 (扩散方程):

$$u_t = a^2 \left(u_{xx} + u_{yy} + u_{zz} \right);$$

(3) 位势 (Laplace) 方程:

$$u_{xx} + u_{yy} + u_{zz} = 0,$$

或这些方程的非齐次形式. 此外, 还将导出这些方程的定解条件. 许多的数学物理问题都归结为求解上述偏微分方程的定解问题, 因此求解这些方程的定解问题对物理、力学及工程问题的研究具有重要的意义, 也构成了本书的基本内容.

1.2.1 弦振动方程及其定解条件

现考虑弦的微小横振动方程及其定解条件. 所谓弦的微小横振动, 在物理上描述为: 一长为 l 的柔软均匀细弦, 两端沿直线拉紧后让它离开平衡位置, 在垂直于弦的外力的作用下做微小横振动. 为了将以上物理模型转化为数学模型, 需要对该物理模型中一些名词的物理意义作如下解释:

柔软是指弦不抵抗弯曲, 因此各点的张力沿该点的切线方向;

均匀是指弦上各点的密度相同;

细弦是指弦的重量与张力相比可忽略不计, 即若用 u 表示位移, 则有 $u_{tt} \gg g$ (g 为重力加速度);

横振动是指弦的运动发生在一个平面内, 而弦上各点的位移与平衡位置垂直; 若取弦的平衡位置为 x 轴, 则所谓**微小振动**是指 $u_x \ll 1$.

建立如图 1.1 所示坐标系及振动示意图.

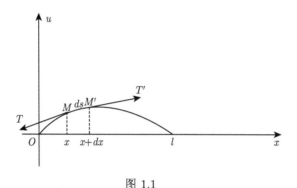

图 1.1

图 1.1 中两个端点分别固定在 $x = 0$ 和 $x = l$ 处, $u(x,t)$ 表示 t 时刻弦上的点 x 的位移, 现用微元法导出方程.

如图 1.1, 在弦上任取微弧段 $ds = \widehat{MM'}$, 设两端的张力分别为 T, T', 设 $f_0(x,t)$ 为作用在弦线上且垂直于平衡位置的外力密度 (牛顿/米), ρ 为线密度 (千克/米).

由于

$$ds = \int_x^{x+\Delta x} \sqrt{1 + u_x^2} dx \approx \Delta x,$$

故可认为该微弧段在运动的过程中未伸长. 由胡克 (Hooke) 定律, 弦上每点的张力在运动过程中保持不变, 即张力与时间无关. 根据横振动的解释, 知 M, M' 在 x 轴上的对应位置分别为 x 与 $x + \Delta x$, 故张力在 x 方向的合力为零, 即

$$T' \cos \alpha' - T \cos \alpha = 0,$$

其中, α, α' 分别为张力 T, T' 与 x 轴的夹角. 由于是微小振动, 故有 $\alpha \approx 0$, $\alpha' \approx 0$. 从而 $\cos\alpha \approx 1$, $\cos\alpha' \approx 1$, 于是有 $T' = T$. 另外, 微弧段 ds 在 u 方向上满足牛顿第二定律 $F = ma$, 即

$$\rho ds \frac{\partial^2 u}{\partial t^2} = T\left(\sin\alpha' - \sin\alpha\right) + f_0\left(x, t\right) ds,$$

由于 $\sin\alpha \approx \tan\alpha = \left.\dfrac{\partial u}{\partial x}\right|_x$, $\sin\alpha' \approx \tan\alpha' = \left.\dfrac{\partial u}{\partial x}\right|_{x+\Delta x}$, 所以

$$\rho\Delta x \frac{\partial^2 u}{\partial t^2} = T\left(\left.\frac{\partial u}{\partial x}\right|_{x+\Delta x} - \left.\frac{\partial u}{\partial x}\right|_x\right) + f_0\left(x, t\right)\Delta x.$$

对上式右端第一项括号内容应用 Lagrange 中值定理

$$\left.\frac{\partial u}{\partial x}\right|_{x+\Delta x} - \left.\frac{\partial u}{\partial x}\right|_x = \left.\frac{\partial^2 u}{\partial x^2}\right|_{x+\theta\Delta x}\Delta x, \quad 0 < \theta < 1,$$

于是

$$\rho\Delta x \frac{\partial^2 u}{\partial t^2} = T\left.\frac{\partial^2 u}{\partial x^2}\right|_{x+\theta\Delta x}\Delta x + f_0\left(x, t\right)\Delta x,$$

两端消去 Δx 后, 令 $\Delta x \to 0$, 得弦的微小横振动方程

$$\frac{\partial^2 u}{\partial t^2} = a^2 \frac{\partial^2 u}{\partial x^2} + f\left(x, t\right), \tag{1.9}$$

其中 $a^2 = \dfrac{T}{\rho}$, $f\left(x, t\right) = \dfrac{1}{\rho}f_0(x, t)$. 此方程简称为弦振动方程. 当 $f\left(x, t\right) \neq 0$ 时, 称为弦的强迫振动方程, 当 $f\left(x, t\right) = 0$ 时, 即没有外力的情况, 称为弦的自由振动方程. 弦振动方程又称为一维波动方程.

值得注意的是, 我们看到在方程的推导过程中, 所有的符号 "$\approx$" 都用等号 "$=$" 代替了, 因此导出的方程只是对所给物理现象的近似描述. 后面所有的方程及其定解条件亦如此.

类似地, 在研究薄膜的微小振动时, 可以得到所谓二维波动方程

$$\frac{\partial^2 u}{\partial t^2} = a^2\left(\frac{\partial^2 u}{\partial x^2} + \frac{\partial^2 u}{\partial y^2}\right) + f\left(x, y, t\right). \tag{1.10}$$

(1.10) 也称为薄膜的振动方程. 在研究空间电磁波的传播等现象时, 可以得到三维波动方程

$$\frac{\partial^2 u}{\partial t^2} = a^2 \left(\frac{\partial^2 u}{\partial x^2} + \frac{\partial^2 u}{\partial y^2} + \frac{\partial^2 u}{\partial z^2} \right) + f(x, y, z, t). \tag{1.11}$$

弦振动方程描述了弦振动的一般规律, 而其振动的具体状态还依赖于初始条件与边界条件. 所谓初始条件, 就是在初始时刻 $t = 0$ 时弦上各点的位移和速度

$$u(x, 0) = \varphi(x), \tag{1.12}$$

$$\frac{\partial u(x, 0)}{\partial t} = \psi(x), \tag{1.13}$$

其中 $\varphi(x)$ 和 $\psi(x)$ 为已知函数, 当 $\varphi(x) = \psi(x) = 0$ 时, 称为齐次初始条件.

所谓边界条件就是弦在振动的过程中两个端点 $x = 0$ 与 $x = l$ 满足的条件. 最简单的边界条件是端点的位移规律是已知的, 即

$$u(0, t) = \mu_1(t), \quad u(l, t) = \mu_2(t), \tag{1.14}$$

其中 $\mu_1(t)$ 和 $\mu_2(t)$ 为已知函数, 这种条件称为第一类边界条件或 Dirichlet 边界条件. 特别地, 当 $\mu_1(t) = \mu_2(t) = 0$ 时, 称之为齐次边界条件, 这表示端点是固定的情况.

现考虑弦的端点被束缚在弹性支撑上, 并且当弦振动时, 弹簧只能在垂直于弦的平衡位置运动. 以 $x = 0$ 为例, 取弦上 $[0, \Delta x]$ 内的小弧段, 设在 $x = 0$ 处有一弹性系数为 $K_0 > 0$ 的弹性支撑 (图 1.2).

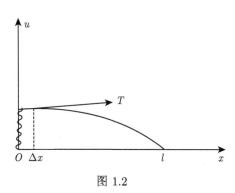

图 1.2

此小弧段在 x 方向上受到的力有: 在 $x = 0$ 的弹性恢复力 $-K_0 u(0, t)$, 在 $x = \Delta x$ 处的张力在 u 方向的分量 $T \frac{\partial u}{\partial x}(\Delta x, t)$, 以及所施加的外力 $f(t)$, 根据牛

顿第二定律 $F = ma$ 得

$$\rho \frac{\partial^2 u\,(0,t)}{\partial t^2} \Delta x = -K_0 u\,(0,t) + T\frac{\partial u}{\partial x}\,(\Delta x, t) + f(t),$$

令 $\Delta x \to 0$, 得到

$$-K_0 u\,(0,t) + T\frac{\partial u}{\partial x}\,(0,t) + f\,(t) = 0,$$

故在 $x = 0$ 处有

$$\left[\frac{\partial u}{\partial x} - \sigma_1 u\right]_{x=0} = \mu_1\,(t),\tag{1.15}$$

其中 $\mu_1\,(t) = \dfrac{-f\,(t)}{T}$ 为已知函数, $\sigma_1 = \dfrac{K_0}{T} > 0$ 为已知常数.

类似地, 若在 $x = l$ 处也有弹性支撑, 则可得到边界条件

$$\left[\frac{\partial u}{\partial x} + \sigma_2 u\right]_{x=l} = \mu_2\,(t),\tag{1.16}$$

其中 $\mu_2\,(t)$ 为已知函数, $\sigma_2 > 0$ 为已知常数. 称 (1.15) 和 (1.16) 为第三类边界条件, 或 Robin 条件. 当 $\mu_1\,(t) = \mu_2\,(t) = 0$ 时, 称为齐次边界条件. 特别地, 当 $K_0 \ll T$ 时, 意味着弹簧很松软, 约束力很小, 这时称这端的弦是自由的, 即

$$\left.\frac{\partial u}{\partial x}\right|_{x=0} = \mu_1\,(t).\tag{1.17}$$

同理, 若在 $x = l$ 处满足上述情况, 则也有

$$\left.\frac{\partial u}{\partial x}\right|_{x=l} = \mu_2\,(t).\tag{1.18}$$

称 (1.17) 和 (1.18) 为第二类边界条件或 Neumann 条件, 同理, 当 $\mu_1\,(t) = \mu_2\,(t) = 0$ 时称为齐次边界条件.

初始条件与边界条件统称为定解条件. 偏微分方程加上定解条件就构成了一个定解问题, 定解条件中既有初始条件又有边界条件的定解问题, 称为混合问题或初边值问题, 如

$$\begin{cases} u_{tt} = a^2 u_{xx}, & 0 < x < l, t > 0, \\ u|_{t=0} = u|_{x=l} = 0, & t \geqslant 0, \\ u|_{t=0} = \varphi\,(x), & 0 \leqslant x \leqslant l, \\ u_t|_{t=0} = \psi\,(x), & 0 \leqslant x \leqslant l \end{cases}$$

为两端固定的弦的自由振动方程的混合问题 (初边值问题). 值得注意的是, 两端点处的边界条件可以是三类边界条件中的任何一类, 并且两端点处完全可以给出不同的边界条件.

如果对于弦的某一段考虑其运动规律, 在所考虑的时间内弦的端点的影响可以忽略不计. 这时可以认为弦是无限长的, 这种定解条件只有初始条件的定解问题称为初值问题或 Cauchy 问题. 如以下问题便称为强迫弦振动方程的初值问题:

$$
\begin{cases}
u_{tt} = a^2 u_{xx} + f(x,t), & -\infty < x < \infty,\ t > 0, \\
u|_{t=0} = \varphi(x), & -\infty < x < \infty, \\
u_t|_{t=0} = \psi(x), & -\infty < x < \infty.
\end{cases}
$$

对二维、三维波动方程可以类似地给出混合问题和初值问题, 如

$$
\begin{cases}
u_{tt} = a^2 \Delta u, & (x,y,z) \in \Omega, t > 0, \\
u|_{(x,y,z)\in\partial\Omega} = \mu(x,y,z,t)|_{(x,y,z)\in\partial\Omega}, & t \geqslant 0, \\
u|_{t=0} = \varphi(x,y,z), & (x,y,z) \in \bar{\Omega}, \\
u_t|_{t=0} = \psi(x,y,z), & (x,y,z) \in \bar{\Omega}
\end{cases}
$$

称为三维波动方程的混合 (初边值) 问题, 而三维波动方程的初值 (Cauchy) 问题为

$$
\begin{cases}
u_{tt} = a^2 \Delta u, & (x,y,z) \in \mathbf{R}^3, t > 0, \\
u|_{t=0} = \varphi(x,y,z), & (x,y,z) \in \mathbf{R}^3, \\
u_t|_{t=0} = \psi(x,y,z), & (x,y,z) \in \mathbf{R}^3,
\end{cases}
$$

其中 $\Delta = \dfrac{\partial^2}{\partial x^2} + \dfrac{\partial^2}{\partial y^2} + \dfrac{\partial^2}{\partial z^2}$ 称为 Laplace 算子, 也常记为 ∇^2, Ω 为三维空间的某区域, $\partial\Omega$ 为 Ω 的边界, 且 $\bar{\Omega} = \Omega \cup \partial\Omega$.

1.2.2 热传导方程及其定解问题

在三维空间中考虑一均匀各向同性的物体的热传导问题. 假定其内部有热源, 并且与周围介质有热交换. 现研究物体内部的温度分布, 我们从非均匀、各向异性的物体入手讨论, 得到描述上述物理问题的数学模型.

考虑到物体内部各部分当温度不同时要产生热的传递 (称为热传导), 这个传导过程必然遵循能量守恒定律: **物体内部温度升高所需热量, 等于通过物体边界流入的热量与由物体内部热源产生的热量的总和.**

在 Ω 内部任取一小块物体 $D \subset \Omega$, 设 $u(x,y,z,t)$ 表示 t 时刻 $M(x,y,z)$ 点的温度, 根据 Fourier 实验定律: 在 Δt 时间内从 $\Delta v \subset D$ 的表面 Δs 沿其法线方

向 n 流出的热量 ΔQ 与 Δt, Δs 以及沿 n 的温度比率的乘积成正比, 即

$$\Delta Q = -K\left(x,y,z\right)\frac{\partial u}{\partial n}\Delta s\Delta t,$$

其中 $K\left(x,y,z\right)$ 为物体的热传导系数, 它总取正值, 负号表示热流方向, 即温度下降的方向总与温度梯度的方向相反 $\bigg($ 即若 $\mathbf{grad}u$ 与 n 成锐角时, 则 $\frac{\partial u}{\partial n} = \mathbf{grad}u \cdot n$ 为正. 沿 n 方向穿过曲面时, 温度要增加, 而热流方向总是从温度高的一侧指向温度低的一侧 $\bigg)$. 我们得到从时刻 t_1 到 t_2 通过 D 的表面 ∂D 流入 D 的全部热量为

$$Q_1 = \int_{t_1}^{t_2} \oiint_{\partial D} K\frac{\partial u}{\partial n}dsdt,$$

根据 Gauss 公式, 不难得到

$$Q_1 = \int_{t_1}^{t_2} \iiint_D \left[\frac{\partial}{\partial x}\left(k\frac{\partial u}{\partial x}\right) + \frac{\partial}{\partial y}\left(k\frac{\partial u}{\partial y}\right) + \frac{\partial}{\partial z}\left(k\frac{\partial u}{\partial z}\right)\right] dVdt,$$

即

$$Q_1 = \int_{t_1}^{t_2} \iiint_D \mathrm{div}\left(K\mathbf{grad}u\right) dVdt,$$

其中符号 div 为散度, 而 **grad** 为梯度. 物体本身的热源产生的热量为

$$Q_2 = \int_{t_1}^{t_2} \iiint_D \rho f_0\left(x,y,z,t\right) dVdt,$$

其中 ρ 为物体的密度 (千克/米 ^{3}), $f_0\left(x,y,z,t\right)$ 为已知热源强度 (焦耳/(千克·秒)).

另一方面, 物体的温度升高所需热量为

$$Q_3 = \iiint_D c\rho\left[u\left(x,y,z,t_2\right) - u\left(x,y,z,t_1\right)\right] dV = \int_{t_1}^{t_2} \iiint_D c\rho\frac{\partial u}{\partial t} dVdt,$$

其中 c 为比热 (焦耳/(开尔文·千克)), 这个热量正是由物体的表面流入的热量与本身热源所产生的热量之和, 因此由能量守恒定律得到 $Q_3 = Q_1 + Q_2$, 即

$$\int_{t_1}^{t_2} \iiint_D c\rho\frac{\partial u}{\partial t} dVdt = \int_{t_1}^{t_2} \iiint_D \mathrm{div}\left(K\mathbf{grad}u\right) dVdt$$

$$+ \int_{t_1}^{t_2} \iiint_D \rho f_0 \left(x, y, z, t \right) dV dt.$$

若上述方程中各被积函数连续, 则由 $[t_1, t_2] \subset (0, \infty)$, $D \subset \Omega$ 的任意性得到

$$c\rho \frac{\partial u}{\partial t} = \mathrm{div} \left(K \mathbf{grad} u \right) + \rho f_0 \left(x, y, z, t \right).$$

若物体是均匀的 $(\rho = \mathrm{const})$ 和各向同性的 $(K = \mathrm{const})$, 这时 c 亦为常数, 并记 $a^2 = \dfrac{K}{c\rho}, f = \dfrac{f_0}{c}$, 得到

$$\frac{\partial u}{\partial t} = a^2 \left(\frac{\partial^2 u}{\partial x^2} + \frac{\partial^2 u}{\partial y^2} + \frac{\partial^2 u}{\partial z^2} \right) + f \left(x, y, z, t \right), \tag{1.19}$$

称该方程为三维热传导方程.

类似地, 在研究薄板的温度分布时, 若温度与板的厚度无关, 且薄板的侧面绝热, 即薄板与外界的热量交换只通过薄板的边界进行, 则有二维热传导方程

$$\frac{\partial u}{\partial t} = a^2 \left(\frac{\partial^2 u}{\partial x^2} + \frac{\partial^2 u}{\partial y^2} \right) + f \left(x, y, t \right). \tag{1.20}$$

为书写简单记, 可用 Laplace 算子符号 Δ, 而为了区别二维和三维情况, 又经常用 Δ_2 和 Δ_3 区分之, 于是上述两个方程 (1.19) 和 (1.20) 分别记为

$$u_t = a^2 \Delta_3 u + f, \quad u_t = a^2 \Delta_2 u + f.$$

而在不至于引起混淆的情况下, 统一记为 $u_t = a^2 \Delta u + f$.

作为特例, 若考虑一细杆, 杆的表面与外界无热量交换, 并且杆的同一截面上各点温度相同, 则方程退化为一维热传导方程

$$u_t = a^2 u_{xx} + f \left(x, t \right). \tag{1.21}$$

若物体无热源, 则 $f \equiv 0$, 这时方程称为齐次热传导方程. 在有些物理和工程领域, 也称热传导方程为扩散方程或热方程.

一个物体温度分布的确定, 除了一般规律的描述外, 还受到初始温度分布 (初始条件) 及外界的影响 (边界条件).

初始温度分布为

$$u|_{t=0} = \varphi, \tag{1.22}$$

其中 φ 为已知函数.

关于边界条件, 可以有如下三种情况:

(1) 在 Ω 的边界 $\partial\Omega$ 上温度分布已知, 即

$$u|_{\partial\Omega} = \mu(x,y,z,t)\,|_{(x,y,z)\in\partial\Omega}, \tag{1.23}$$

其中 $\mu(x,y,z,t)\,|_{\partial\Omega}$ 表示温度的已知函数.

(2) 通过 $\partial\Omega$ 的单位面积元素上的热流量已知, 由方程推导可见, 单位面积元素的热流量为 $q_n = -K\dfrac{\partial u}{\partial n}$, 因此有

$$\left.\frac{\partial u}{\partial n}\right|_{\partial\Omega} = \mu(x,y,z,t)\,|_{\partial\Omega}, \tag{1.24}$$

其中 $\mu(x,y,z,t)\,|_{\partial\Omega}$ 表示 $\partial\Omega$ 上的热流量的已知函数, 这里 n 表示 $\partial\Omega$ 的外法线方向. $\mu>0$ 表示流入热量, $\mu<0$ 表示流出热量. 特别地, 当 $\mu=0$ 时, 表示既无热量流入, 也无热量流出. 这时物体 Ω 的边界绝热, 即

$$\left.\frac{\partial u}{\partial n}\right|_{\partial\Omega} = 0.$$

(3) 通过 $\partial\Omega$ 与周围介质有热量交换.

设周围介质的温度为 u_0, 根据热传导实验定律: 单位时间从物体表面的单位面积传递给周围介质的热量 (热流量) 正比于介质表面和周围空间介质之间的温度差, 即

$$q_n = \alpha(u - u_0),$$

其中 α 为热交换系数, 假定它不依赖于温度且对整个介质都是相同的, 而热流量 $q_n = -K\dfrac{\partial u}{\partial n}$, 于是有 $-K\dfrac{\partial u}{\partial n} = \alpha(u-u_0),\ (x,y,z)\in\partial\Omega$, 即

$$\left[\frac{\partial u}{\partial n} + hu\right]_{\partial\Omega} = \mu(x,y,z,t)\,|_{\partial\Omega}, \tag{1.25}$$

其中 $h = \dfrac{\alpha}{K}, \mu(x,y,z,t) = \dfrac{\alpha}{K}u_0$ 为已知函数.

若周围空间介质温度 $u_0 = 0$, 则有

$$\left[\frac{\partial u}{\partial n} + hu\right]_{\partial\Omega} = 0.$$

显然, 这三种情况下, 获得的边界条件与弦振动方程的三种边界条件完全相同, 即为第一、第二、第三类边界条件 (或分别称为 Dirichlet、Neumann 和 Robin 条件). 当 $\mu=0$ 时, 称为相应类的齐次边界条件.

与波动方程的定解问题类似, 可以定义初边值问题和初值问题. 如具有第一类边界条件的初边值问题:

$$
\begin{cases}
u_t = a^2 \Delta u + f\left(x, y, z, t\right), & \left(x, y, z\right) \in \Omega,\, t > 0, \\
u|_{t=0} = \varphi\left(x, y, z\right), & \left(x, y, z\right) \in \bar{\Omega} = \Omega \cup \partial\Omega, \\
u|_{\partial\Omega} = \mu\left(x, y, z, t\right)|_{\partial\Omega}, & t \geqslant 0;
\end{cases}
$$

再如三维热传导方程的初值问题:

$$
\begin{cases}
u_t = a^2 \Delta u + f\left(x, y, z, t\right), & \left(x, y, z, t\right) \in \mathbf{R}^3,\, t > 0, \\
u|_{t=0} = \varphi\left(x, y, z\right), & \left(x, y, z\right) \in \mathbf{R}^3.
\end{cases}
$$

明显地, 以上导出的两个方程: 波动方程与热传导方程具有共同的特点, 就是与时间有关, 我们称这种以时间作为一个自变量的数学物理方程为发展型方程或演化方程, 相应的定解问题称为发展型方程的定解问题.

1.2.3 位势方程及定解条件

从热传导角度看, 任何热传导过程宏观上都不会永远进行下去, 即经过一段时间后, 温度不再随时间变化, 达到稳恒状态, 即 $u_t = 0$, 这时方程为

$$
\Delta u + f\left(x, y, z\right) = 0, \quad \left(x, y, z\right) \in \Omega, \tag{1.26}
$$

称该方程为三维 Poisson 方程, 特别地, 当 $f = 0$ 时, 称方程 $\Delta u = 0$ 为三维的 Laplace 方程, 它们描述了温度场的稳恒状态或定常状态.

我们也可以从电学的角度导出以上方程 (可参阅文献 (赵凯华, 1978)). 设 Ω 为一封闭区域, 其边界记为 $\partial\Omega$. 设 Ω 内充满了介电常数为 ε 的介质, 介质内有体密度为 $\rho\left(x, y, z\right)$ 的电荷, 那么在 Ω 内形成电场强度为 $\bar{E}$ 的静电场, 由物理学知道, 静电场是有势的, 即存在标量函数 $u\left(x, y, z\right)$, 使得 $\boldsymbol{E} = -\mathbf{grad}\, u$, 其中负号表示 $\boldsymbol{E}$ 总是指向电势减少的方向, 称 $u\left(x, y, z\right)$ 为静电场的电势.

根据电学基本定律 (Gauss 定理): **通过电场内任意封闭曲面的电位移通量等于该曲面所包围电荷的** $\dfrac{1}{\varepsilon_0}$, 即

$$
\oiint_{\partial S} \varepsilon \boldsymbol{E} \cdot \boldsymbol{n}\, ds = \frac{1}{\varepsilon_0} \iiint_S \rho\left(x, y, z\right) dx\, dy\, dz,
$$

其中 $\varepsilon_0 = 8.85 \times 10^{-12}$ (法/米). $S \subset \Omega$ 为任意区域, 由 Gauss 公式知

$$\oiint_{\partial S} \varepsilon \boldsymbol{E} \cdot \boldsymbol{n} ds = \iiint_S \left[\frac{\partial}{\partial x} \left(\varepsilon E_x \right) + \frac{\partial}{\partial y} \left(\varepsilon E_y \right) + \frac{\partial}{\partial z} \left(\varepsilon E_z \right) \right] dxdydz$$

$$= -\iiint_S \left[\frac{\partial}{\partial x} \left(\varepsilon \frac{\partial u}{\partial x} \right) + \frac{\partial}{\partial y} \left(\varepsilon \frac{\partial u}{\partial y} \right) + \frac{\partial}{\partial z} \left(\varepsilon \frac{\partial u}{\partial z} \right) \right] dxdydz,$$

即

$$-\iiint_S \left[\frac{\partial}{\partial x} \left(\varepsilon \frac{\partial u}{\partial x} \right) + \frac{\partial}{\partial y} \left(\varepsilon \frac{\partial u}{\partial y} \right) + \frac{\partial}{\partial z} \left(\varepsilon \frac{\partial u}{\partial z} \right) \right] dxdydz$$

$$= \frac{1}{\varepsilon_0} \iiint_S \rho(x, y, z) \, dxdydz.$$

由 S 的任意性知

$$\frac{\partial}{\partial x} \left(\varepsilon \frac{\partial u}{\partial x} \right) + \frac{\partial}{\partial y} \left(\varepsilon \frac{\partial u}{\partial y} \right) + \frac{\partial}{\partial z} \left(\varepsilon \frac{\partial u}{\partial z} \right) = -\frac{1}{\varepsilon_0} \rho(x, y, z),$$

若 ε 为常数, 则得

$$\Delta u = -\frac{1}{\varepsilon \varepsilon_0} \rho(x, y, z).$$

Poisson 方程和 Laplace 方程又称为位势方程.

　　既然 Poisson 方程和 Laplace 方程可解释为稳恒热传导方程, 故在热传导方程的定解问题中, 去掉初始条件就构成了 Poisson 方程或 Laplace 方程的定解问题. 以 Poisson 方程为例, 有

$$\begin{cases} \Delta u = -f(x, y, z), & (x, y, z) \in \Omega, \\ u|_{\partial \Omega} = \varphi(x, y, z)|_{\partial \Omega}, \end{cases}$$

$$\begin{cases} \Delta u = -f(x, y, z), & (x, y, z) \in \Omega, \\ \left. \dfrac{\partial u}{\partial n} \right|_{\partial \Omega} = \varphi(x, y, z)|_{\partial \Omega}, \end{cases}$$

$$\begin{cases} \Delta u = -f(x, y, z), & (x, y, z) \in \Omega, \\ \left[\dfrac{\partial u}{\partial n} + hu \right]_{\partial \Omega} = \varphi(x, y, z)|_{\partial \Omega}. \end{cases}$$

上述三个问题分别称为第一、第二和第三边值问题或分别称为 Dirichlet 问题、Neumann 问题和 Robin 问题. 对二维 Laplace 方程和 Poisson 方程可以提出相同的定解问题.

1.3 定解问题的适定性

前面我们对一些物理现象进行了数学抽象, 建立了数学模型——数学物理方程及其定解问题, 这种数学模型是否能够很好地解释物理现象, 当然要通过客观实践得到检验. 而数学理论上所要做的工作, 是要研究定解问题的适定性. 所谓适定性, 它包括三方面的内容:

(1) 解的存在性;

(2) 解的唯一性;

(3) 解的稳定性.

解的存在性和唯一性是指有解并且只有一个解, 这从字面上不难理解, 至于稳定性是指解要连续地依赖于已知的定解资料 (通常包括初始函数、边界条件及方程中出现的已知常数和函数等), 即当这些定解资料有微小变化时, 解的变化也是微小的. 这是因为我们在建立数学模型时, 不可避免地要提出一些附加条件, 舍弃了一些次要的因素, 另外一些常数和函数的获得是实验室的结果 (近似结果), 这些因素导致误差是不可避免的, 这种微小误差, 仅仅引起了解的微小变化, 这样的数学模型才是可用的, 才更有实际意义. 这也告诉我们, 定解问题不可能完全等同地反映客观物理现象, 对复杂的物理现象用数学模型给以准确的描述是一件非常困难的事情, 因此适定性的讨论不但是建立数学模型所必需, 也启发科学工作者改进数学模型, 使之更好地反映物理现象. 此外研究解的存在性的过程往往也是寻求问题解法的一个过程.

近几十年来, 在实际问题中已发现了通常意义下不适定的问题 (如在地球物理勘探和最优控制中出现的数学物理反问题), 因此研究不适定问题是有意义的, 这在数学上形成了新的课题.

应该指出, 教材中的数学物理方程所涉及的定解问题都是适定的.

习 题 1

1. 设某溶质在溶液中扩散, 它在溶液中各点的浓度用 $N(x,y,z,t)$ 描述. 又知溶液在时段 Δt 流过面元 ΔS 的质量 Δm 依 Nernst(能斯特) 定律与 $\dfrac{\partial N}{\partial n}$ 成正比, 即

$$\Delta m = -D\frac{\partial N}{\partial n}\Delta S\Delta t,$$

其中 D 为扩散系数, n 为曲面 S 的外法线方向, 试导出 N 所满足的微分方程.

2. 长度为 l 的弦, 左端固定, 右端以 $f(t)$ 的规律运动, 试列出相应的边界条件.

3. 设有一长度为 l 的均匀细杆, 横截面为常数 A (图 1.3), 又设其侧面绝热, 即热量只能沿长度方向传导, 试推导杆的热传导方程.

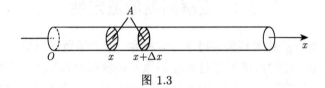

图 1.3

4. 对第 3 题中的均匀细杆, 其初始温度为 $\varphi(x)$, 两端满足下列边界条件:

(1) 一端绝热, 另一端保持常温 u_0;

(2) 两端分别有恒定的密度 q_1 和 q_2 的热量进入;

(3) 一端温度为 $\mu(t)$, 另一端与温度为 $Q(t)$ 的介质有热交换.

试分别写出这三种热传导过程的定解问题.

5. 有一圆锥形轴 (图 1.4), 其高为 h, 密度和杨氏模量分别为常数 ρ 和 E, 试证明其纵振动方程为

$$E\frac{\partial}{\partial x}\left[\left(1-\frac{x}{h}\right)^2\frac{\partial u}{\partial x}\right] = \rho\left(1-\frac{x}{h}\right)^2\frac{\partial^2 u}{\partial t^2}.$$

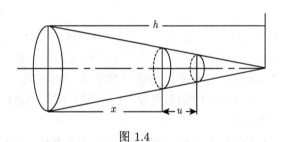

图 1.4

6. 一均匀圆盘的整个表面都是绝热的, 设在 $t=0$ 时其温度仅为 r 的函数, 其中 r 为圆域内任何一点到圆心的距离, 试证明温度 $u(r,t)$ 满足的方程为

$$\frac{\partial u}{\partial t} = a^2\left(\frac{\partial^2 u}{\partial r^2} + \frac{1}{r}\frac{\partial u}{\partial r}\right).$$

7. 写出矩形区域 $(0 \leqslant x \leqslant a, 0 \leqslant y \leqslant b)$ 上的膜, 当边界被固定时, 自由振动的定解问题. 设初始位移为 $\varphi(x,y)$, 初始速度为 $\psi(x,y)$.

第 2 章　二阶线性偏微分方程的分类与化简

第 1 章我们导出了弦振动方程、热传导方程和位势方程, 本章将对一般的二阶线性偏微分方程进行分类和化简.

2.1　两个自变量的二阶线性偏微分方程

弦振动方程、一维热传导方程和二维 Laplace 方程或 Poisson 方程均为两个变元的二阶偏微分方程. 现考虑对一般的二阶线性偏微分方程

$$au_{xx} + 2bu_{xy} + cu_{yy} + du_x + eu_y + fu = g \tag{2.1}$$

进行分类和化简, 其中 a, b, c, d, e, f 和 g 都是自变量 x, y 在某一区域 Ω 上的已知实值连续函数, 且 $a^2 + b^2 + c^2 \neq 0$, a, b, c 及未知函数 $u(x, y)$ 都是二阶连续可微的, 称二阶导数部分

$$au_{xx} + 2bu_{xy} + cu_{yy}$$

为 (2.1) 的主部. 所谓化简就是寻找一自变量的变换, 使得变换后的主部只有一项或两项, 因此找到这样的变换成为化简的关键.

设 $p_0(x_0, y_0) \in \Omega$, 在 $p_0(x_0, y_0)$ 的邻域中, 令

$$\xi = \xi(x, y), \quad \eta = \eta(x, y) \tag{2.2}$$

是一可逆变换, 即 ξ, η 为 x, y 的二阶连续可微函数, 因此其 Jacobi 行列式

$$J = \frac{\partial(\xi, \eta)}{\partial(x, y)} = \begin{vmatrix} \xi_x & \xi_y \\ \eta_x & \eta_y \end{vmatrix}$$

在 $p_0(x_0, y_0)$ 点的某邻域内不等于零, 在此变换下, 方程 (2.1) 化为

$$\bar{a}u_{\xi\xi} + 2\bar{b}u_{\xi\eta} + \bar{c}u_{\eta\eta} + \bar{d}u_\xi + \bar{e}u_\eta + \bar{f}u = \bar{g}, \tag{2.3}$$

其中

$$\bar{a} = a\xi_x^2 + 2b\xi_x\xi_y + c\xi_y^2,$$
$$\bar{b} = a\xi_x\eta_x + b(\xi_x\eta_y + \xi_y\eta_x) + c\xi_y\eta_y,$$

$$\bar{c} = a\eta_x^2 + 2b\eta_x\eta_y + c\eta_y^2,$$

$$\bar{d} = a\xi_{xx} + 2b\xi_{xy} + c\xi_{yy} + d\xi_x + e\xi_y,$$

$$\bar{e} = a\eta_{xx} + 2b\eta_{xy} + c\eta_{yy} + d\eta_x + e\eta_y,$$

$$\bar{f} = f(x(\xi,\eta), y(\xi,\eta)),$$

$$\bar{g} = g(x(\xi,\eta), y(\xi,\eta)).$$

据上所述, 化简的目标是要求 $\bar{a}, \bar{b}$ 和 $\bar{c}$ 中的一个或两个成为零. 观察 $\bar{a}$ 和 $\bar{c}$ 的表达式, 除 ξ, η 变量不同外, 其他完全相同, 故若能求出方程

$$a\varphi_x^2 + 2b\varphi_x\varphi_y + c\varphi_y^2 = 0 \tag{2.4}$$

的两个相互独立的解

$$\varphi = \varphi_1(x,y), \qquad \varphi = \varphi_2(x,y),$$

则得到变换

$$\xi = \varphi_1(x,y), \qquad \eta = \varphi_2(x,y),$$

这时 $\bar{a} = \bar{c} = 0$, 这样 (2.3) 就只有一个二阶导数项, 从而达到了我们的目标要求.

为此我们先证明如下引理.

引理 2.1　若 $\varphi = \varphi(x,y)$ 是方程 (2.4) 的一个特解, 则 $\varphi(x,y) = C$ 是常微分方程

$$a(dy)^2 - 2bdydx + c(dx)^2 = 0 \tag{2.5}$$

的一个通解, 反之亦然.

证明　不妨设 $a \neq 0$, 因 $\varphi = \varphi(x,y)$ 满足 (2.4), 由于 $\varphi_y \neq 0$ (否则 φ 为常数), 于是沿着 $\varphi(x,y) = C$ 有

$$a\left(\frac{\varphi_x}{\varphi_y}\right)^2 - 2b\left(-\frac{\varphi_x}{\varphi_y}\right) + c = 0 \tag{2.6}$$

是恒等式, 而由 $\varphi(x,y) = C(C$ 为任意常数) 所确定的隐函数为

$$\frac{dy}{dx} = -\frac{\varphi_x}{\varphi_y},$$

将其代入 (2.6) 有

$$a\left(\frac{dy}{dx}\right)^2 - 2b\frac{dy}{dx} + c = 0,$$

此即 (2.5). 反之, 设 $\varphi(x,y) = C$ 为 (2.5) 的一个通解, 则对于 Ω 中的任何一点 $p_0(x_0, y_0)$, 由假设必有一条曲线 $\varphi(x,y) = \varphi(x_0, y_0)$ 通过, 且 $\dfrac{dy}{dx} = -\dfrac{\varphi_x}{\varphi_y}$, 将其代入 (2.6) 有

$$[a\varphi_x^2 + 2b\varphi_x\varphi_y + c\varphi_y^2]_{p_0} = 0,$$

由 p_0 的任意性知 $\varphi = \varphi(x,y)$ 为 (2.5) 的一个特解.

由此引理, 将寻求自变量变换的任务转换成求解常微分方程 (2.5). 将 (2.5) 写成

$$a\left(\frac{dy}{dx}\right)^2 - 2b\frac{dy}{dx} + c = 0, \tag{2.7}$$

于是

$$\frac{dy}{dx} = \frac{b \pm \sqrt{b^2 - ac}}{a}. \tag{2.8}$$

解 (2.8) 可望得到变换 (2.2), 可见 (2.5) 或 (2.7) 在对方程 (2.1) 的化简中起着至关重要的作用, 我们称 (2.5) 或 (2.7) 为 (2.1) 的特征方程, 其解称为特征线. (2.7) 或 (2.8) 的求解显然与 $\Delta = b^2 - ac$ 有关, 我们称该式为判别式. 根据 Δ 的符号有如下三种情况.

(1) 在 $p_0(x_0, y_0)$ 的某邻域内 $\Delta = b^2 - ac > 0$, 这时称方程 (2.1) 为双曲型方程. 我们解 (2.8) 的两个常微分方程可得两个通解:

$$\varphi_1(x,y) = c_1, \qquad \varphi_2(x,y) = c_2,$$

其中 c_1, c_2 为任意常数, 且

$$\varphi_{1x}^2 + \varphi_{1y}^2 \neq 0, \qquad \varphi_{2x}^2 + \varphi_{2y}^2 \neq 0.$$

这是方程 (2.1) 的两条实特征线, 因此, 令

$$\xi = \varphi_1(x,y), \qquad \eta = \varphi_2(x,y),$$

由引理 2.1 知 $\bar{a} = \bar{c} = 0$, 又因

$$\frac{\partial(\varphi_1, \varphi_2)}{\partial(x,y)} = \begin{bmatrix} \varphi_{1x} & \varphi_{1y} \\ \varphi_{2x} & \varphi_{2y} \end{bmatrix} = \varphi_{1x}\varphi_{2y} - \varphi_{2x}\varphi_{1y}$$

$$= \varphi_{1y}\varphi_{2y}\left[\frac{\varphi_{1x}}{\varphi_{1y}} - \frac{\varphi_{2x}}{\varphi_{2y}}\right] = \varphi_{1y}\varphi_{2y}\left[-\frac{b + \sqrt{\Delta}}{a} + \frac{b - \sqrt{\Delta}}{a}\right]$$

$$= -2\varphi_{1y}\varphi_{2y}\frac{\sqrt{\Delta}}{a} \neq 0$$

(此处我们已假设 $a \neq 0$, 否则由于变量 x 与 y 具有同样的地位, 可将 a 换为 c), 所以变换是非奇异的. 又因

$$\overline{b}^2 - \overline{a}\,\overline{c} = [a\varphi_{1x}\varphi_{2x} + b(\varphi_{1x}\varphi_{2y} + \varphi_{1y}\varphi_{2x}) + c\varphi_{1y}\varphi_{2y}]^2$$

$$= \varphi_{1y}^2\varphi_{2y}^2\left[a\frac{\varphi_{1x}}{\varphi_{1y}}\frac{\varphi_{2x}}{\varphi_{2y}} + b\left(\frac{\varphi_{1x}}{\varphi_{1y}} + \frac{\varphi_{2x}}{\varphi_{2y}}\right) + c\right]^2$$

$$= \frac{a^2}{4(b^2 - ac)}\left[\frac{\partial(\varphi_1, \varphi_2)}{\partial(x,y)}\right]^2\left[a\frac{b+\sqrt{\Delta}}{a}\cdot\frac{b-\sqrt{\Delta}}{a}\right.$$

$$\left. - b\left(\frac{b+\sqrt{\Delta}}{a} + \frac{b-\sqrt{\Delta}}{a}\right) + c\right]^2$$

$$= (b^2 - ac)\left[\frac{\partial(\varphi_1, \varphi_2)}{\partial(x,y)}\right]^2 \neq 0,$$

所以 $\overline{b} \neq 0$, 于是在 $p_0(x_0, y_0)$ 附近有

$$\overline{b}u_{\xi\eta} + \overline{d}u_\xi + \overline{e}u_\eta + \overline{f}u = \overline{g},$$

或写为

$$u_{\xi\eta} = Au_\xi + Bu_\eta + Cu + D, \tag{2.9}$$

其中 A, B, C 和 D 为 (ξ, η) 的函数, 再作变换

$$\xi = \alpha + \beta, \quad \eta = \alpha - \beta,$$

则 (2.9) 可化为

$$u_{\alpha\alpha} - u_{\beta\beta} = A_1u_\alpha + B_1u_\beta + C_1u + D_1, \tag{2.10}$$

其中 A_1, B_1, C_1 和 D_1 为 (α, β) 的函数, 分别称 (2.9) 和 (2.10) 为双曲型方程的第一、第二标准形.

(2) 在 $p_0(x_0, y_0)$ 的邻域内 $\Delta = 0$, 则特征方程为

$$\frac{dy}{dx} = \frac{b}{a},$$

解之可得一族实特征线 $\varphi_1(x, y) = C$, 这时令 $\xi = \varphi_1(x, y)$, 再任取一个与 $\varphi_1(x, y)$ 函数无关的二元连续可微函数 $\varphi_2(x, y)$, 令 $\eta = \varphi_2(x, y)$, 则在此变换下必有 $\overline{a} = 0$, 这时

$$\overline{b} = a\varphi_{1x}\varphi_{2x} + b(\varphi_{1x}\varphi_{2y} + \varphi_{1y}\varphi_{2x}) + c\varphi_{1y}\varphi_{2y}$$

$$= \varphi_{1y}\varphi_{2y}\left[a\frac{\varphi_{1x}}{\varphi_{1y}}\frac{\varphi_{2x}}{\varphi_{2y}} + b\left(\frac{\varphi_{1x}}{\varphi_{1y}} + \frac{\varphi_{2x}}{\varphi_{2y}}\right) + c\right]$$

$$= \varphi_{1y}\varphi_{2y}\left[a\left(-\frac{b}{a}\right)\frac{\varphi_{2x}}{\varphi_{2y}} + b\left(-\frac{b}{a} + \frac{\varphi_{2x}}{\varphi_{2y}}\right) + c\right]$$

$$= \varphi_{1y}\varphi_{2y}\frac{-b^2 + ac}{a} = 0.$$

根据 $\varphi_2(x,y)$ 的取法可知 $\bar{c} \neq 0$ 是必然的. 这时 (2.1) 化简为

$$u_{\eta\eta} = Au_\xi + Bu_\eta + Cu + D, \tag{2.11}$$

其中 A, B, C 和 D 为 (ξ, η) 的已知函数. 再作函数变换 $u = v\phi$, 其中 $v(\xi, \eta)$ 为未知函数, 现求一个函数 $\phi(\xi, \eta)$, 使之变换后的方程右端不出现 v_η 项. 在上述函数变换下, (2.11) 变为

$$\phi v_{\eta\eta} = A\phi v_\xi + (B\phi - 2\phi_\eta)v_\eta + (A\phi_\xi + B\phi_\eta - \phi_{\eta\eta} + C\phi)v + D,$$

令 $B\phi - 2\phi_\eta = 0$, 则解得

$$\phi = e^{\frac{1}{2}\int_{\eta_0}^{\eta} B(\xi,\tau)d\tau},$$

这样便得到函数变换

$$u = ve^{\frac{1}{2}\int_{\eta_0}^{\eta} B(\xi,\tau)d\tau},$$

使方程 (2.11) 化简为

$$v_{\eta\eta} = A_1v_\xi + B_1v + C_1, \tag{2.12}$$

其中 A_1, B_1 和 C_1 仍为 (ξ, η) 的函数, 这称为抛物型方程的标准型.

(3) 在 $p_0(x_0, y_0)$ 的邻域内 $\Delta < 0$, 此时特征方程 (2.7) 无实值解, 但有两个复共轭解, 方程 (2.1) 无实特征线. 设特征方程的解为

$$\varphi(x,y) = \varphi_1(x,y) \pm i\varphi_2(x,y) = C, \tag{2.13}$$

其中 $\varphi_1(x,y), \varphi_2(x,y)$ 不同时为零. 这时令

$$\xi = \varphi_1(x,y), \quad \eta = \varphi_2(x,y),$$

(2.13) 关于 x 求导得

$$\frac{\partial}{\partial x}\varphi(x,y) + \frac{\partial\varphi(x,y)}{\partial y}\frac{dy}{dx} = 0,$$

即

$$\frac{\partial}{\partial x}(\xi \pm i\eta) = -\frac{\partial}{\partial y}(\xi \pm i\eta)\frac{b \pm i\sqrt{ac - b^2}}{a},$$

比较等式两端实部和虚部得

$$\xi_x = -\frac{b}{a}\xi_y + \frac{\sqrt{-\Delta}}{a}\eta_y,$$

$$\eta_x = -\frac{b}{a}\eta_y - \frac{\sqrt{-\Delta}}{a}\xi_y,$$

因此

$$J = \frac{D(\xi,\eta)}{D(x,y)} = \left| \begin{array}{cc} \xi_x & \xi_y \\ \eta_x & \eta_y \end{array} \right| = \frac{\sqrt{-\Delta}}{a}(\xi_y^2 + \eta_y^2) \neq 0.$$

此处 $a \neq 0$, 否则 $\Delta > 0$, 这与 $\Delta < 0$ 矛盾. 将 $\varphi(x,y) = C$ 代入 (2.4) 式有

$$a(\xi_x \pm i\eta_x)^2 + 2b(\xi_x \pm i\eta_x)(\xi_y \pm i\eta_y) + c(\xi_y \pm i\eta_y)^2 = 0,$$

即

$$[a\xi_x^2 + 2b\xi_x\xi_y + c\xi_y^2 - (a\eta_x^2 + 2b\eta_x\eta_y + c\eta_y^2)] \pm 2i[a\xi_x\eta_x + 2b(\xi_x\eta_y + \eta_x\xi_y) + c\xi_y\eta_y] = 0,$$

所以 $\bar{a} = \bar{c}$, $\bar{b} = 0$, 再由 $\bar{b}^2 - \bar{a}\bar{c} = (b^2 - ac)\dfrac{D(\xi,\eta)}{D(x,y)} \neq 0$, 得 $\bar{a} = \bar{c} \neq 0$. 这时方程 (2.1) 化简为

$$\frac{\partial^2 u}{\partial \xi^2} + \frac{\partial^2 u}{\partial \eta^2} = A\frac{\partial u}{\partial \xi} + B\frac{\partial u}{\partial \eta} + Cu + D, \tag{2.14}$$

方程 (2.14) 称为椭圆型方程的标准形. 特别地, 当 $A = B = C = D = 0$ 时, 称为 Laplace 方程, 当 $A = B = C = 0, D \neq 0$ 时, 称为 Poisson 方程, 当 $A = B = D = 0, C \neq 0$ 时, 称为 Helmholtz 方程. 总结以上讨论, 我们有如下定义.

定义 2.1　若方程 (2.1) 的线性主部的系数 a, b, c 构成的判别式 $\Delta = b^2 - ac$ 在 $p_0(x_0, y_0) \in \Omega$ 的邻域内满足

(1) $\Delta > 0$, 则称方程 (2.1) 在该邻域中是双曲型的.

(2) $\Delta = 0$, 则称方程 (2.1) 在该邻域中是抛物型的.

(3) $\Delta < 0$, 则称方程 (2.1) 在该邻域中是椭圆型的.

当然 $p_0(x_0, y_0)$ 的邻域可以扩充到整个 Ω 区域. 另外, 应注意对抛物型方程, 由于要求 $\Delta = 0$, 故只能是逐点的, 即仅在 p_0 点有 $\Delta = 0$, 这时称 (2.1) 在 p_0 点是抛物型的, 而不能说在 p_0 的一个邻域内 (2.1) 是抛物型的. 而对双曲型和椭圆型方程而言, 由于 a, b, c 的连续性知 $\Delta = b^2 - ac$ 也是连续的, 故若在 p_0 点

(2.1) 为椭圆型的 (双曲型的), 则一定有 p_0 的一个邻域使 (2.1) 是椭圆型的 (双曲型的).

例 2.1 Tricomi 方程

$$yu_{xx} + u_{yy} = 0$$

的特征方程为 $y\left(\dfrac{dy}{dx}\right)^2 + 1 = 0$, 故当 $y > 0$ 时, $\Delta = -y < 0$, 方程为椭圆型的.

解特征方程得

$$\frac{2}{3}y^{\frac{3}{2}} \pm ix = 0,$$

令 $\xi = x$, $\eta = \dfrac{2}{3}y^{\frac{3}{2}}$, 则方程化简为

$$u_{\xi\xi} + u_{\eta\eta} + \frac{1}{3\eta}u_\eta = 0.$$

当 $y < 0$ 时, $\Delta = -y > 0$, 方程为双曲型的.

解特征方程得

$$x \pm \frac{2}{3}(-y)^{\frac{3}{2}} = c,$$

令 $\xi = x + \dfrac{2}{3}(-y)^{\frac{3}{2}}$, $\eta = x - \dfrac{2}{3}(-y)^{\frac{3}{2}}$, 方程可化简为

$$u_{\xi\eta} - \frac{1}{6(\xi - \eta)}(u_\xi - u_\eta) = 0,$$

这是第一标准形, 若再令 $\xi = \alpha + \beta, \eta = \alpha - \beta$, 则可得到第二标准形

$$u_{\alpha\alpha} - u_{\beta\beta} = \frac{1}{3\beta}u_\beta.$$

当 $y = 0$ 时, 方程为 $u_{yy} = 0$, 这是一退化的抛物型方程.

例 2.2 求弦振动方程

$$u_{tt} - a^2 u_{xx} = 0$$

的通解.

解 特征方程为 $\left(\dfrac{dx}{dt}\right)^2 - a^2 = 0$, 解之得两条特征线

$$x \pm at = c,$$

令 $\xi = x + at$, $\eta = x - at$, 则方程化简为 $u_{\xi\eta} = 0$, 先关于 ξ 积分得 $u_\eta = f(\eta)$, 再关于 η 积分得

$$u(x, t) = F(\eta) + G(\xi) = F(x - at) + G(x + at).$$

以上求解过程中出现的函数 f, F 和 G 都是任意函数, 而 F 是 f 的一个原函数, 求解时当然可以交换两次积分的次序.

例 2.3　求二阶偏微分方程

$$x^2 u_{xx} + 2xy u_{xy} + y^2 u_{yy} = 0 \quad (x \neq 0, y \neq 0)$$

的通解.

解　其特征方程为

$$x^2 \left(\frac{dy}{dx}\right)^2 - 2xy \frac{dy}{dx} + y^2 = 0,$$

即 $\left(x \dfrac{dy}{dx} - y\right)^2 = 0$, 所以 $x \dfrac{dy}{dx} - y = 0$, 因此有一族特征线 $\dfrac{y}{x} = c$.

令 $\xi = \dfrac{x}{y}$, $\eta = x$, 则原方程可化简为 $u_{\eta\eta} = 0$, 这是一退化的抛物型方程, 方程关于 η 积分两次得

$$u(x, t) = \eta F(\xi) + G(\xi) = x F\left(\frac{x}{y}\right) + G\left(\frac{x}{y}\right),$$

其中, F, G 为任意函数.

例 2.4　证明方程 $u_{xx} + x^2 u_{yy} = 0$ $(x > 0)$ 是处处椭圆型的, 并化简之.

证明　因 $\Delta = -x^2 < 0$, 故方程在区域 $x > 0$ 上是处处椭圆型的, 特征方程为

$$\left(\frac{dy}{dx}\right)^2 + x^2 = 0.$$

解得 $y \pm i\dfrac{1}{2}x^2 = C$, 令 $\xi = y$, $\eta = \dfrac{1}{2}x^2$, 方程化简为 $u_{\xi\xi} + u_{\eta\eta} = -\dfrac{1}{2\eta} u_\eta$.

以上几个例题可以看出, 有些方程化简后可以进一步求通解, 而有些方程求不出通解, 这就告诉我们, 按求解常微分方程的思路求解偏微分方程的定解问题一般是不可行的. 另外, 二阶方程的通解含有两个任意函数.

2.2 多个自变量的二阶线性偏微分方程的分类

关于多个自变量的二阶线性偏微分方程, 在第 1 章已经出现过, 如二维和三维的波动方程

$$u_{tt} = a^2 \Delta_2 u, \ \ u_{tt} = a^2 \Delta_3 u,$$

二维和三维热传导方程

$$u_t = a^2 \Delta_2 u, \ \ u_t = a^2 \Delta_3 u$$

及三维 Laplace 方程

$$\Delta_3 u = 0.$$

对两个自变量的二阶线性偏微分方程, 可以通过判别式 $\Delta = b^2 - ac$ 的符号得到其分类, 那么对上述多个自变量的二阶线性偏微分方程如何进行分类呢? 对一般的多变元二阶线性偏微分方程

$$\sum_{i=1}^n \sum_{j=1}^n a_{ij} \frac{\partial^2 u}{\partial x_i \partial x_j} + \sum_{i=1}^n b_i \frac{\partial u}{\partial x_i} + cu = f \tag{2.15}$$

是否有类似于二变元情况的简单的判别式呢, 这就是这一节所要讨论的内容. 为此再对二变元情况作进一步的讨论, 以期能够将二变元情况推广到多变元情况.

首先二变元情况的二阶线性主部为

$$au_{xx} + 2bu_{xy} + cu_{yy}.$$

对应之, 我们引进二次型

$$Q(\xi_1, \xi_2) = a\xi_1^2 + 2b\xi_1\xi_2 + c\xi_2^2,$$

该二次型的矩阵为

$$A = \begin{bmatrix} a & b \\ b & c \end{bmatrix},$$

A 的特征方程为

$$\begin{vmatrix} \lambda - a & -b \\ -b & \lambda - c \end{vmatrix} = 0,$$

即 $\lambda^2 - (a+c)\lambda - (b^2 - ac) = 0$, 显然上述特征方程的常数项恰为 $-\Delta$, 设 λ_1, λ_2 为该特征方程的两根 (即 A 的两个特征值), 则

$$\lambda_1 \lambda_2 = -\Delta.$$

当 $\Delta > 0$ 时, 意味着 A 的两个特征值异号, 方程为双曲型的;

当 $\Delta = 0$ 时, A 有零特征值, 方程为抛物型的;

当 $\Delta < 0$ 时, A 的两个特征值同号且不为零, 方程为椭圆型的.

对于二变元情况方程的分类, 这种代数学的讨论可以推导到多变元情况. 与 (2.15) 的线性主部相对应的有二次型

$$Q(\xi_1, \xi_2, \cdots, \xi_n) = \sum_{i=1}^{n} \sum_{j=1}^{n} a_{ij} \xi_i \xi_j,$$

该二次型的矩阵为

$$A = \begin{bmatrix} a_{11} & a_{12} & \cdots & a_{1n} \\ a_{21} & a_{22} & \cdots & a_{2n} \\ \vdots & \vdots & & \vdots \\ a_{n1} & a_{n2} & \cdots & a_{nn} \end{bmatrix},$$

其中 $a_{ij} = a_{ji}$, 即 A 为对称阵. 同两变元情况类似, A 的 n 个特征值的符号可以给出方程的分类.

定义 2.2   设 $\lambda_1, \lambda_2, \cdots, \lambda_n$ 为二次型 $Q(\xi_1, \xi_2, \cdots, \xi_n)$ 矩阵的全部特征值.

(1) 若在 $p_0(x_1^0, x_2^0, \cdots, x_n^0)$ 处, 全部特征值具有相同的符号, 则称方程 (2.15) 在 p_0 点是椭圆型的.

(2) 若有一个特征值为零, 而其他 $n-1$ 个特征值同号, 则称方程 (2.15) 在 p_0 点是抛物型的.

(3) 若有 $n-1$ 个特征值同号, 另一个特征值异号, 则称 (2.15) 在 p_0 点是双曲型的.

若 (2.15) 在 Ω 中每个点都是双曲型的, 则称方程 (2.15) 在 Ω 中为双曲型的, 其他类型类似. 若 (2.15) 在 Ω 中不同点有不同的类型, 则称方程 (2.15) 在 Ω 中为混合型的.

例 2.5   判定如下方程的类型:

(1) 三维 Laplace 方程: $\Delta_3 u = 0$;

(2) 三维波动方程: $u_{tt} = a^2 \Delta_3 u$;

(3) 三维热传导方程: $u_t = a^2 \Delta_3 u$.

解   (1) 对应方程的二次型为

$$Q(\xi_1, \xi_2, \xi_3) = \xi_1^2 + \xi_2^2 + \xi_3^2.$$

该二次型的矩阵为 $A = \text{diag}(1, 1, 1)$, 三个特征值均为 1(同号), 故方程为椭圆型的.

(2) 对应于方程的二次型为

$$Q(\xi_1,\ \xi_2,\ \xi_3,\ \xi_4) = \xi_1^2 - (\xi_2^2 + \xi_3^2 + \xi_4^2),$$

该二次型的矩阵为 $A = \operatorname{diag}(1,-1,-1,-1)$, 显然其特征值为 $\lambda_1 = 1, \lambda_2 = \lambda_3 = \lambda_4 = -1$, 因此方程是双曲型的.

(3) 对应于方程的二次型为

$$Q(\xi_1,\ \xi_2,\ \xi_3,\ \xi_4) = \xi_1^2 + \xi_2^2 + \xi_3^2,$$

该二次型的矩阵为 $A = \operatorname{diag}(1,1,1,0)$, 其特征值为 $\lambda_1 = \lambda_2 = \lambda_3 = 1$, $\lambda_4 = 0$, 所以方程为抛物型的.

习　题　2

1. 判定下列方程的类型:
(1) $x^2 u_{xx} - y^2 u_{yy} = 0$;
(2) $u_{xx} + (x+y)^2 u_{yy} = 0$;
(3) $u_{xx} + xy u_{yy} = 0$;
(4) $x u_{xx} + 4 u_{xy} = 0$.

2. 对方程

$$(\operatorname{sgn} y) u_{xx} + 2 u_{xy} + (\operatorname{sgn} x) u_{yy} = 0, \quad -\infty < x, y < +\infty,$$

判定其类型, 并将其标准化, 其中

$$\operatorname{sgn}\alpha = \begin{cases} 1, & \alpha > 0, \\ 0, & \alpha = 0, \\ -1, & \alpha < 0. \end{cases}$$

3. 化下列方程为标准形:
(1) $u_{xx} + 4 u_{xy} + 5 u_{yy} + u_x + u_y = 0$;
(2) $x^2 u_{xx} + 2xy u_{xy} + y^2 u_{yy} = 0$;
(3) $u_{xx} - 4 u_{xy} + u_{yy} = 0$;
(4) $u_{xx} + u_{xy} + u_{yy} + u_x + 2 u_y = 0$;
(5) $u_{xx} + x u_{yy} = 0$;
(6) $(1+x^2) u_{xx} + (1+y^2) u_{yy} + x u_x + y u_y = 0$.

4. 判定下列方程类型:
(1) $u_{xx} + 2 u_{xt} - u_{tt} = 0$;
(2) $k^2 u_{xx} + (1+k^2) u_{yy} - k^2 u_t = 0$ (k 为常数);
(3) $3 u_{xx} + 4 u_{yy} + 5 u_{zz} + u_y = 0$;
(4) $e^x u_{xx} + e^{-y} u_{yy} + u_{zz} - 2 u_{tt} = 0$.

第 3 章 分离变量法

分离变量法又称为 Fourier 方法. 这是求解规则区域, 如矩形区域、球形区域和柱形区域上的三类典型方程定解问题的有效方法. 本章主要讲述两个变元的三类典型方程的分离变量法. 在电学的简单振荡线路或力学的简谐振动中, 振动常可以表示为 $e^{i(\omega t - kx)}$ 或 $e^{i(x-at)}$ 的形式 (其中 ω 为频率, k 为波数). 从数学的角度看波形可以表示为关于 x 和 t 的两个一元函数的乘积, 即 $u(x,t) = X(x)T(t)$, 从而使问题简化为常微分方程问题, 所谓分离变量法就是寻求这种形式的非零解.

3.1 齐次边界齐次发展型方程的混合问题

由于利用分离变量法求解弦振动方程和热传导方程在齐次方程齐次边界条件下的定解问题具有高度的相似性, 故我们将以弦振动方程为例来阐述分离变量法的基本思想.

考虑如下弦振动方程初边值问题:

$$
\begin{cases}
\dfrac{\partial^2 u}{\partial t^2} = a^2 \dfrac{\partial^2 u}{\partial x^2}, & 0 < x < l, \ t > 0, \\
u|_{t=0} = \varphi(x), & 0 \leqslant x \leqslant l, \\
\dfrac{\partial u}{\partial t}\bigg|_{t=0} = \psi(x), & 0 \leqslant x \leqslant l, \\
u|_{x=0} = u|_{x=l} = 0, & t \geqslant 0.
\end{cases}
\tag{3.1}
$$

上述问题描述了一两端固定的弦具有初始位移 $\varphi(x)$ 和初始速度 $\psi(x)$ 的自由振动, 以上问题应满足如下相容性条件:

$$
\varphi(0) = \varphi(l) = 0, \quad \psi(0) = \psi(l) = 0.
\tag{3.2}
$$

3.1.1 求形式解

设问题 (3.1) 有如下形式的非零解:

$$
u(x,t) = X(x)T(t),
$$

代入 (3.1) 的方程有

$$
XT'' = a^2 X''T,
$$

分离变量

$$\frac{T''}{a^2T} = \frac{X''}{X},\tag{3.3}$$

因 (3.3) 左右两端各为 t 和 x 的函数, 故必等于常数, 记为 $-\lambda$, 即

$$\frac{T''}{a^2T} = \frac{X''}{X} = -\lambda,$$

于是得

$$T'' + \lambda a^2 T = 0,\tag{3.4}$$

$$X'' + \lambda X = 0.\tag{3.5}$$

另外, 将 $u(x,t) = XT$ 代入 (3.1) 的边界条件, 得

$$X(0)T(t) = 0, \quad X(l)T(t) = 0,$$

由于 $T(t) \neq 0$, 故得

$$X(0) = X(l) = 0,\tag{3.6}$$

(3.5) 与 (3.6) 构成了所谓的固有值问题 (或称为特征值问题).

数学上将形如 $L[y] - \lambda p y = 0$ (其中 L 为线性算子) 的常微分方程在齐次边值条件下求固有值 λ 和相应的固有函数 $X_\lambda(x)$ 的问题, 称为固有值问题 (或特征值问题), 也称为 Sturm-Liouville 问题, 其一般性讨论参看附录 A.

现解 (3.5) 与 (3.6) 构成的固有值问题

$$\begin{cases} X''(x) + \lambda X(x) = 0, \\ X(0) = X(l) = 0. \end{cases}$$

当 $\lambda < 0$ 时, $X(x) = C_1 e^{\sqrt{-\lambda}x} + C_2 e^{-\sqrt{-\lambda}x}$, 代入边界条件得

$$\begin{cases} C_1 + C_2 = 0, \\ C_1 e^{\sqrt{-\lambda}l} + C_2 e^{-\sqrt{-\lambda}l} = 0, \end{cases}$$

解得 $C_1 = C_2 = 0$, 这时固有值问题无非零解.

当 $\lambda = 0$ 时, $X(x) = C_1 x + C_2$, 代入边界条件易知 $C_1 = C_2 = 0$, 这时也无非零解.

当 $\lambda > 0$ 时, $X(x) = C_1 \cos\sqrt{\lambda}x + C_2 \sin\sqrt{\lambda}x$. 由 $X(0) = 0$ 知 $C_1 = 0$. 由 $X(l) = 0$ 知 $C_2 \sin\sqrt{\lambda}l = 0$, 欲求非零解, 必须 $C_2 \neq 0$, 故 $\sin\sqrt{\lambda}l = 0$, 解得

$\sqrt{\lambda}l = k\pi \ (k = 1, 2, \cdots)$, 即

$$\lambda_k = \left(\frac{k\pi}{l}\right)^2 \quad (k = 1, 2, \cdots), \tag{3.7}$$

这时问题的非零解为

$$X_k = \sin\frac{k\pi}{l}x \quad (k = 1, 2, \cdots), \tag{3.8}$$

称上述 λ_k 为问题 (3.5) 和 (3.6) 的固有值, $X_k(x)$ 为对应于固有值 λ_k 的固有函数. 将 $\lambda_k = \left(\frac{k\pi}{l}\right)^2$ 代入 (3.4) 式得

$$T_k''(t) + \left(\frac{k\pi a}{l}\right)^2 T_k(t) = 0, \tag{3.9}$$

解之得

$$T_k(t) = A_k \cos\frac{k\pi}{l}at + B_k \sin\frac{k\pi}{l}at \quad (k = 1, 2, \cdots), \tag{3.10}$$

其中 $\{A_k\}, \{B_k\}$ 为两个待定常数列. 于是得到一系列的解

$$u_k(x,t) = X_k(x)T_k(t) = \left(A_k \cos\frac{k\pi}{l}at + B_k \sin\frac{k\pi}{l}at\right)\sin\frac{k\pi}{l}x \quad (k = 1, 2, \cdots), \tag{3.11}$$

由线性方程的叠加原理, 得到问题 (3.1) 的解为

$$u(x,t) = \sum_{k=1}^{\infty} u_k(x,t) = \sum_{k=1}^{\infty}\left(A_k \cos\frac{k\pi}{l}at + B_k \sin\frac{k\pi}{l}at\right)\sin\frac{k\pi}{l}x. \tag{3.12}$$

由 (3.1) 的初始条件 $u|_{t=0} = \varphi(x)$ 得

$$\varphi(x) = \sum_{k=1}^{\infty} A_k \sin\frac{k\pi}{l}x. \tag{3.13}$$

显然 (3.13) 表示 $\varphi(x)$ 在正交函数系 $\left\{\sin\frac{k\pi}{l}x\right\}$ 下的 Fourier 级数. 故

$$A_k = \frac{2}{l}\int_0^l \varphi(x)\sin\frac{k\pi}{l}x dx \quad (k = 1, 2, \cdots), \tag{3.14}$$

同理, 由另一个初始条件 $\dfrac{\partial u}{\partial t}\Big|_{t=0} = \psi(x)$ 得

$$\psi(x) = \sum_{k=1}^{\infty} B_k \frac{k\pi a}{l} \sin\frac{k\pi}{l}x, \tag{3.15}$$

故有

$$B_k = \frac{2}{k\pi a} \int_0^l \psi(x)\sin\frac{k\pi}{l}x dx \quad (k = 1, 2, \cdots), \tag{3.16}$$

通常称由表达式 (3.14), (3.16) 确定了常数列 $\{A_k\}, \{B_k\}$ 的解 (3.12) 为定解问题 (3.1) 的形式解. 之所以称为形式解是将表达式 (3.12) 代入方程时总是假设无穷级数与求导运算可以交换.

3.1.2 解的存在性

如前所述, 形式解是在假设无穷级数与求导运算可以交换的前提下得到的, 要验证形式解就是解, 根据数学分析的知识, 必须论证: ① 级数 (3.12) 是一致收敛的; ② 允许级数 (3.12) 关于 x, t 可以逐项两次求导. 而这需要证明

$$\sum_{k=1}^{\infty} \frac{\partial u_k(x,t)}{\partial t}, \quad \sum_{k=1}^{\infty} \frac{\partial^2 u_k(x,t)}{\partial t^2}, \quad \sum_{k=1}^{\infty} \frac{\partial u_k(x,t)}{\partial x}, \quad \sum_{k=1}^{\infty} \frac{\partial^2 u_k(x,t)}{\partial x^2}$$

一致收敛.

根据优级数 (Weierstrass) 判别法, 我们只需证明以上级数所对应的优级数收敛即可. 而其优级数为

$$\sum_{k=1}^{\infty} k^m (|A_k| + |B_k|), \tag{3.17}$$

显然, 此处 m 取值为 $0, 1, 2$. 为证明 (3.17) 收敛, 我们给出如下引理.

引理 3.1 设 $f(x)$ 为 $[0, l]$ 上的连续函数, 它的 m 阶导数连续, $m+1$ 阶导数分段连续, 且 $f^{(k)}(0) = f^{(k)}(l) = 0$ $(k = 0, 2, \cdots, 2[m/2])$, 其中 $[m/2]$ 表示 $m/2$ 的整数部分. 将 $f(x)$ 在 $[0, l]$ 上展开成 Fourier 正弦级数

$$f(x) \sim \sum_{k=1}^{\infty} a_k \sin\frac{k\pi}{l}x,$$

则级数 $\displaystyle\sum_{k=1}^{\infty} k^m |a_k|$ 收敛 (对余弦级数展开有相同的结论).

证明　当 m 为奇数时, 将 $f^{(m+1)}(x)$ 展开成正弦级数

$$f^{(m+1)}(x) \sim \sum_{k=1}^{\infty} a_k^{(m+1)} \sin \frac{k\pi x}{l}.$$

当 m 为偶数时展开成余弦级数

$$f^{(m+1)}(x) \sim \frac{a_0^{(m+1)}}{2} + \sum_{k=1}^{\infty} a_k^{(m+1)} \cos \frac{k\pi}{l} x.$$

根据 Parseval 等式有

$$\frac{1}{2}\left(a_0^{(m+1)}\right)^2 + \sum_{k=1}^{\infty} \left(a_k^{(m+1)}\right)^2 = \frac{2}{l} \int_0^l \left(f^{(m+1)}(x)\right)^2 dx. \qquad (3.18)$$

注意: 当 m 为奇数时, $a_0^{(m+1)} = 0$. 现计算 $a_k^{(m+1)}$.
　　当 m 为奇数时,

$$a_k^{(m+1)} = \frac{2}{l} \int_0^l f^{(m+1)}(x) \sin \frac{k\pi}{l} x dx$$

$$= -\frac{2}{l}\left(\frac{k\pi}{l}\right)^2 \int_0^l f^{(m-1)}(x) \sin \frac{k\pi}{l} x dx,$$

上述积分用两次分部积分不难获得. 将上述积分递推下去可得

$$a_k^{(m+1)} = (-1)^{\frac{m+1}{2}}\left(\frac{k\pi}{l}\right)^{m+1} \frac{2}{l} \int_0^l f(x) \sin \frac{k\pi}{l} x dx = (-1)^{\frac{m+1}{2}}\left(\frac{k\pi}{l}\right)^{m+1} a_k.$$

同理, 当 m 为偶数时可获得

$$a_k^{(m+1)} = (-1)^{\frac{m}{2}}\left(\frac{k\pi}{l}\right)^{m+1} a_k.$$

由 (3.18) 知

$$\sum_{k=1}^{\infty} \left(a_k^{(m+1)}\right)^2 < \infty,$$

即 $\displaystyle\sum_{k=1}^{\infty} \left[\left(\frac{k\pi}{l}\right)^{m+1} a_k\right]^2 < \infty$, 故 $\displaystyle\sum_{k=1}^{\infty} k^{2m+2}|a_k|^2 < \infty.$

由 Cauchy 不等式

$$\sum_{k=1}^{\infty} k^m |a_k| \leqslant \left[\sum_{k=1}^{\infty} \frac{1}{k^2} \cdot \sum_{k=1}^{\infty} k^{2m+2} |a_k|^2\right]^{\frac{1}{2}} < \infty.$$

这证明了引理.

由此引理不难获知, 若 $\varphi(x) \in C^2, \psi(x) \in C^1, \varphi^{(3)}(x)$ 和 $\psi''(x)$ 分段连续, 且 $\varphi(0) = \varphi(l) = 0, \varphi''(0) = \varphi''(l) = 0, \psi(0) = \psi(l) = 0$, 则级数 $\sum_{k=1}^{\infty} k^2 |A_k|, \sum_{k=1}^{\infty} k^2 |B_k|$ 收敛. 另外, 不难验证, 级数 (3.12) 满足初边值条件. 这就证明了 (3.12) 为初边值问题 (3.1) 的解. 这即

定理 3.1 若函数 $\varphi(x) \in C^2, \psi(x) \in C^1, \varphi^{(3)}(x)$ 和 $\psi''(x)$ 分段连续, 且 $\varphi(0) = \varphi(l) = 0, \varphi''(0) = \varphi''(l) = 0, \psi(0) = \psi(l) = 0$, 则定解问题 (3.1) 的解可表示为级数 (3.12). 称这种解为古典解.

定理中古典解对函数 $\varphi(x), \psi(x)$ 的要求比较苛刻, 若不满足要求时, 我们仍然可以分离变量求解, 只不过这时的解是在 "广义" 的意义下, 因此我们称之为广义解, 关于广义解的定义可参考文献 (戴嘉尊, 2002).

例 3.1 求解如下初边值问题

$$\begin{cases} u_{tt} = a^2 u_{xx}, & 0 < x < l, \ t > 0, \\ u|_{t=0} = \varphi(x), \ u_t|_{t=0} = \psi(x), & 0 \leqslant x \leqslant l, \\ u_x|_{x=0} = u_x|_{x=l} = 0, & t \geqslant 0. \end{cases} \quad (3.19)$$

解 显然该问题满足的相容性条件为 $\varphi'(0) = \varphi'(l) = 0, \psi'(0) = \psi'(l) = 0$(以后在没有特别要求下, 不明显给出相容性条件). 因方程与边界条件都是齐次的, 故可设非零解为 $u(x,t) = X(x)T(t)$, 这与前述相同, 所不同的是边界条件. 由现边界条件可得 $X'(0) = X'(l) = 0$. 于是得到固有值问题

$$\begin{cases} X''(x) + \lambda X(x) = 0, \\ X'(0) = X'(l) = 0. \end{cases}$$

重复前面对 λ 的讨论可知, 当 $\lambda < 0$ 时无非零解, 而当 $\lambda = 0$ 时存在非零解 (此时记该固有值为 $\lambda_0 = 0$)

$$X_0(x) = 1.$$

当 $\lambda > 0$ 时, $X(x) = C_1 \cos \sqrt{\lambda}x + C_2 \sin \sqrt{\lambda}x$. 由边界条件 $X'(0) = 0$ 得 $0 = C_2\sqrt{\lambda}$, 从而知 $C_2 = 0$. 由边界条件 $X'(l) = 0$ 得 $0 = -C_1\sqrt{\lambda}\sin\sqrt{\lambda}l$, 欲求非零解, 必须使 $C_1 \neq 0$, 从而 $\sin\sqrt{\lambda}l = 0$, 故 $\sqrt{\lambda}l = k\pi, k = 1, 2, \cdots$, 即 $\lambda_k = \left(\frac{k\pi}{l}\right)^2, k = 1, 2, \cdots$ 为所求固有值. 而固有函数为 $X_k = \cos\frac{k\pi}{l}x, \ k = 1, 2, \cdots$.

将 $\lambda = 0$ 代入 (3.4) 得

$$T''(t) = 0,$$

解得 $T_0(t) = \dfrac{1}{2}(A_0 + B_0 t)$, 故 $u_0(x,t) = T_0(t)X_0(x) = \dfrac{1}{2}(A_0 + B_0 t)$.

将 $\lambda_k = \left(\dfrac{k\pi}{l}\right)^2$ 代入 (3.4) 得

$$T''(t) + \left(\frac{k\pi a}{l}\right)^2 T(t) = 0,$$

解得 $T_k(t) = A_k \cos \dfrac{k\pi a}{l} t + B_k \sin \dfrac{k\pi a}{l} t$.

所以

$$u_k(x,t) = \left(A_k \cos \frac{k\pi a}{l} t + B_k \sin \frac{k\pi a}{l} t\right) \cos \frac{k\pi}{l} x.$$

关于 k 求和得

$$u(x,t) = \frac{1}{2}(A_0 + B_0 t) + \sum_{k=1}^{\infty} \left(A_k \cos \frac{k\pi a}{l} t + B_k \sin \frac{k\pi a}{l} t\right) \cos \frac{k\pi}{l} x.$$

由初始条件得

$$\varphi(x) = \frac{A_0}{2} + \sum_{k=0}^{\infty} A_k \cos \frac{k\pi}{l} x,$$

$$\psi(x) = \frac{B_0}{2} + \sum_{k=0}^{\infty} B_k \frac{k\pi a}{l} \cos \frac{k\pi}{l} x,$$

由 $\left\{\cos \dfrac{k\pi}{l} x\right\}_0^{\infty}$ 的正交性可得

$$A_k = \frac{2}{l} \int_0^l \varphi(x) \cos \frac{k\pi x}{l} dx, \quad k = 0, 1, \cdots,$$

$$B_k = \frac{2}{k\pi a} \int_0^l \psi(x) \cos \frac{k\pi x}{l} dx, \quad k = 1, 2, \cdots,$$

$$B_0 = \frac{2}{l} \int_0^l \psi(x) dx.$$

这便是定解问题的形式解. 与前述作相同的讨论, 可证在某些条件下, 此即为定解问题的古典解. 在不作特别要求的情况下, 我们只求定解问题的形式解, 这解或为古典解或为广义解.

例 3.2 求解如下初边值问题

$$\begin{cases} u_{tt} = a^2 u_{xx}, & 0 < x < l,\ t > 0, \\ u|_{t=0} = \varphi(x), \quad u_t|_{t=0} = \psi(x), & 0 \leqslant x \leqslant l, \\ u_x|_{x=0} = u|_{x=0} = 0, & t \geqslant 0. \end{cases} \tag{3.20}$$

解 与前述相同, 可得固有值问题

$$\begin{cases} X''(x) + \lambda X(x) = 0, \\ X'(0) = X(l) = 0. \end{cases}$$

对 λ 的取值进行讨论: 仔细讨论不难得到当 $\lambda \leqslant 0$ 时无非零解; 当 $\lambda > 0$ 时,

$$X(x) = C_1 \cos \sqrt{\lambda} x + C_2 \sin \sqrt{\lambda} x.$$

由 $X'(0) = 0$ 得 $0 = C_2 \sqrt{\lambda}$, 故 $C_2 = 0$. 再由 $X(l) = 0$, 得 $0 = C_1 \cos \sqrt{\lambda} l$. 欲使 $C_1 \neq 0$ 必须 $\cos \sqrt{\lambda} l = 0$, 故得固有值为 $\lambda_k = \left(\dfrac{2k-1}{2l} \pi \right)^2, k = 1, 2, \cdots$.

对应的固有函数为 $X_k = \cos \dfrac{2k-1}{2l} \pi x$.

将 λ_k 代入 (3.4) 式得

$$T''(t) + \left(\frac{2k-1}{2l} \pi a \right)^2 T(t) = 0.$$

解得

$$T_k(t) = A_k \cos \frac{2k-1}{2l} \pi a t + B_k \sin \frac{2k-1}{2l} \pi a t, \quad k = 1, 2, \cdots.$$

因此有

$$u(x,t) = \sum_{k=1}^{\infty} \left(A_k \cos \frac{2k-1}{2l} \pi a t + B_k \sin \frac{2k-1}{2l} \pi a t \right) \cos \frac{2k-1}{2l} \pi x.$$

由初值条件得

$$\varphi(x) = \sum_{k=1}^{\infty} A_k \cos \frac{2k-1}{2l} \pi x,$$

$$\psi(x) = \sum_{k=1}^{\infty} B_k \frac{2k-1}{2l} \pi a \cos \frac{2k-1}{2l} \pi x.$$

不难验证函数系 $\left\{ \cos \dfrac{2k-1}{2l} \pi x \right\}_1^{\infty}$ 满足

$$\int_0^l \cos \frac{2k-1}{2l} \pi x \cos \frac{2m-1}{2l} \pi x \, dx = \begin{cases} 0, & k \neq m, \\ \dfrac{l}{2}, & k = m. \end{cases}$$

故

$$A_k = \frac{2}{l} \int_0^l \varphi(x) \cos \frac{2k-1}{2l} \pi x dx,$$

$$B_k = \frac{4}{(2k-1)\pi a} \int_0^l \psi(x) \cos \frac{2k-1}{2l} \pi x dx.$$

这样便得到问题的形式解.

3.1.3 解的物理意义

现讨论问题 (3.1) 的解

$$u(x,t) = \sum_{k=1}^\infty \left(A_k \cos \frac{k\pi a}{l} t + B_k \sin \frac{k\pi a}{l} t \right) \sin \frac{k\pi}{l} x$$

的物理意义. 其通项可以写成

$$u_k(x,t) = \left(A_k \cos \frac{k\pi}{l} at + B_k \sin \frac{k\pi}{l} at \right) \sin \frac{k\pi}{l} x$$

$$= \sqrt{A_k^2 + B_k^2} \left(\frac{A_k}{\sqrt{A_k^2 + B_k^2}} \cos \frac{k\pi}{l} at + \frac{B_k}{\sqrt{A_k^2 + B_k^2}} \sin \frac{k\pi}{l} at \right) \sin \frac{k\pi}{l} x$$

$$= N_k \sin(\omega_k t + \delta_k) \sin \frac{k\pi}{l} x,$$

其中 $N_k = \sqrt{A_k^2 + B_k^2}$, $\delta_k = \arctan \frac{A_k}{B_k}$, $\omega_k = \frac{k\pi a}{l}$. 现固定 $t = t_0$, 则

$$u_k(x,t_0) = N_k' \sin \frac{k\pi}{l} x,$$

其中 $N_k' = N_k \sin(\omega_k t_0 + \delta_k)$ 为一确定的值. 这时 $u_k(x,t_0)$ 表示一条正弦曲线, 其振幅依赖于时间 t. 该正弦曲线有以下特点, 即点 $x_n^k = \frac{nl}{k}(n = 0,1,\cdots,k)$ 在任何时刻 t 都有 $u(x_n^k,t) = 0$, 称这些点为波 $u_k(x,t)$ 的节点或波节, 它与时间无关.

而当 $x = x_0 \in (0,l)$ 时

$$u_k(x_0,t) = N_k \sin(\omega_k t + \delta_k) \sin \frac{k\pi}{l} x_0.$$

物理上称其为振幅为 $N_k \sin \frac{k\pi}{l} x_0$、角频率为 ω_k、初相角为 δ_k 的简谐振动, 该振动的角频率和初相角不变, 只是振幅随时间 t 的不同而不同, 而在点 $\xi_n^k =$

$\dfrac{2n-1}{2k}l\ (n=1,2,\cdots)$ 上振幅达到最大值, 称这些点 $\xi_n^k(n=1,2,\cdots)$ 为波 $u_k(x,t)$ 的腹点或波腹. 显然它们不依赖于时间 t. 物理上称具有不随时间变化的节点和腹点的波为驻波, 而 ω_k 当 k 固定时只与 l 和 a 有关, l 和 a 又是定解问题中的常数, 是由弦本身的性质所决定的, 因此称之为固有频率. 对固定的 k, 振幅、初相角由初始条件决定, 而角频率与初始条件无关.

由此可将弦振动方程初边值问题 (3.1) 的解视为由一系列角频率不同、初相角不同、振幅不同的驻波的叠加. 从这个意义上说, 分离变量法又称为驻波法.

3.1.4 热传导方程初边值问题

热传导方程初边值问题的分离变量法求解与弦振动方程初边值问题的求解是完全相同的, 考虑如下问题的求解,

$$\begin{cases} u_t = a^2 u_{xx}, & 0 < x < l,\ t > 0, \\ u|_{t=0} = \varphi(x), & 0 \leqslant x \leqslant l, \\ u|_{x=0} = u|_{x=l} = 0, & t \geqslant 0, \end{cases} \tag{3.21}$$

其中 $\varphi(0) = \varphi(l) = 0$.

解 令 $u(x,t) = X(x)T(t)$ 代入方程得

$$X(x)T'(t) = a^2 X''(x)T(t),$$

$$\frac{T'}{a^2 T} = \frac{X''}{X} = -\lambda,$$

于是

$$T' + \lambda a^2 T = 0, \quad X''(x) + \lambda X(x) = 0.$$

将 $u(x,t) = X(x)T(t)$ 代入边界条件得 $X(0) = X(l) = 0$. 如同弦振动方程得到固有值问题

$$\begin{cases} X''(x) + \lambda X(x) = 0, \\ X(0) = X(l) = 0 \end{cases}$$

的解为 $\lambda_k = \left(\dfrac{k\pi}{l}\right)^2$, $X_k = \sin\dfrac{k\pi}{l}x$. 将 λ_k 代入关于 t 的方程得 $T' + \left(\dfrac{k\pi a}{l}\right)^2 T = 0$, 解得

$$T_k(t) = A_k e^{-\left(\frac{k\pi a}{l}\right)^2 t}.$$

于是根据叠加原理有

$$u(x,t) = \sum_{k=1}^{\infty} A_k e^{-\left(\frac{k\pi a}{l}\right)^2 t} \sin\frac{k\pi}{l}x.$$

由初始条件 $u|_{t=0} = \varphi(x)$ 知

$$\varphi(x) = \sum_{k=1}^{\infty} A_k \sin \frac{k\pi}{l} x.$$

所以

$$A_k = \frac{2}{l} \int_0^l \varphi(x) \sin \frac{k\pi}{l} x dx.$$

将 A_k 代入解的表达式即得该问题的形式解.

从解的表达式可以看出我们在第 1 章导出位势方程时给出的一个生活常识: 任何热传导过程不会永远进行下去, 总会达到稳态. 上述问题描述了两端温度为零的且自身没有热源的杆的热传导现象, 常识告诉我们, 杆必在一定的时间之后达到端点的温度, 而解的表达式中 $e^{-\left(\frac{k\pi a}{l}\right)^2 t}$ 的存在, 恰好诠释了这种常识.

3.2　齐次边界非齐次发展型方程的混合问题

3.2.1　非齐次弦振动方程

考虑具有固定端点的弦的强迫振动问题

$$\begin{cases} u_{tt} = a^2 u_{xx} + f(x,t), & 0 < x < l,\ t > 0, \\ u|_{t=0} = \varphi(x), \quad u_t|_{t=0} = \psi(x), & 0 \leqslant x \leqslant l, \\ u|_{x=0} = u|_{x=l} = 0, & t \geqslant 0. \end{cases} \tag{3.22}$$

由方程的线性性质知, 若 $u_1(x,t)$ 满足

$$(\text{I}) \begin{cases} \dfrac{\partial^2 u_1}{\partial t^2} = a^2 \dfrac{\partial^2 u_1}{\partial x^2}, & 0 < x < l,\ t > 0, \\ u_1|_{t=0} = \varphi(x), \quad \dfrac{\partial u_1}{\partial t}\bigg|_{t=0} = \psi(x), & 0 \leqslant x \leqslant l, \\ u_1|_{x=0} = u_1|_{x=l} = 0, & t \geqslant 0, \end{cases}$$

$u_2(x,t)$ 满足

$$(\text{II}) \begin{cases} \dfrac{\partial^2 u_2}{\partial t^2} = a^2 \dfrac{\partial^2 u_2}{\partial x^2} + f(x,t), & 0 < x < l,\ t > 0, \\ u_2|_{t=0} = \dfrac{\partial u_2}{\partial t}\bigg|_{t=0} = 0, & 0 \leqslant x \leqslant l, \\ u_2|_{x=0} = u_2|_{x=l} = 0, & t \geqslant 0, \end{cases}$$

则问题 (3.22) 的解便为问题 (I)、(II) 的解之和, 即 $u(x,t) = u_1(x,t) + u_2(x,t)$.

对问题 (I), 在 3.1 节已获得其解. 现解问题 (II), 对此我们将采用两种方法求解.

方法 1: 方程的齐次化方法.

现建立如下齐次化原理.

定理 3.2 (Duhamel) 若函数 $P(x,t,\tau)$ 满足如下混合问题

$$(\text{III}) \begin{cases} \dfrac{\partial^2 P}{\partial t^2} = a^2 \dfrac{\partial^2 P}{\partial x^2}, & 0 < x < l,\ t > \tau, \\ P|_{t=\tau} = 0, \quad P_t|_{t=\tau} = f(x,\tau), & 0 \leqslant x \leqslant l, \\ P|_{x=0} = P|_{x=l} = 0, & t \geqslant \tau, \end{cases}$$

其中 $\tau \geqslant 0$ 为参数, $f(x,t) \in C$ 且 $f(0,t) = f(l,t) = 0$, 则问题 (II) 的解为

$$u_2(x,t) = \int_0^t P(x,t,\tau) d\tau.$$

证明 显然 $u_2(0,t) = u_2(l,t) = 0$, 且 $u_2(x,0) = 0$, 又

$$\frac{\partial u_2}{\partial t} = P(x,t,t) + \int_0^t \frac{\partial P}{\partial t} d\tau = \int_0^t \frac{\partial P}{\partial t} d\tau,$$

故 $\left. \dfrac{\partial u_2}{\partial t} \right|_{t=0} = 0$. 现证其满足方程. 因

$$\frac{\partial^2 u_2}{\partial t^2} = \frac{\partial P}{\partial t}(x,t,t) + \int_0^t \frac{\partial^2 P}{\partial t^2} d\tau = f(x,t) + \int_0^t \frac{\partial^2 P}{\partial t^2} d\tau,$$

所以

$$\frac{\partial^2 u_2}{\partial t^2} - a^2 \frac{\partial^2 u_2}{\partial x^2} = f(x,t) + \int_0^t \frac{\partial^2 P}{\partial t^2} d\tau - a^2 \int_0^t \frac{\partial^2 P}{\partial x^2} d\tau = f(x,t),$$

证毕.

对问题 (III), 令 $t - \tau = t'$, 则问题 (III) 化为

$$\begin{cases} \dfrac{\partial^2 P}{\partial t'^2} = a^2 \dfrac{\partial^2 P}{\partial x^2}, & 0 < x < l,\ t' > 0, \\ P|_{t'=0} = 0, \quad \left. \dfrac{\partial P}{\partial t'} \right|_{t'=0} = f(x,\tau), & 0 \leqslant x \leqslant l, \\ P|_{x=0} = P|_{x=l} = 0. \end{cases}$$

由 3.1 节的结果知

$$P(x,t,\tau) = \sum_{k=1}^{\infty} \left(A_k(\tau) \cos \frac{k\pi a}{l} t' + B_k(\tau) \sin \frac{k\pi a}{l} t' \right) \sin \frac{k\pi}{l} x,$$

其中

$$A_k(\tau) = 0, \quad B_k(\tau) = \frac{2}{k\pi a} \int_0^l f(x,\tau) \sin \frac{k\pi}{l} x dx.$$

于是

$$P(x,t,\tau) = \sum_{k=1}^{\infty} \frac{2}{k\pi a} \int_0^l f(\xi,\tau) \sin \frac{k\pi}{l} \xi d\xi \sin \frac{k\pi a}{l} (t-\tau) \sin \frac{k\pi x}{l}.$$

由齐次化原理得

$$u_2(x,t) = \sum_{k=1}^{\infty} \frac{2}{k\pi a} \int_0^t \int_0^l f(\xi,\tau) \sin \frac{k\pi}{l} \xi \sin \frac{k\pi a}{l} (t-\tau) d\xi d\tau \cdot \sin \frac{k\pi}{l} x.$$

最后再加上问题 (I) 的解, 可得原问题 (3.22) 的解为

$$u(x,t) = \sum_{k=1}^{\infty} \left(A_k \cos \frac{k\pi a}{l} t + B_k \sin \frac{k\pi a}{l} t \right) \sin \frac{k\pi}{l} x$$

$$+ \sum_{k=1}^{\infty} \frac{2}{k\pi a} \int_0^t \int_0^l f(\xi,\tau) \sin \frac{k\pi}{l} \xi \sin \frac{k\pi a}{l} (t-\tau) d\xi d\tau \sin \frac{k\pi}{l} x, \quad (3.23)$$

其中

$$A_k = \frac{2}{l} \int_0^l \varphi(x) \sin \frac{k\pi}{l} x dx, \quad B_k = \frac{2}{k\pi a} \int_0^l \psi(x) \sin \frac{k\pi}{l} x dx.$$

方法 2: 固有函数展开方法.

仔细观察解的表达式 (3.23), 可以发现问题 (3.22) 的解可简单地写为

$$u(x,t) = \sum_{k=1}^{\infty} u_k(t) \sin \frac{k\pi}{l} x, \quad (3.24)$$

其中 $\left\{ \sin \frac{k\pi}{l} x \right\}_1^{\infty}$ 为解对应的齐次方程的定解问题时得到的固有函数系. 而 (3.24) 可视为解 $u(x,t)$ 按固有函数系 $\left\{ \sin \frac{k\pi}{l} x \right\}_1^{\infty}$ 的 Fourier 级数展开. 若能求出

$u_k(t)(k = 1, 2, \cdots)$ 便可获得问题 (3.22) 的解. 这便是以下我们要介绍的固有函数展开法.

将定解问题 (3.22) 的方程和初始条件中出现的已知和未知函数在固有函数系 $\left\{ \sin \dfrac{k\pi}{l} x \right\}_1^\infty$ 下作 Fourier 级数展开, 并代入 (3.22) 的方程和初始条件, 有

$$\sum_{k=1}^\infty u_k''(t) \sin \frac{k\pi}{l} x = -a^2 \sum_{k=1}^\infty \left(\frac{k\pi}{l} \right)^2 u_k(t) \sin \frac{k\pi}{l} x + \sum_{k=1}^\infty f_k(t) \sin \frac{k\pi}{l} x,$$

$$\sum_{k=1}^\infty u_k(0) \sin \frac{k\pi}{l} x = \sum_{k=1}^\infty \varphi_k \sin \frac{k\pi}{l} x,$$

$$\sum_{k=1}^\infty u_k'(0) \sin \frac{k\pi}{l} x = \sum_{k=1}^\infty \psi_k \sin \frac{k\pi}{l} x,$$

其中

$$f_k(t) = \frac{2}{l} \int_0^l f(x, t) \sin \frac{k\pi}{l} x dx, \tag{3.25}$$

$$\varphi_k = \frac{2}{l} \int_0^l \varphi(x) \sin \frac{k\pi}{l} x dx, \tag{3.26}$$

$$\psi_k = \frac{2}{l} \int_0^l \psi(x) \sin \frac{k\pi}{l} x dx. \tag{3.27}$$

因此容易得到如下常微分方程初值问题

$$\begin{cases} u_k''(t) + \left(\dfrac{k\pi a}{l} \right)^2 u_k(t) = f_k(t), \\ u(0) = \varphi_k, \quad u'(0) = \psi_k. \end{cases}$$

由常微分方程的知识, 易解得该问题的解为

$$u_k(t) = \varphi_k \cos \frac{k\pi}{l} at + \frac{l}{k\pi a} \psi_k \sin \frac{k\pi}{l} at + \frac{l}{k\pi a} \int_0^l \sin \frac{k\pi a}{l} (t - \tau) f_k(\tau) d\tau,$$

代入 (3.24), 便是解的表达式 (3.23).

3.2.2 非齐次热传导方程

对非齐次热传导方程的初边值问题

$$\begin{cases} u_t = a^2 u_{xx} + f(x, t), & 0 < x < l,\ t > 0, \\ u|_{t=0} = \varphi(x), & 0 \leqslant x \leqslant l, \\ u|_{x=0} = u|_{x=l} = 0, & t \geqslant 0, \end{cases} \tag{3.28}$$

其求解方法与非齐次弦振动方程初边值问题类似, 可以采用两种方法: 一是方程的齐次化方法; 二是固有值函数展开法. 我们先来考虑固有函数展开法求解.

由于固有函数系也为 $\left\{\sin\dfrac{k\pi}{l}x\right\}_1^\infty$, 故将方程和初始条件中的所有函数在该固有函数系下展成 Fourier 级数并代入方程和初始条件得

$$\sum_{k=1}^{\infty} u'_k(t)\sin\frac{k\pi}{l}x = -a^2\sum_{k=1}^{\infty}\left(\frac{k\pi}{l}\right)^2 u_k(t)\sin\frac{k\pi}{l}x + \sum_{k=1}^{\infty} f_k(t)\sin\frac{k\pi}{l}x,$$
$$\sum_{k=1}^{\infty} u_k(0)\sin\frac{k\pi}{l}x = \sum_{k=1}^{\infty}\varphi_k\sin\frac{k\pi}{l}x,$$

其中 $f_k(t), \varphi_k$ 的求法同 (3.25) 和 (3.26), 于是得到如下常微分方程初值问题

$$\begin{cases} u'_k(t) + \left(\dfrac{k\pi a}{l}\right)^2 u_k(t) = f_k(t), \\ u_k(0) = \varphi_k. \end{cases}$$

不难解得

$$u_k(t) = \varphi_k e^{-\left(\frac{k\pi a}{l}\right)^2 t} + \int_0^t f_k(\tau) e^{-\left(\frac{k\pi a}{l}\right)^2 (t-\tau)} d\tau. \tag{3.29}$$

代入 (3.24) 便为问题 (3.28) 的解.

现在采用齐次化方法求解. 首先将问题分成两个问题

$$(\mathrm{I})\begin{cases} \dfrac{\partial u_1}{\partial t} = a^2\dfrac{\partial^2 u_1}{\partial x^2}, & 0 < x < l, \ t > 0, \\ u_1|_{t=0} = \varphi(x), & 0 \leqslant x \leqslant l, \\ u_1|_{x=0} = u_1|_{x=l} = 0, & t \geqslant 0, \end{cases}$$

$$(\mathrm{II})\begin{cases} \dfrac{\partial u_2}{\partial t} = a^2\dfrac{\partial^2 u_2}{\partial x^2} + f(x,t), & 0 < x < l, \ t > 0, \\ u_2|_{t=0} = 0, & 0 \leqslant x \leqslant l, \\ u_2|_{x=0} = u_2|_{x=l} = 0, & t \geqslant 0. \end{cases}$$

问题 (I) 即为 3.1.4 节中所讨论问题. 为求解问题 (II), 我们给出如下的齐次化原理.

定理 3.3 若 $P(x,t,\tau)$ 满足如下定解问题:

$$\begin{cases} \dfrac{\partial P}{\partial t} = a^2 \dfrac{\partial^2 P}{\partial x^2}, & 0 < x < l, \ t > \tau, \\[2mm] P|_{t=\tau} = f(x,\tau), & 0 \leqslant x \leqslant l, \\[2mm] P|_{x=0} = P|_{x=l} = 0, & t \geqslant \tau, \end{cases}$$

其中 $\tau \geqslant 0$ 为参数, $f(x,t) \in C$ 且 $f(0,\tau) = f(l,\tau) = 0$, 则问题 (II) 的解为

$$u_2(x,t) = \int_0^t P(x,t,\tau)d\tau.$$

证明 $u_2(x,t)$ 满足定解条件是显然的. 现证满足方程

$$\frac{\partial u_2}{\partial t} - a^2 \frac{\partial^2 u_2}{\partial x^2} = P(x,t,\tau) + \int_0^t \frac{\partial P}{\partial t}d\tau - a^2 \int_0^t \frac{\partial^2 P}{\partial x^2}d\tau$$

$$= f(x,t) + \int_0^t \left(\frac{\partial P}{\partial t} - a^2 \frac{\partial^2 P}{\partial x^2} \right)d\tau = f(x,t).$$

证毕.

令 $t' = t - \tau$ 得

$$\begin{cases} \dfrac{\partial P}{\partial t'} = a^2 \dfrac{\partial^2 P}{\partial x^2}, & 0 < x < l, \ t' > 0, \\[2mm] P|_{t'=0} = f(x,t), & 0 \leqslant x \leqslant l, \\[2mm] P|_{x=0} = P|_{x=l} = 0, & t' \geqslant 0. \end{cases}$$

由 3.1.4 节的讨论知, 该问题的解为

$$P(x,t,\tau) = \sum_{k=1}^{\infty} f_k(\tau)e^{-\left(\frac{k\pi a}{l}\right)^2 t'} \sin \frac{k\pi}{l}x,$$

其中 $f_k(\tau) = \dfrac{2}{l}\displaystyle\int_0^l f(x,\tau)\sin\dfrac{k\pi}{l}xdx$, 所以

$$u_2 = \sum_{k=1}^{\infty} \int_0^t f_k(\tau)e^{-\left(\frac{k\pi a}{l}\right)^2(t-\tau)}d\tau \sin \frac{k\pi}{l}x,$$

再加上 $u_1(x,t)$, 最后得到问题的解为

$$u(x,t) = \sum_{k=1}^{\infty} \varphi_k e^{-\left(\frac{k\pi a}{l}\right)^2 t} \sin \frac{k\pi}{l}x + \sum_{k=1}^{\infty} \int_0^t f_k(\tau)e^{-\left(\frac{k\pi a}{l}\right)^2(t-\tau)}d\tau \sin \frac{k\pi}{l}x,$$

其中 $\varphi_k, f_k(t)$ 分别为 $\varphi(x)$ 与 $f(x,t)$ 的 Fourier 级数展开的系数.

例 3.3　求解如下问题:

$$\begin{cases} u_t = a^2 u_{xx} + f(x,t), & 0 < x < l,\ t > 0, \\ u|_{t=0} = 0, & 0 \leqslant x \leqslant l, \\ u_x|_{x=0} = u|_{x=l} = 0, & t \geqslant 0. \end{cases} \tag{3.30}$$

解　方法 1　固有函数展开法.

据例 3.2 可知, 由该边界条件得固有函数系为 $\left\{ X_k = \cos \dfrac{2k-1}{2l}\pi x, k = 1,\right.$

$\left. 2, \cdots \right\}$, 将问题中的未知函数和已知函数均按此函数系作 Fourier 级数展开有

$$u(x,t) = \sum_{k=1}^{\infty} u_k(t) \cos \frac{2k-1}{2l}\pi x,$$

$$f(x,t) = \sum_{k=1}^{\infty} f_k(t) \cos \frac{2k-1}{2l}\pi x,$$

其中

$$f_k(t) = \frac{2}{l} \int_0^l f(x,t) \cos \frac{2k-1}{2k}\pi x dx.$$

将这些展开式代入方程和初始条件得

$$\sum_{k=1}^{\infty} u_k(t) \cos \frac{2k-1}{2l}\pi x = -a^2 \sum_{k=1}^{\infty} \left(\frac{2k-1}{2l}\pi \right)^2 u_k(t) \cos \frac{2k-1}{2l}\pi x$$

$$+ \sum_{k=1}^{\infty} f_k(t) \cos \frac{2k-1}{2l}\pi x,$$

$$\sum_{k=1}^{\infty} u_k(0) \cos \frac{2k-1}{2l}\pi x = 0,$$

由于以上两式恒等, 故得到

$$\begin{cases} u_k'(t) = -\left(\dfrac{2k-1}{2l}\pi a \right)^2 u_k(t) + f_k(t), \\ u_k(0) = 0. \end{cases}$$

解得

$$u_k(t) = \int_0^t f_k(\tau) e^{-\left(\frac{2k-1}{2l}\pi a\right)^2 (t-\tau)} d\tau,$$

于是问题的解为

$$u(x,t) = \sum_{k=1}^{\infty} \left[\int_0^t f_k(\tau) e^{-\left(\frac{2k-1}{2l}\pi a\right)^2 (t-\tau)} d\tau \right] \cos \frac{2k-1}{2l}\pi x.$$

方法 2 方程的齐次化方法.

首先不难验证下述定理.

定理 3.4 若 $P(x,t,\tau)$ 满足如下定解问题:

$$\begin{cases} \dfrac{\partial P}{\partial t} = a^2 \dfrac{\partial^2 P}{\partial x^2}, & 0 < x < l,\ t > \tau, \\ P|_{t=\tau} = f(x,\tau), & 0 \leqslant x \leqslant l, \\ P_x|_{x=0} = P|_{x=l} = 0, & t \geqslant \tau, \end{cases}$$

其中 $\tau \geqslant 0$ 为参数, $f(x,t), f_x(x,t) \in C$ 且 $f_x(0,\tau) = f(l,\tau) = 0$, 则问题 (II) 的解为

$$u(x,t) = \int_0^t P(x,t,\tau) d\tau.$$

令 $t' = t - \tau$ 得

$$\begin{cases} \dfrac{\partial P}{\partial t'} = a^2 \dfrac{\partial^2 P}{\partial x^2}, & 0 < x < l,\ t' > 0, \\ P|_{t'=0} = f(x,t), & 0 \leqslant x \leqslant l, \\ P_x|_{x=0} = P|_{x=l} = 0, & t' \geqslant 0. \end{cases}$$

令 $P(x,t,\tau) = X(x)T(t')$, 分离变量得

$$T' + \lambda a^2 T = 0, \quad X'' + \lambda X = 0,$$

另外, 将 $u(x,t) = XT$ 代入边界条件, 得

$$X'(0) = X(l) = 0,$$

于是得固有值问题:

$$\begin{cases} X''(x) + \lambda X(x) = 0, \\ X'(0) = X(l) = 0. \end{cases}$$

由例 3.2 知, 该固有值问题的解为 $\left\{\lambda_k = \left(\dfrac{2k-1}{2l}\right)^2, X_k = \cos\dfrac{2k-1}{2l}\pi x, k = 1,\right.$

$\left. 2, \cdots \right\}$, 将固有值代入关于 T 的方程得

$$T' + \left(\frac{2k-1}{2l}a\right)^2 T = 0,$$

其解为

$$T_k(t') = A_k e^{-\left(\frac{2k-1}{2l}a\right)^2 t'} = A_k e^{-\left(\frac{2k-1}{2l}a\right)^2 (t-\tau)},$$

叠加得

$$P(x,t,\tau) = \sum_{k=1}^{\infty} A_k e^{-\left(\frac{k\pi a}{l}\right)^2 (t-\tau)} \cos\frac{2k-1}{2l}\pi x,$$

其中 $A_k = \dfrac{2}{l}\displaystyle\int_0^l f(x,\tau)\cos\dfrac{2k-1}{2l}\pi x dx$ 可由初始条件给出, 显然应为参变量 τ 的

函数, 此即为固有函数展开法中的 $f_k(\tau)$, 最后得问题 (3.30) 的解

$$u(x,t) = \sum_{k=1}^{\infty}\left[\int_0^t f_k(\tau)e^{-\left(\frac{k\pi a}{l}\right)^2 (t-\tau)}d\tau\right]\cos\frac{2k-1}{2l}\pi x.$$

本节的讨论告诉我们, 在经典的发展型方程定解问题中, 固有值问题的解对应于定解问题的边界条件, 与是弦振动方程还是热传导方程无关; 固有函数展开法中所用的固有函数系就是对应的齐次方程在所给问题的边界条件下经过分离变量法获得的固有函数系; 而方程齐次化方法所给出的齐次化原理, 随定解问题的不同而不同.

3.3　一般发展型方程混合问题

前面两节均要求定解问题满足齐次边界条件, 本节我们将考虑非齐次边界条件的情况. 这种问题的处理是非常简单的, 只要能够将问题化成齐次边界条件下的定解问题, 其求解便可归为前两节的内容, 我们称这种处理方法为边界条件齐次化. 现以如下弦振动方程混合问题为例来阐述这一处理过程. 考虑

$$\begin{cases} u_{tt} = a^2 u_{xx} + f(x,t), & 0 < x < l,\ t > 0, \\ u|_{t=0} = \varphi(x),\ \ u_t|_{t=0} = \psi(x), & 0 \leqslant x \leqslant l, \\ u|_{x=0} = \mu_1(t),\ \ u|_{x=l} = \mu_2(t), & t \geqslant 0, \end{cases} \tag{3.31}$$

令

$$u(x,t) = v(x,t) + w(x,t), \tag{3.32}$$

将其代入问题 (3.31) 边界条件得

$$\begin{cases} \mu_1(t) = u|_{x=0} = v|_{x=0} + w|_{x=0}, \\ \mu_2(t) = u|_{x=l} = v|_{x=l} + w|_{x=l}. \end{cases}$$

为使 $v(x,t)$ 满足 $v|_{x=0} = v|_{x=l} = 0$, 必须有

$$w|_{x=0} = \mu_1(t), \quad w|_{x=l} = \mu_2(t), \tag{3.33}$$

显然满足条件 (3.33) 的函数 $w(x,t)$ 不是唯一的, 我们只要一个即可. 如取

$$w(x,t) = \frac{l-x}{l}\mu_1(t) + \frac{x}{l}\mu_2(t). \tag{3.34}$$

这时 $v(x,t)$ 应满足如下定解问题:

$$\begin{cases} v_{tt} = a^2 v_{xx} + f_1(x,t), & 0 < x < l,\ t > 0, \\ v|_{t=0} = \varphi_1(x), \quad v_t|_{t=0} = \psi_1(x), & 0 \leqslant x \leqslant l, \\ v|_{x=0} = v|_{x=l} = 0, & t \geqslant 0, \end{cases} \tag{3.35}$$

其中

$$f_1(x,t) = f(x,t) - w_{tt} = f(x,t) - \frac{l-x}{l}\mu_1''(t) - \frac{x}{l}\mu_2''(t),$$

$$\varphi_1(x) = \varphi(x) - w|_{t=0} = \varphi(x) - \frac{l-x}{l}\mu_1(0) - \frac{x}{l}\mu_2(0),$$

$$\psi_1(x) = \psi(x) - w|_{t=l} = \psi(x) - \frac{l-x}{l}\mu_1'(0) - \frac{x}{l}\mu_2'(0).$$

从上述边界条件齐次化的过程可见, 边界条件齐次化过程中, (3.34) 式的获得与方程和初始条件无关, 而只依赖于原问题的边界条件, 仅在获得新的定解问题 (3.35) 时才与方程和初始条件有关. 如对热传导方程初边值问题

$$\begin{cases} u_t = a^2 u_{xx} + f(x,t), & 0 < x < l,\ t > 0, \\ u|_{t=0} = \varphi(x), & 0 \leqslant t \leqslant l, \\ u|_{x=0} = \mu_1(t), \quad u|_{x=l} = \mu_2(t), & t \geqslant 0, \end{cases}$$

利用变换 (3.33) 而获得 (3.34) 的过程完全相同, 仅在得到具有齐次边界条件的热传导方程初边值问题时有所不同. 这时得到

$$
\begin{cases}
v_t = a^2 v_{xx} + f_1(x,t), & 0 < x < l,\ t > 0, \\
v|_{t=0} = \varphi_1(x), & 0 \leqslant x \leqslant l, \\
v|_{x=0} = v|_{x=l} = 0, & t \geqslant 0,
\end{cases}
$$

其中

$$
f_1(x,t) = f(x,t) - \frac{l-x}{l}\mu_1'(t) - \frac{x}{l}\mu_2'(t),
$$

$$
\varphi_1(x) = \varphi(x) - \frac{l-x}{l}\mu_1(0) - \frac{x}{l}\mu_2(0).
$$

例 3.4　考虑定解问题的解

$$
\begin{cases}
u_{tt} = a^2 u_{xx}, & 0 < x < l,\ t > 0, \\
u|_{t=0} = 0,\ u_t|_{t=0} = 0, & 0 \leqslant x \leqslant l, \\
u|_{x=0} = 0,\ u|_{x=l} = \sin \omega t, & t \geqslant 0.
\end{cases}
$$

解　由 (3.35) 知, $w(x,t) = \dfrac{x}{l}\sin\omega t$. 所以, 令

$$
u(x,t) = v(x,t) + \frac{x}{l}\sin\omega t.
$$

于是 $v(x,t)$ 应满足如下定解问题:

$$
\begin{cases}
v_{tt} = a^2 v_{xx} + \dfrac{\omega^2}{l} x \sin\omega t, & 0 < x < l,\ t > 0, \\
v|_{t=0} = 0,\ v_t|_{t=0} = -\dfrac{w}{l}x, & 0 \leqslant x \leqslant l, \\
v|_{x=0} = v|_{x=l} = 0, & t \geqslant 0.
\end{cases}
$$

采用 3.2 节给出的方法, 不难得到

$$
u(x,t) = \frac{x}{l}\sin\omega t + \sum_{k=1}^{\infty}(-1)^k \frac{2\omega l}{(k\pi)^2 a}\sin\frac{k\pi a}{l}t\sin\frac{k\pi}{l}x
$$

$$
+ \sum_{k=1}^{\infty}(-1)^{k+1}\frac{2\omega^2 l}{(k\pi)^2 a}\int_0^t \sin\frac{k\pi a}{l}(t-\tau)\sin\omega\tau\, d\tau\sin\frac{k\pi}{l}x,
$$

注意到

$$\int_0^t \sin \frac{k\pi a}{l}(t-\tau) \sin \omega\tau d\tau = \frac{1}{2}\left(\frac{\sin \omega_k t + \sin \omega t}{\omega + \omega_k} + \frac{\sin \omega_k t - \sin \omega t}{\omega - \omega_k}\right),$$

其中, $\omega_k = \dfrac{k\pi}{l}a(k=1,2,\cdots)$ 为弦的固有频率. 当右端点 $x=l$ 的振动频率 ω 接近于弦振动的某一固有频率 ω_{k_0} 时, 有

$$\lim_{\omega \to \omega_{k_0}} \frac{\sin \omega t - \sin \omega_{k_0} t}{\omega - \omega_{k_0}} = t \cos \omega k_0 t.$$

显然 t 越大, 这一项就越大, 即振幅越大, 这就是所谓的共振现象. 在工程中, 如建筑、机件结构、桥梁建设, 共振现象的出现会产生极大的破坏作用. 当然共振现象也有着重要的应用, 如在无线电技术中. 因此掌握共振规律, 计算固有频率成为工程设计中的一个重要问题.

例 3.5 求下列混合问题的解

$$\begin{cases} u_t = a^2 u_{xx} + f(x), & 0 < x < l,\ t > 0, \\ u|_{t=0} = \varphi(x), & 0 \leqslant x \leqslant l, \\ u|_{x=0} = A, \quad u|_{x=l} = B, & t \geqslant 0, \end{cases} \tag{3.36}$$

其中, A, B 为常数.

解 仔细观察, 可以发现, 该问题与本节前面给出的一般问题存在一些不同点: 一是方程的非齐次项仅是 x 的函数; 二是边界条件中的非齐次项不依赖于时间 t 而为常数, 利用这个特殊性, 可以求一函数变换使得方程和边界条件同时齐次化, 从而简化了求解过程. 具体做法如下: 令

$$u(x,t) = v(x,t) + w(x),$$

将其代入方程和边界条件得

$$v_t = a^2[v_{xx} + w''(x)] + f(x), \quad v|_{x=0} + w(0) = A, \quad v|_{x=l} + w(l) = B,$$

为使 $v(x,t)$ 满足齐次方程和齐次边界条件, 必有

$$a^2 w''(x) + f(x) = 0, \quad w(0) = A, \quad w(l) = B,$$

由此不难求出 $w(x)$, 这时 $v(x)$ 满足的混合问题为

$$\begin{cases} v_t = a^2 v_{xx}, & 0 < x < l,\ t > 0, \\ v|_{t=0} = \varphi(x) - w(x), & 0 \leqslant x \leqslant l, \\ v|_{x=0} = v|_{x=l} = 0, & t \geqslant 0, \end{cases}$$

这是 3.1 节的内容. 显见这种处理问题的方法也可应用于弦振动方程.

对一般线性发展型方程的定解问题, 我们以问题 (3.31) 为例, 将求形式解的过程总结如下.

第一步: 将边界条件化为对应的齐次边界条件, 通常可得到一个具有齐次边界条件的非齐次方程的定解问题 (3.35), 我们称之为边界条件的齐次化.

第二步: 对由第一步获得的问题 (3.35), 可用两种方法进行求解, 第一种方法是首先利用线性方程解的叠加原理将 (3.35) 分解为两个问题

$$(\text{I})\begin{cases} v_{1tt} = a^2 v_{1xx} + f_1(x,t), & 0 < x < l,\ t > 0, \\ v_1|_{t=0} = 0,\ \ v_{1t}|_{t=0} = 0, & 0 \leqslant x \leqslant l, \\ v|_{x=0} = v|_{x=l} = 0, & t \geqslant 0; \end{cases}$$

$$(\text{II})\begin{cases} v_{2tt} = a^2 v_{xx}, & 0 < x < l,\ t > 0, \\ v_2|_{t=0} = \varphi_1(x),\ \ v_{2t}|_{t=0} = \psi_1(x), & 0 \leqslant x \leqslant l, \\ v_2|_{x=0} = v_2|_{x=l} = 0, & t \geqslant 0, \end{cases}$$

其中 $v(x,t) = v_1(x,t) + v_2(x,t)$. 对问题 (II), 可直接分离变量求解 (见 3.1 节), 对问题 (I), 可采用方程的齐次化方法求解 (见 3.2 节); 第二种方法是由解上述问题 (II) 时得到的固有函数系对问题 (3.35) 中的所有函数作 Fourier 级数展开, 此即固有函数展开方法 (见 3.2 节).

第三步: 综合得到问题 (3.31) 的解.

这个求解过程也可以推广到其他一些定解问题. 3.4 节就是对此求解过程的诠释.

3.4 具有第三类边界条件的混合问题举例

由于具有第三类边界条件的定解问题更具有一般性, 故有必要进行专门的讨论. 先考虑如下定解问题:

$$\begin{cases} u_{tt} = a^2 u_{xx} + f(x,t), & 0 < x < l,\ t > 0, \\ u|_{t=0} = \varphi(x),\ \ \ u_t|_{t=0} = \psi(x), & 0 \leqslant x \leqslant l, \\ u|_{x=0} = \mu_1(x),\ \ [u_x + \sigma u]_{x=l} = \mu_2(t), & t \geqslant 0\ (\sigma > 0). \end{cases} \tag{3.37}$$

解 第一步: 边界条件齐次化, 令

$$u(x,t) = v(x,t) + w(x,t).$$

为使 $v|_{x=0} = 0, [v_x + \sigma v]_{x=l} = 0$, 必须

$$w|_{x=0} = \mu_1(t),\ \ \ [w_x + \sigma w]_{x=l} = \mu_2(t).$$

将第二个条件两边乘以 $e^{\sigma l}$, 则化为

$$\frac{\partial}{\partial x}\left[e^{\sigma x}w(x,t)\right]\bigg|_{x=l} = \mu_2(t)e^{\sigma l}.$$

令 $\theta(x,t) = e^{\sigma x}w(x,t)$, 则有

$$\frac{\partial \theta}{\partial x}\bigg|_{x=l} = \mu_2(t)e^{\sigma l},$$

而条件 $w|_{x=0} = \mu_1(t)$, 变为 $\theta|_{x=0} = \mu_1(t)$, 故可取 $\theta(x,t) = xq(t) + \mu_1(t)$, 其中 $q(t)$ 待定, 再由 $\dfrac{\partial \theta}{\partial x}\bigg|_{x=l} = \mu_2(t)e^{\sigma l}$, 可求得 $q(t) = \mu_2(t)e^{\sigma l}$, 于是 $w(x,t) = \theta(x,t)e^{-\sigma x} = xe^{\sigma(l-x)}\mu_2(t) + e^{-\sigma x}\mu_1(t)$. 这样原定解问题 (3.37) 化为

$$\begin{cases} v_{tt} = a^2 v_{xx} + f_1(x,t), & 0 < x < l,\ t > 0, \\ v|_{t=0} = \varphi_1(x), \quad v_t|_{t=0} = \psi_1(x), & 0 \leqslant x \leqslant l, \\ v|_{x=0} = 0,\ [v_x + \sigma v]_{x=l} = 0, & t \geqslant 0\ (\sigma > 0), \end{cases} \tag{3.38}$$

其中 $f_1(x,t) = f(x,t) - w_{tt} + a^2 w_{xx}, \varphi_1(x) = \varphi(x) - w|_{t=0}, \psi_1(x) = \psi(x) - w_t|_{t=0}$.

第二步: 求固有值和固有函数 (即解固有值问题). 对齐次弦振动方程和上述定解问题中的齐次边界条件, 令 $v(x,t) = X(x)T(t)$, 可以得到固有值问题

$$\begin{cases} X''(x) + \lambda X(x) = 0, \\ X(0) = 0, \quad X'(l) + \sigma X(l) = 0. \end{cases}$$

此固有值问题, 可以按两种办法得到: 当 $\lambda \leqslant 0$ 时无非零解. 其中第一种办法为前面采用的办法, 即对 λ 的不同取值进行获得非零解的讨论. 以下我们采用另一种办法证明 $\lambda > 0$.

首先证明 λ 为实数. 若不然, 即设 λ 为复数, 则有

$$\bar{X}''(x) + \bar{\lambda}\bar{X}(x) = 0, \quad \overline{X}(0) = 0, \quad \overline{X}'(l) + \sigma\overline{X}(l) = 0,$$

其中 $\bar{\lambda}$ 为 λ 的共轭复数, 而 $\bar{X}(x)$ 为对应于固有值 $\bar{\lambda}$ 的固有函数. 同时也为 $X(x)$ 的共轭函数. 由此我们有

$$\begin{cases} X(x)\bar{X}''(x) + \bar{\lambda}X(x)\bar{X}(x) = 0, \\ \bar{X}(x)X''(x) + \lambda\bar{X}(x)X(x) = 0, \end{cases}$$

两式相减后在 $[0, l]$ 上积分得

$$\int_0^l \left[X(x)\bar{X}''(x) - \bar{X}(x)X''(x) \right] dx + (\bar{\lambda} - \lambda) \int_0^l |X|^2 dx = 0,$$

而

$$\int_0^l \left[X(x)\bar{X}''(x) - \bar{X}(x)X''(x) \right] dx$$

$$= \left[X(x)\bar{X}'(x) - \bar{X}(x)X'(x) \right]\big|_0^l - \int_0^l \left[X'(x)\bar{X}'(x) - \bar{X}'(x)X'(x) \right] dx$$

$$= X(l)\bar{X}'(l) - \bar{X}(l)X'(l)$$

$$= X(l)\left[-\sigma\bar{X}(l) \right] - \bar{X}(l)\left[-\sigma X(l) \right] = 0,$$

于是 $(\bar{\lambda} - \lambda) \int_0^l |X|^2 dx = 0$, 此即 $\lambda = \bar{\lambda}$, 即 λ 为实数. 由此也得到固有函数 $X(x)$ 为实函数.

再证 $\lambda > 0$. 由 $X'' + \lambda X = 0$ 知

$$\int_0^l X(x) \left[X''(x) + \lambda X(x) \right] dx = 0,$$

所以

$$\lambda \int_0^l X^2(x) dx = -\int_0^l X(x)X''(x) dx$$

$$= -X(x)X'(x)\big|_0^l + \int_0^l \left[X'(x) \right]^2 dx$$

$$= -X(l)X'(l) + \int_0^l \left[X'(x) \right]^2 dx$$

$$= \sigma X^2(l) + \int_0^l \left[X'(x) \right]^2 dx,$$

由 $\sigma > 0$ 知上式右端大于零, 而 $\int_0^l X^2(x) dx > 0$, 故有 $\lambda > 0$, 这样可解得

$$X(x) = C_1 \cos\sqrt{\lambda}x + C_2 \sin\sqrt{\lambda}x.$$

由于 $0 = X(0) = C_1$, 所以 $0 = C_2\sqrt{\lambda}\cos\sqrt{\lambda}l + C_2\sigma\sin\sqrt{\lambda}l$. 欲使 $C_2 \neq 0$, 必须 $\sqrt{\lambda}\cos\sqrt{\lambda}l + \sigma\sin\sqrt{\lambda}l = 0$. 令 $\theta = \sqrt{\lambda}l$, 则上式可以化为

$$\tan \theta = -\frac{\theta}{\sigma l}.$$

用图示法或数值方法可以获得该超越方程的根. 此处我们采用图示法. 以上方程的解 (根) 为曲线 $y = \tan \theta$ 与 $y = -\dfrac{\theta}{\sigma l}$ 交点的横坐标 (图 3.1). 由 $\theta > 0$ 知, 图示中的 $\theta_1, \theta_2, \cdots$ 为超越方程的根. 从而得到固有值 $\lambda_k = \left(\dfrac{\theta_k}{l}\right)^2$, $k = 1, 2, \cdots$. 固有函数为 $X_k(x) = \sin \dfrac{\theta_k}{l} x$.

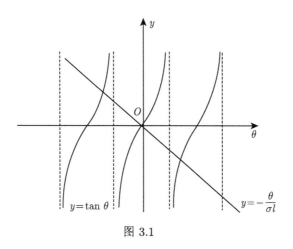

图 3.1

第三步: 解问题 (3.38). 对问题 (3.38), 可采用两种方法求解. 一是给出齐次化原理; 二是按固有函数展开法求解. 我们分别叙述如下.

第一种办法　齐次化方法. 首先将问题 (3.38) 分成两个问题

$$(\mathrm{I})\begin{cases} v_{1tt} = a^2 v_{1xx}, & 0 < x < l, \ t > 0, \\ v_1|_{t=0} = \varphi_1(x), \quad v_{1t}|_{t=0} = \psi_1(x), & 0 \leqslant x \leqslant l, \\ v_1|_{x=0} = 0, \quad [v_{1x} + \sigma v_1]_{x=l} = 0, & t \geqslant 0, \end{cases}$$

$$(\mathrm{II})\begin{cases} v_{2tt} = a^2 v_{2xx} + f_1(x,t), & 0 < x < l, \ t > 0, \\ v_2|_{t=0} = 0, \quad v_{2t}|_{t=0} = 0, & 0 \leqslant x \leqslant l, \\ v_2|_{x=0} = 0, \quad [v_{2x} + \sigma v_2]_{x=l} = 0, & t \geqslant 0, \end{cases}$$

不难验证 $v(x,t) = v_1(x,t) + v_2(x,t)$. 对于问题 (I) 可直接分离变量, 令 $v_1(x,t) = X(x)T(t)$ 代入方程和边界条件, 可得前述固有值问题. 固有值及固有函数已解得. 将固有值代入方程 $T''(t) + \lambda a^2 T(t) = 0$, 得

$$T''(t) + \left(\frac{\theta_k a}{l}\right)^2 T(t) = 0,$$

解得

$$T_k(t) = A_k \cos \frac{\theta_k a}{l} t + B_k \sin \frac{\theta_k a}{l} t,$$

于是

$$v_1(x,t) = \sum_{k=1}^{\infty} \left[A_k \cos \frac{\theta_k a}{l} t + B_k \sin \frac{\theta_k a}{l} t \right] \sin \frac{\theta_k}{l} x.$$

由初始条件得

$$\varphi_1(x) = \sum_{k=1}^{\infty} A_k \sin \frac{\theta_k}{l} x, \quad \psi_1(x) = \sum_{k=1}^{\infty} B_k \frac{\theta_k a}{l} \sin \frac{\theta_k}{l} x.$$

此两式形式上为函数在函数系 $\left\{ \sin \dfrac{\theta_k}{l} x \right\}$ 下的 Fourier 级数展开, 然而要确认这一点, 则必须证明该函数系在 $[0,l]$ 上的正交性. 但由于 θ_k 为近似值或图示值, 不便于直接计算, 故我们退回到固有值问题进行证明.

由于对固有值 $\lambda_n \neq \lambda_m$, 它们分别满足

$$X_n''(x) + \lambda_n X_n(x) = 0, \quad X_m''(x) + \lambda_m X_m(x) = 0,$$

其中 $X_n(x), X_m(x)$ 为它们所对应的固有函数, 且对 $k = n, m$ 均有

$$X_k(0) = 0, \quad X_k'(l) + \sigma X_k(l) = 0.$$

由固有值和固有函数所满足的方程不难得到

$$X_m X_n'' - X_n X_m'' = (\lambda_m - \lambda_n) X_n X_m,$$

于是

$$(\lambda_m - \lambda_n) \int_0^l X_n(x) X_m(x) dx = \int_0^l \left(X_m(x) X_n''(x) - X_m''(x) X_n(x) \right) dx$$
$$= [X_m(x) X_n'(x) - X_m'(x) X_n(x)]_0^l = X_m(l) X_n'(l) - X_m'(l) X_n(l),$$

由边界条件得

$$(\lambda_m - \lambda_n) \int_0^l X_n(x) X_m(x) dx = X_m(l)(-\sigma X_n(l)) + \sigma X_n(l) X_m(l) = 0.$$

由 $\lambda_m \neq \lambda_n$ 知

$$\int_0^l X_n(x)X_m(x)dx = 0,$$

另外, 直接计算可获得

$$M_k = \int_0^l X_k^2(x)dx = \int_0^l \sin^2 \frac{\theta_k}{l}x dx = \frac{1}{2}\int_0^l \left(1 - \cos\frac{2\theta_k}{l}x\right)dx$$

$$= \frac{1}{2}l - \frac{l}{4\theta_k}\sin 2\theta_k = \frac{l}{2}\left(1 - \frac{\sin 2\theta_k}{2\theta_k}\right) > 0.$$

现在就可以计算 A_k 与 B_k 了,

$$A_k = \frac{1}{M_k}\int_0^l \varphi_1(x)\sin\frac{\theta_k}{l}x dx,$$

$$B_k = \frac{l}{M_k\theta_k a}\int_0^l \psi_1(x)\sin\frac{\theta_k}{l}x dx.$$

现求解 (II).

齐次化原理 设 $P(x,t,\tau)$ 满足

$$\begin{cases} P_{tt} = a^2 P_{xx}, & 0 < x < l,\ t > \tau, \\ P|_{t=\tau} = 0, \quad P_t|_{t=\tau} = f_1(x,\tau), & 0 \leqslant x \leqslant l, \\ P|_{x=0} = 0, \quad [P_x + \sigma P]_{x=l} = 0, \end{cases}$$

且 $f_1(x,t), f_{1x}(x,t) \in C, f_1(0,\tau) = f_{1x}(l,\tau) + \sigma f_1(l,\tau) = 0$, 则

$$v_2(x,t) = \int_0^t P(x,t,\tau)d\tau.$$

除了边界条件不同外, $v_2(x,t)$ 满足方程和初始条件, 前面已经作了验证, 而边界条件满足, 直接验证即可, 这与前面的做法相同. 令 $t' = t - \tau$ 可得到与 (I) 相同的定解问题. 故

$$P(x,t,\tau) = \sum_{k=1}^{\infty}\bar{B}_k(\tau)\sin\frac{\theta_k a}{l}(t-\tau)\sin\frac{\theta_k}{l}x,$$

其中

$$\bar{B}_k(\tau) = \frac{l}{M_k\theta_k a}\int_0^l f_1(x,\tau)\sin\frac{\theta_k}{l}x dx,$$

所以

$$v_2(x,t) = \sum_{k=1}^{\infty} \int_0^t \bar{B}_k(\tau) \sin \frac{\theta_k a}{l}(t-\tau)d\tau \sin \frac{\theta_k}{l}x,$$

最后有

$$v(x,t) = \sum_{k=1}^{\infty} \left[A_k \cos \frac{\theta_k a}{l}t + B_k \sin \frac{\theta_k a}{l}t \right] \sin \frac{\theta_k}{l}x$$

$$+ \sum_{k=1}^{\infty} \int_0^t \bar{B}_k(\tau) \sin \frac{\theta_k a}{l}(t-\tau)d\tau \sin \frac{\theta_k}{l}x.$$

第二种办法　固有函数展开法.　在第一种办法中我们已经证得固有函数系 $\left\{ \sin \frac{\theta_k}{l}x \right\}$ 的正交性. 现将问题 (3.38) 中的所有函数: $v(x,t), f_1(x,t), \varphi_1(x)$ 和 $\psi_1(x)$, 按此函数系作 Fourier 级数展开, 并代入方程和初始条件

$$\sum_{k=1}^{\infty} v_k''(t) \sin \frac{\theta_k}{l}x = -a^2 \sum_{k=1}^{\infty} \left(\frac{\theta_k}{l} \right)^2 v_k(t) \sin \frac{\theta_k}{l}x + \sum_{k=1}^{\infty} f_{1k}(t) \sin \frac{\theta_k}{l}x,$$

$$\sum_{k=1}^{\infty} v_k(0) \sin \frac{\theta_k}{l}x = \sum_{k=1}^{\infty} \varphi_{1k} \sin \frac{\theta_k}{l}x,$$

$$\sum_{k=1}^{\infty} v_k'(0) \sin \frac{\theta_k}{l}x = \sum_{k=1}^{\infty} \psi_{1k} \sin \frac{\theta_k}{l}x,$$

其中

$$f_{1k}(t) = \frac{1}{M_k} \int_0^l f_1(x,t) \sin \frac{\theta_k}{l}x dx,$$

$$\varphi_{1k}(t) = \frac{1}{M_k} \int_0^l \varphi_1(x,t) \sin \frac{\theta_k}{l}x dx,$$

$$\psi_{1k}(t) = \frac{1}{M_k} \int_0^l \psi_1(x,t) \sin \frac{\theta_k}{l}x dx,$$

由此得到常微分方程的初值问题

$$\begin{cases} v_k''(t) + \left(\dfrac{\theta_k a}{l} \right)^2 v_k(t) = f_{1k}(t), \\ v_k(0) = \varphi_{1k}, \quad v_k'(0) = \psi_{1k}, \end{cases}$$

解此问题得

$$v_k(t) = \varphi_{1k} \cos \frac{\theta_k a}{l} t + \frac{l}{\theta_k a} \psi_{1k} \sin \frac{\theta_k a}{l} t + \frac{l}{\theta_k a} \int_0^t f_{1k}(\tau) \sin \frac{\theta_k a}{l}(t - \tau) d\tau,$$

将此代入 $v(x, t)$ 的 Fourier 级数即得解

$$v(x, t) = \sum_{k=1}^{\infty} \left(\varphi_{1k} \cos \frac{\theta_k a}{l} t + \frac{l}{\theta_k a} \psi_{1k} \sin \frac{\theta_k a}{l} t \right) \sin \frac{\theta_k}{l} x$$

$$+ \sum_{k=1}^{\infty} \frac{l}{\theta_k a} \int_0^t f_{1k}(\tau) \sin \frac{\theta_k a}{l}(t - \tau) d\tau \sin \frac{\theta_k}{l} x,$$

对比可见两种办法得到的解是完全相同的. 最后问题 (3.37) 的解为

$$u(x, t) = v(x, t) + w(x, t).$$

3.5 椭圆型方程边值问题的分离变量法

本节我们仅考虑二维椭圆型方程边值问题的分离变量法求解. 由于二维问题涉及区域, 我们需要指出对于一般区域上的问题, 通常不能求出解析解, 而只能寻求数值解, 因此仅考虑在矩形区域和圆域上这种非常规则的区域上的二维椭圆型方程边值问题.

3.5.1 矩形区域上 Laplace 方程边值问题

该问题在物理上经常描述为: 在热传导过程中边界温度已知、内部无热源的定常温度分布, 即

$$\begin{cases} u_{xx} + u_{yy} = 0, & 0 < x < a, \, 0 < y < b, \\ u|_{x=0} = f_1(y), & u|_{x=a} = f_2(y), & 0 \leqslant y \leqslant b, \\ u|_{y=0} = g_1(x), & u|_{y=b} = g_2(x), & 0 \leqslant x \leqslant a, \end{cases} \tag{3.39}$$

由方程的线性性质, 可以将问题分解为

$$(\text{I}) \begin{cases} v_{xx} + v_{yy} = 0, & 0 < x < a, \, 0 < y < b, \\ v|_{x=0} = 0, & v|_{x=a} = 0, & 0 \leqslant y \leqslant b, \\ v|_{y=0} = g_1(x), & v|_{y=b} = g_2(x), & 0 \leqslant x \leqslant a; \end{cases}$$

$$(\text{II}) \begin{cases} w_{xx} + w_{yy} = 0, & 0 < x < a, \, 0 < y < b, \\ w|_{x=0} = f_1(y), & w|_{x=a} = f_2(y), & 0 \leqslant y \leqslant b, \\ w|_{y=0} = 0, & w|_{y=b} = 0, & 0 \leqslant x \leqslant a. \end{cases}$$

当然, 也可以将原问题分成四个问题, 每个问题只含有一个非零边界条件, 其他三个为齐次边界. 对 (I), 令 $v(x,y) = X(x)Y(y)$, 代入方程和齐次边界条件有

$$X''(x)Y(y) + X(x)Y''(y) = 0,$$

$$X(0)Y(y) = X(a)Y(y) = 0,$$

$$\frac{X''(x)}{X(x)} = -\frac{Y''(y)}{Y(y)} = -\lambda,$$

$$X''(x) + \lambda X(x) = 0,$$

$$Y''(y) - \lambda Y(y) = 0,$$

而将 $v(x,y) = X(x)Y(y)$ 代入关于 x 的边界条件中得

$$X(0) = X(a) = 0,$$

该条件与关于 X 的方程构成了固有值问题

$$\begin{cases} X''(x) + \lambda X(x) = 0, \\ X(0) = X(a) = 0, \end{cases}$$

我们在 3.1 节已经解得

$$\lambda_k = \left(\frac{k\pi}{a}\right)^2, \quad X_k(x) = \sin\frac{k\pi}{a}x, \quad k = 1, 2, \cdots,$$

将 $\lambda_k = \left(\dfrac{k\pi}{a}\right)^2$ 代入关于 Y 的方程得

$$Y''(y) - \left(\frac{k\pi}{a}\right)^2 Y(y) = 0,$$

解得

$$Y_k(y) = A_k \mathrm{ch}\frac{k\pi}{a}y + B_k \mathrm{sh}\frac{k\pi}{a}y,$$

所以

$$v(x,y) = \sum_{k=1}^{\infty} \left(A_k \mathrm{ch}\frac{k\pi}{a}y + B_k \mathrm{sh}\frac{k\pi}{a}y\right) \sin\frac{k\pi}{a}x, \tag{3.40}$$

其中 A_k, B_k 由 (I) 中关于 Y 的边界条件获得如下:

$$g_1(x) = \sum_{k=1}^{\infty} A_k \sin\frac{k\pi}{a}x, \quad g_2(x) = \sum_{k=1}^{\infty} \left(A_k \mathrm{ch}\frac{k\pi b}{a} + B_k \mathrm{sh}\frac{k\pi b}{a}\right) \sin\frac{k\pi}{a}x.$$

由 $\left\{\sin\dfrac{k\pi}{a}x\right\}$ 的正交性, 可求得

$$A_k = \frac{2}{a}\int_0^a g_1(x)\sin\frac{k\pi}{a}xdx,$$

$$A_k\mathrm{ch}\frac{k\pi b}{a} + B_k\mathrm{sh}\frac{k\pi b}{a} = \frac{2}{a}\int_0^a g_2(x)\sin\frac{k\pi}{a}xdx,$$

即

$$B_k = \frac{1}{\mathrm{sh}\dfrac{k\pi b}{a}}\left[-A_k\mathrm{ch}\frac{k\pi b}{a} + \frac{2}{a}\int_0^a g_2(x)\sin\frac{k\pi}{a}xdx\right],$$

类似地, 可以得到 (II) 的解.

例 3.6 求解如下边值问题:

$$\begin{cases} u_{xx} + u_{yy} = 0, & 0 < x < a,\, 0 < y < b, \\ u_x|_{x=0} = \ u|_{x=a} = 0, & 0 \leqslant y \leqslant b, \\ u|_{y=0} = g_1(x), \quad u_y|_{y=b} = g_2(x), & 0 \leqslant x \leqslant a. \end{cases} \quad (3.41)$$

解 令 $u(x,y) = X(x)Y(y)$, 重复上述分离变量的过程可得固有值问题

$$\begin{cases} X''(x) + \lambda X(x) = 0, \\ X'(0) = X(a) = 0, \end{cases}$$

不难获得, 当 $\lambda \leqslant 0$ 时无非零解; 当 $\lambda > 0$ 时, 固有值与固有函数分别是

$$\lambda_k = \left(\frac{2k-1}{2a}\pi\right)^2, \quad X_k(x) = \cos\frac{2k-1}{2a}\pi x,$$

将固有值代入关于 Y 的方程得

$$Y_k''(y) - \left(\frac{2k-1}{2a}\pi\right)^2 Y_k(y) = 0,$$

解得

$$Y_k(y) = A_k\mathrm{ch}\left(\frac{2k-1}{2a}\pi y\right) + B_k\mathrm{sh}\left(\frac{2k-1}{2a}\pi y\right),$$

因此

$$u(x,y) = \sum_{k=1}^{\infty}\left[A_k\mathrm{ch}\left(\frac{2k-1}{2a}\pi y\right) + B_k\mathrm{sh}\left(\frac{2k-1}{2a}\pi y\right)\right]\cos\frac{2k-1}{2a}\pi x,$$

由 (3.41) 中关于 y 的边界条件得

$$g_1(x) = \sum_{k=1}^{\infty} A_k \cos \frac{2k-1}{2a}\pi x,$$

$$g_2(x) = \sum_{k=1}^{\infty} \frac{2k-1}{2a}\pi \left[A_k \mathrm{sh}\left(\frac{2k-1}{2a}\pi b\right) + B_k \mathrm{ch}\left(\frac{2k-1}{2a}\pi b\right)\right] \cos \frac{2k-1}{2a}\pi x,$$

其中

$$A_k = \frac{2}{a} \int_0^a g_1(x) \cos \frac{2k-1}{2a}\pi x dx,$$

而从

$$\frac{2k-1}{2a}\pi \left[A_k \mathrm{sh}\left(\frac{2k-1}{2a}\pi b\right) + B_k \mathrm{ch}\left(\frac{2k-1}{2a}\pi b\right)\right] = \frac{2}{a} \int_0^a g_2(x) \cos \frac{2k-1}{2a}\pi x dx$$

中不难解得 B_k.

3.5.2 圆域上 Laplace 方程第一边值问题

假设有无穷长圆柱体 $(x^2 + y^2 \leqslant a^2)$, 在热传导过程中, 内部无热源, 而边界保持温度 $\varphi(x,y)|_{x^2+y^2=a^2}$, 求该柱体内的定常温度分布. 该问题归结为如下边值问题:

$$\begin{cases} u_{xx} + u_{yy} = 0, & x^2 + y^2 < a^2, \\ u|_{x^2+y^2=a^2} = \varphi(x,y)|_{x^2+y^2=a^2}. \end{cases} \tag{3.42}$$

首先将问题化为极坐标下的问题, 即令 $x = r\cos\theta, y = r\sin\theta$, 则问题的极坐标形式为

$$\begin{cases} \dfrac{\partial^2 u}{\partial r^2} + \dfrac{1}{r}\dfrac{\partial u}{\partial r} + \dfrac{1}{r^2}\dfrac{\partial^2 u}{\partial \theta^2} = 0, & r < a, \\ u|_{r=a} = \varphi(a\cos\theta, a\sin\theta) = f(\theta). \end{cases} \tag{3.43}$$

现设问题有形如 $u(r,\theta) = R(r)\Phi(\theta)$ 的解, 将其代入方程得

$$R''(r)\Phi(\theta) + \frac{1}{r}R'(r)\Phi(\theta) + \frac{1}{r^2}R(r)\Phi''(\theta) = 0,$$

分离变量得

$$\frac{R''(r) + \dfrac{1}{r}R'(r)}{\dfrac{1}{r^2}R(r)} = -\frac{\Phi''(\theta)}{\Phi(\theta)},$$

上式左右两端为不同自变量的函数, 故唯一的可能为常数, 记为 λ, 因此得到

$$R''(r) + \frac{1}{r}R'(r) - \frac{\lambda}{r^2}R(r) = 0, \tag{3.44}$$

$$\Phi''(\theta) + \lambda\Phi(\theta) = 0. \tag{3.45}$$

由于在圆域上 $(r, \theta + 2\pi)$ 和 (r, θ) 表示同一个点, 根据定解问题的唯一性, 则必有 $u(r, \theta + 2\pi) = u(r, \theta)$, 由此得

$$\Phi(\theta + 2\pi) = \Phi(\theta), \tag{3.46}$$

(3.45) 和 (3.46) 便构成一个固有值问题, 称之为周期固有值问题. 显然, 当 $\lambda < 0$ 时, (3.45) 的解为指数形式, 不具有周期性. 而当 $\lambda = 0$ 时, $\Phi(\theta)$ 为 θ 的线性函数, 要使其有周期性, $\Phi(\theta)$ 必为常数, 记 $\Phi_0(\theta) = A_0$. 当 $\lambda > 0$ 时

$$\Phi(\theta) = C_1 \cos\sqrt{\lambda}\theta + C_2 \sin\sqrt{\lambda}\theta.$$

(3.46) 指出, 该周期函数的周期为 2π, 故 $\sqrt{\lambda} = k$, 即 $\lambda_k = k^2 (k = 1, 2, \cdots)$ 为固有值, 固有函数是

$$\Phi_k(\theta) = A_k \cos k\theta + B_k \sin k\theta,$$

将 $\lambda_k = k^2 (k = 0, 1, \cdots)$ 代入 (3.44) 得

$$r^2 R''(r) + r R'(r) - k^2 R(r) = 0, \tag{3.47}$$

此处将 $\lambda = 0$ 记为 λ_0. (3.47) 式为一 Euler 方程, 不难解得, 当 $k = 0$ 时

$$R_0(r) = C_0 + D_0 \ln r,$$

当 $k > 0$ 时

$$R_k(r) = C_k r^k + D_k r^{-k}.$$

由于原问题的解在圆心有界, 故必有 $D_k = 0 \ (k = 0, 1, \cdots)$, 所以

$$u_0(r, \theta) = R_0(r)\Phi_0(\theta) = \frac{A_0}{2}, \quad u_k(r, \theta) = r^k(A_k \cos k\theta + B_k \sin k\theta),$$

此处记 $C_0 A_0$ 为 $\frac{A_0}{2}$, 而将 $C_k A_k$ 和 $C_k B_k$ 仍记为 A_k, B_k, 根据线性方程的解的叠加原理, 则有

$$u(r, \theta) = \frac{A_0}{2} + \sum_{k=1}^{\infty} r^k(A_k \cos k\theta + B_k \sin k\theta), \tag{3.48}$$

由边界条件

$$f(\theta) = u|_{r=a} = \frac{A_0}{2} + \sum_{k=1}^{\infty} a^k (A_k \cos k\theta + B_k \sin k\theta), \tag{3.49}$$

此式表示函数 $f(\theta)$ 在正交基 $\{1, \cos k\theta, \sin k\theta, \cdots\}$ 下的 Fourier 级数展开. 因此有

$$A_k = \frac{1}{\pi a^k} \int_0^{2\pi} f(\theta) \cos k\theta d\theta \quad (k = 0, 1, \cdots),$$

$$B_k = \frac{1}{\pi a^k} \int_0^{2\pi} f(\theta) \sin k\theta d\theta \quad (k = 1, 2, \cdots).$$

(3.48) 为问题 (3.43) 的形式解, 要证明其为古典解, 事实上只要 $f(\theta)$ 连续即可 (略). 以下将上述级数形式的解化为积分形式. 将 A_k, B_k 的表达式代入 (3.48) 得

$$u(r,\theta) = \frac{1}{2\pi} \int_0^{2\pi} f(\theta)d\theta + \frac{1}{\pi} \sum_{k=1}^{\infty} \frac{r^k}{a^k} \int_0^{2\pi} f(\tau)(\cos k\tau \cos k\theta + \sin k\tau \sin k\theta)d\tau$$

$$= \frac{1}{2\pi} \int_0^{2\pi} f(\tau) \left[1 + 2 \sum_{k=1}^{\infty} \frac{r^k}{a^k} \cos k(\theta - \tau) \right] d\tau.$$

当 $0 \leqslant r < a$ 时有

$$1 + 2 \sum_{k=1}^{\infty} \frac{r^k}{a^k} \cos(\theta - \tau) = 1 + \sum_{k=1}^{\infty} \left(\frac{r}{a} \right)^k \left(e^{ik(\theta-\tau)} + e^{-ik(\theta-\tau)} \right)$$

$$= 1 + \frac{\frac{r}{a}e^{i(\theta-\tau)}}{1 - \frac{r}{a}e^{i(\theta-\tau)}} + \frac{\frac{r}{a}e^{-i(\theta-\tau)}}{1 - \frac{r}{a}e^{-i(\theta-\tau)}}$$

$$= \frac{a^2 - r^2}{a^2 + r^2 - 2ar\cos(\theta - \tau)},$$

所以

$$u(r,\theta) = \frac{1}{2\pi} \int_0^{2\pi} \frac{(a^2 - r^2)f(\tau)}{a^2 + r^2 - 2ar\cos(\theta - \tau)} d\tau, \tag{3.50}$$

称此积分为圆域上的 Poisson 公式.

3.5.3 Poisson 方程第一边值问题

对如下 Poisson 方程第一边值问题:

$$\begin{cases} \Delta u = f(M), & M \in \Omega, \\ u|_{\partial\Omega} = 0. \end{cases} \tag{3.51}$$

通常的做法是将非齐次方程 (Poisson 方程) 化成齐次方程 (Laplace 方程). 对比较简单的函数 $f(x,y)$, 实现这一目标是方便的. 具体为: 令 $u(x,y) = v(x,y) + w(x,y)$, 为使 $v(x,y)$ 满足 $\Delta v = 0$, 必有 $\Delta w(x,y) = f(x,y)$, 只要能求得一个这样的 $w(x,y)$, 问题便化为

$$\begin{cases} \Delta v = 0, \\ v|_{\partial\Omega} = -\,w|_{\partial\Omega}. \end{cases}$$

初看起来, 求解 $\Delta w = f(x,y)$ 与求解 (3.51) 似乎具有同样的难度, 其实不然, (3.51) 是要求满足边界条件的唯一解, 通常是困难的, 而 $\Delta w = f(x,y)$ 应该有很多解, 我们只需求得其中之一即可. 这便大大降低了求解难度. 当 $f(x,y)$ 比较简单时, 获得一个解是一件轻而易举的事情. 如当 $f(x,y) = x + y$ 时, 则只要令 $w(x,y) = \dfrac{1}{6}(x^3 + y^3)$ 即可. 再如 $f(x,y) = e^x + \sin y$, 则令 $w(x,y) = e^x - \sin y$ 即可. 当然, 当 $f(x,y)$ 比较复杂时, 获得 $w(x,y)$ 就比较困难了.

例 3.7 求解如下定解问题:

$$\begin{cases} u_{xx} + u_{yy} = xy, & 0 < x < a, 0 < y < b, \\ u|_{x=0} = u|_{x=a} = 0, & 0 \leqslant y \leqslant b, \\ u|_{y=0} = u|_{y=b} = 0, & 0 \leqslant x \leqslant a. \end{cases}$$

解 如上所述, 取 $w(x,y) = \dfrac{1}{12}(x^3 y + xy^3)$, 则显然有 $\Delta w = xy$, 这时 v 满足

$$\begin{cases} \Delta v = 0, & 0 < x < a, 0 < y < b, \\ v|_{x=0} = [u - w]_{x=0} = 0, & 0 \leqslant y \leqslant b, \\ v|_{x=a} = [u - w]_{x=a} = -\dfrac{1}{12}(a^3 y + ay^3), & 0 \leqslant y \leqslant b, \\ v|_{y=0} = [u - w]_{y=0} = 0, & 0 \leqslant x \leqslant a, \\ v|_{y=b} = [u - w]_{y=b} = -\dfrac{1}{12}(b^3 x + bx^3), & 0 \leqslant x \leqslant a, \end{cases}$$

这便化成 (3.39) 的问题. 令

$$v(x,y) = p(x,y) + q(x,y),$$

$p(x, y), q(x, y)$ 分别满足

$$(\text{I}) \begin{cases} \Delta p = 0, \\ p|_{x=0} = p|_{x=a} = 0, \\ p|_{y=0} = 0, \quad p|_{y=b} = -\dfrac{1}{12}(b^3 x + b x^3), \end{cases}$$

$$(\text{II}) \begin{cases} \Delta q = 0, \\ q|_{x=0} = 0, \quad q|_{x=a} = -\dfrac{1}{12}(y a^3 + a y^3), \\ q|_{y=0} = q|_{y=b} = 0, \end{cases}$$

解 (I) 得

$$p(x, y) = \sum_{k=1}^{\infty} B_k \operatorname{sh} \frac{k\pi}{a} y \sin \frac{k\pi}{a} x,$$

其中

$$B_k = -\frac{1}{6 a \operatorname{sh} \dfrac{k\pi}{a} b} \int_0^a (b x^3 + b^3 x) \sin \frac{k\pi}{a} x \, dx.$$

同样解 (II) 得

$$q(x, y) = \sum_{k=1}^{\infty} \bar{B}_k \operatorname{sh} \frac{k\pi}{b} x \sin \frac{k\pi}{b} y,$$

其中

$$\bar{B}_k = -\frac{1}{6 b \operatorname{sh} \dfrac{k\pi}{b} a} \int_0^b (y a^3 + y^3 a) \sin \frac{k\pi}{b} y \, dy.$$

例 3.8 设

$$\begin{cases} \Delta u = -A, \quad x^2 + y^2 < a^2, \\ u|_{x^2+y^2=a^2} = 0, \end{cases}$$

其中 A 为常数, 求 $u(x, y)$.

解 取 $w(x, y) = -\dfrac{A}{4}(x^2 + y^2)$, 则 $\Delta w = -A$, 这时 $v(x, y)$ 满足

$$\begin{cases} \Delta v = 0, \quad x^2 + y^2 < a^2, \\ v|_{x^2+y^2=a^2} = [u - w]_{x^2+y^2=a^2} = \dfrac{A}{4} a^2, \end{cases}$$

其解为

$$v(r,\theta) = \frac{A_0}{2} + \sum_{k=1}^{\infty} r^k (A_k \cos k\theta + B_k \sin k\theta),$$

$$\frac{A}{4} a^2 = \frac{A_0}{2} + \sum_{k=1}^{\infty} a^k (A_k \cos k\theta + B_k \sin k\theta),$$

其中

$$A_0 = \frac{A}{2} a^2, \quad A_k = \frac{1}{\pi a^k} \int_0^{2\pi} \frac{A}{4} a^2 \cos k\theta d\theta = 0, \quad B_k = \frac{1}{\pi a^k} \int_0^{2\pi} \frac{A}{4} a^2 \sin k\theta d\theta = 0,$$

所以, $v(x,y) = \frac{A}{4} a^2, u(x,y) = v(x,y) + w(x,y) = \frac{A}{4} a^2 - \frac{A}{4}(x^2 + y^2).$

通过上述讨论, 不难发现, 在矩形区域上求解二维 Laplace 方程边值问题同解发展型方程初边值问题是基本相同的, 因此, 求解发展型方程初边值问题的一些方法也应该可以用于求解矩形区域上二维 Poisson 方程边值问题.

例 3.9 求解如下边值问题

$$\begin{cases} u_{xx} + u_{yy} = f(x,y), & 0 < x < a,\ 0 < y < b, \\ u_x|_{x=0} = u|_{x=a} = 0, & 0 \leqslant y \leqslant b, \\ u|_{y=0} = g_1(x), \quad u_y|_{y=b} = g_2(x), & 0 \leqslant x \leqslant a. \end{cases} \quad (3.52)$$

解 仿照求解发展型方程初边值问题的固有函数展开方法, 设

$$u(x,y) = \sum_{k=1}^{\infty} u_k(y) \cos \frac{2k-1}{2a} \pi x, \quad (3.53)$$

将 $f(x,y), g_1(x), g_2(x)$ 在固有函数系 $\left\{ \cos \dfrac{2k-1}{2a} \pi x \right\}$ 下作 Fourier 级数展开, 然后代入 (3.52) 的方程和关于 y 的边界条件中得到

$$-\sum_{k=1}^{\infty} \left(\frac{2k-1}{2a} \pi \right)^2 u_k(y) \cos \frac{2k-1}{2a} \pi x + \sum_{k=1}^{\infty} u_k''(y) \cos \frac{2k-1}{2a} \pi x$$

$$= \sum_{k=1}^{\infty} f_k(y) \cos \frac{2k-1}{2a} \pi x,$$

$$\sum_{k=1}^{\infty} u_k(0) \cos \frac{2k-1}{2a} \pi x = \sum_{k=1}^{\infty} g_{1k} \cos \frac{2k-1}{2a} \pi x,$$

$$\sum_{k=1}^{\infty} u_k'(b) \cos\frac{2k-1}{2a}\pi x = \sum_{k=1}^{\infty} g_{2k} \cos\frac{2k-1}{2a}\pi x,$$

其中 $f_k(y), g_{1k}, g_{2k}$ 分别为 $f(x,y), g_1(x), g_2(x)$ 的 Fourier 展开式系数. 由此得到

$$\begin{cases} u_k''(y) - \left(\frac{2k-1}{2a}\pi\right)^2 u_k(y) = f_k(y), \\ u_k(0) = g_{1k}, \quad u_k'(b) = g_{2k}. \end{cases}$$

此为一常微分方程边值问题, 不难解得

$$u_k(y) = A_k \mathrm{ch}\frac{2k-1}{2a}\pi y + B_k \mathrm{sh}\frac{2k-1}{2a}\pi y$$
$$+ \frac{2a}{(2k-1)\pi}\int_0^y f_k(\tau)\mathrm{sh}\frac{2k-1}{2a}\pi(y-\tau)d\tau, \tag{3.54}$$

其中 $A_k = g_{1k}$, 而 B_k 由方程

$$\frac{2k-1}{2a}\pi\left(g_{1k}\mathrm{sh}\frac{2k-1}{2a}\pi b + B_k\mathrm{ch}\frac{2k-1}{2a}\pi b\right) + \int_0^b f_k(\tau)\mathrm{ch}\frac{2k-1}{2a}\pi(b-\tau)d\tau = g_{2k}$$

确定, 将 (3.54) 代入 (3.53) 即得问题 (3.52) 的解.

3.6　方程中含有一阶空间导数的定解问题

前面在讨论分离变量法时, 我们仅涉及只含有空间二阶导数项的方程. 本节考虑有界区域上含有空间一阶导数项的二阶线性方程定解问题的分离变量法. 设有问题

$$\begin{cases} u_{tt} = a^2 u_{xx} + bu_x, & 0 < x < l,\ t > 0, \\ u|_{t=0} = \varphi(x), \quad u_t|_{t=0} = \psi(x), & 0 \leqslant x \leqslant l, \\ u|_{x=0} = u|_{x=l} = 0, & t \geqslant 0, \end{cases} \tag{3.55}$$

其中 a^2, b 是常数. 首先, 处理该问题的一个简单方法是通过函数变换消去一阶导数项, 然后按前述分离变量的方法很容易求解. 我们叙述如下.

令 $u(x,t) = v(x,t)e^{\alpha x}$, 则问题 (3.55) 化为

$$\begin{cases} v_{tt} = a^2 v_{xx} + (2\alpha a^2 + b)v_x + (a^2\alpha^2 + b\alpha)v, & 0 < x < l,\ t > 0, \\ v|_{t=0} = \varphi(x)e^{-\alpha x}, \quad v_t|_{t=0} = \psi(x)e^{-\alpha x}, & 0 \leqslant x \leqslant l, \\ v|_{x=0} = v|_{x=l} = 0, & t \geqslant 0, \end{cases}$$

取 $\alpha = -\dfrac{b}{2a^2}$, 则有

$$\begin{cases} v_{tt} = a^2 v_{xx} + \beta v, & 0 < x < l,\ t > 0, \\ v|_{t=0} = \varphi_1(x), \quad v_t|_{t=0} = \psi_1(x), & 0 \leqslant x \leqslant l, \\ v|_{x=0} = v|_{x=l} = 0, & t \geqslant 0, \end{cases} \quad (3.56)$$

其中 $\beta = -\dfrac{b^2}{4a^2} < 0, \varphi_1(x) = \varphi(x)e^{\frac{b}{2a^2}x}, \psi_1(x) = \psi(x)e^{\frac{b}{2a^2}x}.$

令 $v(x,t) = X(x)T(t)$, 代入 (3.56) 的方程和边界条件得

$$X(x)T''(t) = a^2 X''(x)T(t) + \beta X(x)T(t), \quad X(0) = X(l) = 0,$$

记 $\dfrac{T''(t)}{T(t)} = \dfrac{a^2 X''(x) + \beta X(x)}{X(x)} = -\lambda$, 得方程 $T''(t) + \lambda T(t) = 0$ 及固有值问题:
$a^2 X''(x) + \beta X(x) + \lambda X(x) = 0, X(0) = X(l) = 0,$ 即

$$X''(x) + \mu X(x) = 0, \quad X(0) = X(l) = 0,$$

其中 $\mu = \dfrac{\beta + \lambda}{a^2}$, 已经知道该固有值问题的解为

$$\left\{ \mu_k = \left(\dfrac{k\pi}{l}\right)^2, X_k(x) = \sin\dfrac{k\pi}{l}x, k = 1, 2, \cdots \right\},$$

于是, $\lambda_k = \mu_k a^2 - \beta = \left(\dfrac{k\pi a}{l}\right)^2 - \beta = \left(\dfrac{k\pi a}{l}\right)^2 + \dfrac{b^2}{4a^2}$, 代入 $T''(t) + \lambda T(t) = 0,$
解得

$$T_k(t) = A_k \cos\sqrt{\lambda_k}t + B_k \sin\sqrt{\lambda_k}t,$$

这样有 $v(x,t) = \displaystyle\sum_{k=1}^{\infty}(A_k \cos\sqrt{\lambda_k}t + B_k \sin\sqrt{\lambda_k}t)\sin\dfrac{k\pi}{l}x$, 由初始条件得

$$\varphi_1(x) = \sum_{k=1}^{\infty} A_k \sin\dfrac{k\pi}{l}x, \quad \psi_1(x) = \sum_{k=1}^{\infty} B_k\sqrt{\lambda_k}\sin\dfrac{k\pi}{l}x,$$

其中

$$A_k = \dfrac{2}{l}\int_0^l \varphi_1(x)\sin\dfrac{k\pi x}{l}dx,$$

$$B_k = \frac{2}{l\sqrt{\lambda_k}} \int_0^l \psi_1(x) \sin \frac{k\pi x}{l} dx,$$

最后, $u(x,t) = v(x,t)e^{\frac{-b}{2a^2}x}$.

　　显然上述办法需要一定的技巧. 通常, 只要定解问题是齐次方程和齐次边界条件, 就具有可分离变量 $X(x)T(t)$ 形式的解, 而问题 (3.55) 满足这样的要求, 代入 (3.55) 的方程和边界条件, 我们令 $u(x,t) = X(x)T(t)$, 得

$$X(x)T''(t) = a^2 X''(x)T(t) + bX'(x)T(t), \quad X(0) = X(l) = 0.$$

记 $\dfrac{T''(t)}{T(t)} = \dfrac{a^2 X''(x) + bX'(x)}{X(x)} = -\lambda$, 得方程 $T''(t) + \lambda T(t) = 0$ 及固有值问题

$$a^2 X''(x) + bX'(x) + \lambda X(x) = 0, \quad X(0) = X(l) = 0, \qquad (3.57)$$

现在我们解此固有值问题. 根据常微分方程知识, 不难求得, 当 $b^2 - 4a^2\lambda \geqslant 0$ 时, 固有值问题 (3.57) 无非零解. 当 $b^2 - 4a^2\lambda < 0$ 时, 不难求得固有值问题 (3.57) 的解为

$$\left\{ \lambda_k = \left(\frac{k\pi a}{l}\right)^2 + \frac{b^2}{4a^2}, X_k(x) = e^{\frac{-b}{2a^2}x} \sin \frac{k\pi}{l}x, k = 1,2,\cdots \right\},$$

该固有函数系在 $[0,l]$ 上加权正交, 权函数为 $\rho(x) = e^{\frac{b}{a^2}x}$(参考附录 A), 即

$$\int_0^l \rho(x)X_k(x)X_m(x)dx = \begin{cases} 0, & m \neq k, \\ \dfrac{l}{2}, & m = k. \end{cases}$$

这样, 定解问题的解为

$$u(x,t) = \sum_{k=1}^{\infty} \left[A_k \cos \sqrt{\left(\frac{k\pi a}{l}\right)^2 + \frac{b^2}{4a^2}}\, t + B_k \sin \sqrt{\left(\frac{k\pi a}{l}\right)^2 + \frac{b^2}{4a^2}}\, t \right] e^{\frac{-b}{2a^2}x} \sin \frac{k\pi}{l}x,$$

由初始条件得

$$\varphi(x) = \sum_{k=1}^{\infty} A_k e^{\frac{-b}{2a^2}x} \sin \frac{k\pi}{l}x, \quad \psi(x) = \sum_{k=1}^{\infty} B_k \sqrt{\left(\frac{k\pi a}{l}\right)^2 + \frac{b^2}{4a^2}}\, e^{\frac{-b}{2a^2}x} \sin \frac{k\pi}{l}x,$$

其中

$$A_k = \frac{2}{l} \int_0^l \varphi(x)e^{\frac{b}{2a^2}x} \sin \frac{k\pi x}{l} dx,$$

$$B_k = \frac{2}{l\sqrt{\left(\frac{k\pi a}{l}\right)^2 + \frac{b^2}{4a^2}}} \int_0^l \psi(x) e^{\frac{b}{2a^2}x} \sin \frac{k\pi x}{l} dx.$$

两种方法得到的结果是相同的.

对非齐次方程定解问题, 同样可以利用固有函数展开法求解.

例 3.10 求下列问题的形式解

$$\begin{cases} u_t = a^2 u_{xx} + b u_x + f(x,t), & 0 < x < l,\ t > 0, \\ u|_{t=0} = \varphi(x), & 0 \leqslant x \leqslant l, \\ u|_{x=0} = u|_{x=l} = 0, & t \geqslant 0, \end{cases} \tag{3.58}$$

其中 $f(x,t)$ 为已知函数.

解 将定解问题中的已知函数和未知函数均在固有函数系

$$\left\{ e^{\frac{-b}{2a^2}x} \sin \frac{k\pi}{l}x, k = 1, 2, \cdots \right\}$$

下作 (广义) Fourier 级数展开

$$u(x,t) = \sum_{k=1}^{\infty} u_k(t) e^{\frac{-b}{2a^2}x} \sin \frac{k\pi}{l}x,$$

$$\varphi(x) = \sum_{k=1}^{\infty} \varphi_k e^{\frac{-b}{2a^2}x} \sin \frac{k\pi}{l}x,$$

$$f(x,t) = \sum_{k=1}^{\infty} f_k(t) e^{\frac{-b}{2a^2}x} \sin \frac{k\pi}{l}x,$$

其中

$$f_k(t) = \frac{2}{l} \int_0^l f(x,t) e^{\frac{b}{2a^2}x} \sin \frac{k\pi}{l} x dx,$$

$$\varphi_k = \frac{2}{l} \int_0^l \varphi(x) e^{\frac{b}{2a^2}x} \sin \frac{k\pi}{l} x dx,$$

将这些展开式代入定解问题 (3.58) 的方程和初始条件, 并消去 $e^{\frac{-b}{2a^2}x}$ 得

$$\begin{cases} \displaystyle\sum_{k=1}^{\infty} u'_k(t) \sin\frac{k\pi}{l}x = a^2 \sum_{k=1}^{\infty} u_k(t)\left[\left(\frac{b^2}{4a^4}\right)\sin\frac{k\pi}{l}x \right.\\ \qquad\qquad\qquad\quad \left. -\frac{k\pi b}{la^2}\cos\frac{k\pi}{l}x - \left(\frac{k\pi}{l}\right)^2 \sin\frac{k\pi}{l}x\right] \\ \qquad\qquad +b\sum_{k=1}^{\infty} u_k(t)\left[\left(-\frac{b}{2a^2}\right)\sin\frac{k\pi}{l}x + \frac{k\pi}{l}\cos\frac{k\pi}{l}x\right] \\ \qquad\qquad +\sum_{k=1}^{\infty} f_k(t)\sin\frac{k\pi}{l}x, \quad 0 < x < l,\, t > 0, \\ \displaystyle\sum_{k=1}^{\infty} u_k(0)\sin\frac{k\pi}{l}x = \sum_{k=1}^{\infty}\varphi_k \sin\frac{k\pi}{l}x, \quad 0 \leqslant x \leqslant l, \end{cases}$$

比较系数得

$$u'_k(t) + \left[\left(\frac{k\pi a}{l}\right)^2 + \frac{b^2}{4a^2}\right]u_k(t) = f_k(t), \quad u_k(0) = \varphi_k,$$

解之得

$$u_k(t) = \varphi_k e^{-\left[\left(\frac{k\pi a}{l}\right)^2 + \frac{b^2}{4a^2}\right]t} + \int_0^t f_k(\tau)e^{-\left[\left(\frac{k\pi a}{l}\right)^2 + \frac{b^2}{4a^2}\right](t-\tau)}d\tau,$$

因此, 问题的解为

$$u(x,t) = \sum_{k=1}^{\infty} u_k(t)e^{\frac{-b}{2a^2}x}\sin\frac{k\pi}{l}x.$$

当然可以采用函数变换, 消去问题中关于空间的一阶导数项, 然后求解.

习　题　3

1. 解下列定解问题:

(1) $\begin{cases} u_{tt} = a^2 u_{xx}, & 0 < x < l,\, t > 0, \\ u|_{t=0} = \varphi(x), \quad u_t|_{t=0} = \psi(x), & 0 \leqslant x \leqslant l, \\ u_x|_{x=0} = u|_{x=l} = 0, & t \geqslant 0; \end{cases}$

(2) $\begin{cases} u_t = a^2 u_{xx}, & 0 < x < l,\, t > 0, \\ u|_{t=0} = \varphi(x), & 0 \leqslant x \leqslant l, \\ u_x|_{x=0} = 0, \quad u_x|_{x=0} = 0, & t \geqslant 0. \end{cases}$

2. 解下列定解问题:

$$(1) \begin{cases} u_{tt} = a^2 u_{xx} + f(x,t), & 0 < x < l,\ t > 0, \\ u|_{t=0} = 0, \quad u_t|_{t=0} = 0, & 0 \leqslant x \leqslant l, \\ u_x|_{x=0} = u_x|_{x=l} = 0, & t \geqslant 0; \end{cases}$$

$$(2) \begin{cases} u_t = a^2 u_{xx} + f(x,t), & 0 < x < l,\ t > 0, \\ u|_{t=0} = \varphi(x), & 0 \leqslant x \leqslant l, \\ u_x|_{x=0} = u_x|_{x=0} = 0, & t \geqslant 0; \end{cases}$$

$$(3) \begin{cases} u_{tt} = a^2 u_{xx}, & 0 < x < 1,\ t > 0, \\ u|_{t=0} = \begin{cases} x, & 0 \leqslant x \leqslant \dfrac{1}{2}, \\ -x, & \dfrac{1}{2} \leqslant x \leqslant 1, \end{cases} \\ u_t|_{t=0} = x(1-x), & 0 \leqslant x \leqslant 1, \\ u|_{x=0} = u|_{x=1} = 0, & t \geqslant 0; \end{cases}$$

$$(4) \begin{cases} u_{tt} + u_t = a^2 u_{xx} + f(x,t), & 0 < x < l,\ t > 0, \\ u|_{t=0} = u_t|_{t=0} = 0, & 0 \leqslant x \leqslant l, \\ u_x|_{x=0} = u|_{x=l} = 0, & t \geqslant 0. \end{cases}$$

3. 解下列定解问题:

$$(1) \begin{cases} u_t = a^2 u_{xx}, & 0 < x < l,\ t > 0, \\ u|_{t=0} = 0, & 0 \leqslant x \leqslant l, \\ u_x|_{x=0} = \mu_1(t), \quad u_x|_{x=0} = \mu_2(t), & t \geqslant 0; \end{cases}$$

$$(2) \begin{cases} u_t = a^2 u_{xx} + bu + f(x), & 0 < x < l,\ t > 0, \\ u|_{t=0} = \varphi(x), & 0 \leqslant x \leqslant l, \\ u_x|_{x=0} = \alpha, \quad u_x|_{x=0} = \beta, & t \geqslant 0; \end{cases}$$

$$(3) \begin{cases} u_{tt} = a^2 u_{xx} + bu, & 0 < x < l,\ t > 0, \\ u|_{t=0} = u_t|_{t=0} = 0, & 0 \leqslant x \leqslant l, \\ u|_{x=0} = \mu_1(t), \quad u|_{x=l} = \mu_2(t), & t \geqslant 0; \end{cases}$$

$$(4) \begin{cases} u_t = a^2 u_{xx}, & 0 < x < l,\ t > 0, \\ u|_{t=0} = \varphi(x), & 0 \leqslant x \leqslant l, \\ [u_x + hu]_{x=0} = 0, \quad u_x|_{x=0} = 0, & t \geqslant 0. \end{cases}$$

4. 解如下定解问题:

$$(1) \begin{cases} u_t = a^2 u_{xx} + bu_x, & 0 < x < l,\ t > 0, \\ u|_{t=0} = \varphi(x), & 0 \leqslant x \leqslant l, \\ u|_{x=0} = u|_{x=l} = 0, & t \geqslant 0; \end{cases}$$

$$(2) \begin{cases} u_t = a^2 u_{xx} + bu_x, & 0 < x < l,\ t > 0, \\ u|_{t=0} = \varphi(x), & 0 \leqslant x \leqslant l, \\ u_x|_{x=0} = u|_{x=l} = 0, & t \geqslant 0; \end{cases}$$

(3) $\begin{cases} u_t = a^2 u_{xx} + b u_x, & 0 < x < l,\, t > 0, \\ u|_{t=0} = \varphi(x), & 0 \leqslant x \leqslant l, \\ u_x|_{x=0} = u_x|_{x=l} = 0, & t \geqslant 0; \end{cases}$

(4) $\begin{cases} u_t = a^2 u_{xx} + b u_x + f(x), & 0 < x < l,\, t > 0, \\ u|_{t=0} = 0, & 0 \leqslant x \leqslant l, \\ u_x|_{x=0} = A, \quad u|_{x=l} = B, & t \geqslant 0; \end{cases}$

(5) $\begin{cases} u_{tt} = a^2 u_{xx} + b u_x, & 0 < x < l,\, t > 0, \\ u|_{t=0} = \varphi(x), \quad u_t|_{t=0} = \psi(x), & 0 \leqslant x \leqslant l, \\ u_x|_{x=0} = u|_{x=l} = 0, & t \geqslant 0; \end{cases}$

(6) $\begin{cases} u_t = a^2 u_{xx} + b u_x + f(x,t), & 0 < x < l,\, t > 0, \\ u|_{t=0} = 0, & 0 \leqslant x \leqslant l, \\ u_x|_{x=0} = u_x|_{x=l} = 0, & t \geqslant 0; \end{cases}$

(7) $\begin{cases} u_t = a^2 u_{xx} + b u_x, & 0 < x < l,\, t > 0, \\ u|_{t=0} = \varphi(x), & 0 \leqslant x \leqslant l, \\ u|_{x=0} = \mu_1(t), \quad u_x|_{x=l} = \mu_2(t), & t \geqslant 0; \end{cases}$

(8) $\begin{cases} u_{tt} = a^2 u_{xx} + b u_x + f(x,t), & 0 < x < l,\, t > 0, \\ u|_{t=0} = \varphi(x), \quad u_t|_{t=0} = \psi(x), & 0 \leqslant x \leqslant l, \\ u_x|_{x=0} = u|_{x=l} = 0, & t \geqslant 0. \end{cases}$

5. 解如下定解问题:

(1) $\begin{cases} u_{xx} + u_{yy} = 0, & 0 < x < a,\, 0 < y < b, \\ u|_{x=0} = u|_{x=a} = 0, & 0 \leqslant y \leqslant b, \\ u_y|_{y=0} = f(x), \quad u|_{y=b} = 0, & 0 \leqslant x \leqslant a; \end{cases}$

(2) $\begin{cases} u_{xx} + u_{yy} = 0, & 0 < x < a,\, 0 < y < b, \\ u_x|_{x=0} = u_x|_{x=a} = 0, & 0 \leqslant y \leqslant b, \\ u|_{y=0} = f(x), \quad u|_{y=b} = g(x), & 0 \leqslant x \leqslant a; \end{cases}$

(3) $\begin{cases} u_{xx} + u_{yy} = f(x), & 0 < x < a,\, 0 < y < b, \\ u|_{x=0} = A,\, u|_{x=a} = B, & 0 \leqslant y \leqslant b, \\ u_y|_{y=0} = g(x), \quad u|_{y=b} = 0, & 0 \leqslant x \leqslant a; \end{cases}$

(4) $\begin{cases} u_{xx} + u_{yy} = g(y), & 0 < x < a,\, 0 < y < b, \\ u|_{x=0} = f(y), \quad u|_{x=a} = 0, & 0 \leqslant y \leqslant b, \\ u|_{y=0} = A, \quad u|_{y=b} = B, & 0 \leqslant x \leqslant a. \end{cases}$

6. 用分离变量法求解:

(1) $\begin{cases} u_{xx} + u_{yy} = x^2 + y, & x^2 + y^2 > a^2, \\ u|_{x^2+y^2=a^2} = \varphi(x,y); \end{cases}$

(2) $\begin{cases} u_{xx} + u_{yy} = 0, & x^2 + y^2 < a^2,\, y > 0, \\ u|_{x^2+y^2=a^2} = \varphi(x,y), \\ u|_{y=0} = 0; \end{cases}$

$$(3)\begin{cases} u_{xx} + u_{yy} = 0, \quad x^2 + y^2 < a^2, x > 0, \\ u|_{x^2+y^2=a^2} = \varphi(x,y), \\ u|_{x=0} = 0; \end{cases}$$

$$(4)\begin{cases} \Delta u = 0, \quad r < a, 0 < \theta < \alpha, \\ u|_{r=a} = \varphi(\theta), \\ u|_{\theta=0} = u|_{\theta=\alpha} = 0. \end{cases}$$

7. 设 $U(x,t)$ 为热传导方程 $U_t = a^2 U_{xx}$ 的解. 试证明 $u(x,t) = -2a^2 \dfrac{U_x}{U}$ 是如下偏微分方程

$$u_t + uu_x = a^2 u_{xx}$$

的解, 并由此解定解问题

$$\begin{cases} u_t + uu_x = a^2 u_{xx}, \quad 0 < x < l, \ t > 0, \\ u|_{t=0} = \varphi(x), \quad 0 \leqslant x \leqslant l, \\ u|_{x=0} = u|_{x=l} = 0, \quad t \geqslant 0. \end{cases}$$

第 4 章 积分变换法

第 3 章我们讨论了两个变量的三类典型方程初边值问题的分离变量法. 定解问题的一个显著特点为空间区域有界, 这时问题解的形式为 Fourier 级数. 如果将区域扩大为无穷域, 则级数应该变成 Fourier 积分, 而发展型方程的初边值问题将转化为发展型方程的 Cauchy 问题, 有界域上的椭圆型方程的定解问题将转化为无界区域上的问题, 于是产生了一类解数学物理方程定解问题的重要方法——积分变换法. 这种方法在热学、电学、无线电、通信理论、地震资料数据处理等各科技领域得到了广泛的应用. 本章将介绍两种积分变换法——Fourier 变换法和 Laplace 变换法, 它们是解数学物理方程定解问题的重要方法.

4.1 Fourier 积分与 Fourier 变换

设 $f(x)$ 是定义在 $(-\infty, \infty)$ 内的实函数, 它在任意区间 $[-l, l]$ 上连续, 则 $f(x)$ 可以展开为以 $2l$ 为周期的 Fourier 级数

$$f(x) = \frac{a_0}{2} + \sum_{k=1}^{\infty} \left(a_k \cos \frac{k\pi}{l} x + b_k \sin \frac{k\pi}{l} x \right), \tag{4.1}$$

其中

$$a_k = \frac{1}{l} \int_{-l}^{l} f(x) \cos \frac{k\pi}{l} x dx, \quad k = 0, 1, \cdots, \tag{4.2}$$

$$b_k = \frac{1}{l} \int_{-l}^{l} f(x) \sin \frac{k\pi}{l} x dx, \quad k = 1, 2, \cdots. \tag{4.3}$$

将 (4.2), (4.3) 代入 (4.1), 可以得到

$$f(x) = \frac{1}{2l} \int_{-l}^{l} f(\xi) d\xi + \sum_{k=1}^{\infty} \frac{1}{l} \int_{-l}^{l} f(\xi) \cos \frac{k\pi (x - \xi)}{l} d\xi.$$

现假设 $f(x) \in L^1(-\infty, \infty)$, 则当 $l \to \infty$ 时, 有

$$f(x) = \lim_{l \to \infty} \sum_{k=1}^{\infty} \frac{1}{l} \int_{-l}^{l} f(\xi) \cos \frac{k\pi (x - \xi)}{l} d\xi.$$

记 $\lambda_k = \dfrac{k\pi}{l}$, 则 $\Delta\lambda_k = \lambda_{k+1} - \lambda_k = \dfrac{\pi}{l}$, 当 $l \to \infty$ 时, 有 $\Delta\lambda_k \longrightarrow 0$. 于是有

$$f(x) = \lim_{\Delta\lambda_k \to 0} \frac{1}{\pi} \sum_{k=1}^{\infty} \Delta\lambda_k \int_{-l}^{l} f(\xi) \cos\lambda_k (x - \xi) d\xi$$

$$= \frac{1}{\pi} \int_0^{\infty} d\lambda \int_{-\infty}^{\infty} f(\xi) \cos\lambda (x - \xi) d\xi. \tag{4.4}$$

上述积分被称为 Fourier 积分.

由于 $\cos\lambda(x - \xi) = \dfrac{1}{2}\left(e^{i\lambda(x-\xi)} + e^{-i\lambda(x-\xi)}\right)$, 所以

$$f(x) = \frac{1}{2\pi} \int_0^{\infty} d\lambda \int_{-\infty}^{\infty} f(\xi) \left[e^{i\lambda(x-\xi)} + e^{-i\lambda(x-\xi)}\right] d\xi, \tag{4.5}$$

因为 (4.5) 中的第二个积分为

$$\frac{1}{2\pi} \int_0^{\infty} d\lambda \int_{-\infty}^{\infty} f(\xi) e^{-i\lambda(x-\xi)} d\xi$$

$$= \frac{1}{2\pi} \int_{-\infty}^{0} d\lambda \int_{-\infty}^{\infty} f(\xi) e^{i\lambda(x-\xi)} d\xi. \tag{4.6}$$

所以将 (4.6) 代入 (4.5) 得

$$f(x) = \frac{1}{2\pi} \int_{-\infty}^{\infty} d\lambda \int_{-\infty}^{\infty} f(\xi) e^{i\lambda(x-\xi)} d\xi. \tag{4.7}$$

令

$$F(\lambda) = \int_{-\infty}^{\infty} f(\xi) e^{-i\lambda\xi} d\xi, \tag{4.8}$$

则

$$f(x) = \frac{1}{2\pi} \int_{-\infty}^{\infty} F(\lambda) e^{i\lambda x} d\lambda. \tag{4.9}$$

称 (4.8) 为 $f(x)$ 的 Fourier 变换, 记为 $\mathcal{F}[f(x)]$, 而 (4.9) 称为 $F(\lambda)$ 的 Fourier 逆变换, 记为 $\mathcal{F}^{-1}[F(\lambda)]$.

可以证明若 $f(x)$ 连续、逐段光滑, 且 $f(x) \in L^1(-\infty, \infty)$, 则 $f(x)$ 的 Fourier 变换存在, 且为 (4.8), 其逆变换为 (4.9). 也常称 (4.8) 为 $f(x)$ 的像函数, 而称 (4.9) 为 $F(\lambda)$ 的像源函数或反演公式.

例 4.1 求 $\mathcal{F}\left[e^{-a|x|}\right]$, 其中 $a > 0$.

解 $\mathcal{F}\left[e^{-a|x|}\right] = \displaystyle\int_{-\infty}^{\infty} e^{-a|x|} e^{-i\lambda x} dx$

$$= \int_{-\infty}^{0} e^{ax} e^{-i\lambda x} dx + \int_{0}^{\infty} e^{-ax} e^{-i\lambda x} dx$$

$$= \frac{1}{a - i\lambda} e^{(a - i\lambda)x} \Big|_{-\infty}^{0} - \frac{1}{a + i\lambda} e^{-(a+i\lambda)x} \Big|_{0}^{\infty}$$

$$= \frac{1}{a - i\lambda} + \frac{1}{a + i\lambda} = \frac{2a}{a^2 + \lambda^2}.$$

例 4.2 设 $f(x) = \begin{cases} 0, & x < 0, \\ e^{-\beta x}, & x \geqslant 0, \end{cases}$ 其中 $\beta > 0$, 求 $\mathcal{F}[f(x)]$.

解 $\mathcal{F}(\lambda) = \mathcal{F}[f(x)] = \displaystyle\int_{0}^{\infty} e^{-\beta x} e^{-i\lambda x} dx = -\frac{1}{\beta + i\lambda} e^{-(\beta + i\lambda)x} \Big|_{0}^{\infty} = \frac{1}{\beta + i\lambda}.$

例 4.3 求 $\mathcal{F}\left[e^{-\beta x^2}\right]$, 其中 $\beta > 0$.

解
$$\mathcal{F}\left[e^{-\beta x^2}\right] = \int_{-\infty}^{\infty} e^{-\beta x^2} e^{-i\lambda x} dx$$

$$= \int_{-\infty}^{\infty} e^{-\beta\left(x^2 + \frac{i\lambda}{\beta} x\right)} dx$$

$$= \int_{-\infty}^{\infty} e^{-\beta\left(x + \frac{i\lambda}{2\beta}\right)^2} dx \cdot e^{-\frac{\lambda^2}{4\beta}},$$

令 $x + \dfrac{i\lambda}{2\beta} = z$, 则

$$\int_{-\infty}^{\infty} e^{-\beta\left(x + \frac{i\lambda}{2\beta}\right)^2} dx = \int_{-\infty + \frac{i\lambda}{2\beta}}^{\infty + \frac{i\lambda}{2\beta}} e^{-\beta z^2} dz.$$

这是一复变积分. 现设 $\lambda > 0$($\lambda < 0$ 时的做法类似, 结论相同), 显然积分沿平行于实轴, 距实轴 $\dfrac{\lambda}{2\beta}$ 个单位的直线进行. 如图 4.1, 考虑积分沿闭路 $ABCDA$ 进行.

图 4.1 中, $\left|\overrightarrow{OA}\right| = \left|\overrightarrow{OB}\right| = R$, 即考虑

$$\oint_{ABCDA} e^{-\beta z^2} dz = \left(\int_{\overrightarrow{AB}} + \int_{\overrightarrow{BC}} + \int_{\overrightarrow{CD}} + \int_{\overrightarrow{DA}}\right) e^{-\beta z^2} dz.$$

将上式右端积分分别记为 I, II, III 和 IV, 现分别计算或估计如下:

$$\mathrm{I} = \int_{\overrightarrow{AB}} e^{-\beta z^2} dz = \int_{-R}^{R} e^{-\beta x^2} dx \xrightarrow{R \to \infty} \sqrt{\frac{\pi}{\beta}},$$

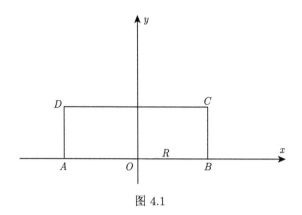

图 4.1

$$|\text{II}| = \left| \int_{\overrightarrow{BC}} e^{-\beta z^2} dz \right| = \left| \int_R^{R+\frac{i\lambda}{2\beta}} e^{-\beta z^2} dz \right| \xrightarrow{z=R+i\mu} \left| i \int_0^{\frac{\lambda}{2\beta}} e^{-\beta(R+i\mu)^2} d\mu \right|$$

$$\leqslant e^{-\beta R^2} \int_0^{\frac{\lambda}{2\beta}} \left| e^{\beta\mu^2 - i2\beta\mu} \right| d\mu$$

$$= e^{-\beta R^2} \int_0^{\frac{\lambda}{2\beta}} e^{\beta\mu^2} d\mu \xrightarrow{R\longrightarrow\infty} 0,$$

同理可估计 $|\text{IV}| = \left| \int_{\overrightarrow{DA}} e^{-\beta z^2} dz \right| \xrightarrow{R\longrightarrow\infty} 0$, 而

$$\text{III} = \int_{\overrightarrow{CD}} e^{-\beta z^2} dz \xrightarrow{R\to\infty} -\int_{-\infty+\frac{i\lambda}{2\beta}}^{\infty+\frac{i\lambda}{2\beta}} e^{-\beta z^2} dz,$$

另外, 由于 $e^{-\beta z^2}$ 在由 $ABCDA$ 围成的区域内解析, 故 $\oint_{ABCDA} e^{-\beta z^2} dz = 0$, 因此, 当 $R \to \infty$ 时, 有

$$0 = \sqrt{\frac{\pi}{\beta}} - \int_{-\infty+\frac{i\lambda}{2\beta}}^{\infty+\frac{i\lambda}{2\beta}} e^{-\beta z^2} dz,$$

最后得

$$\mathcal{F}[e^{-\beta x^2}] = \sqrt{\frac{\pi}{\beta}} e^{-\frac{\lambda^2}{4\beta}}.$$

类似地, 还可定义多元函数的 Fourier 变换及逆变换. 设 $f(x_1, x_2, \cdots, x_n)$ 在 $\mathbf{R}^n$ 中连续分段光滑且绝对可积, 则定义

$$F(\lambda_1, \lambda_2, \cdots, \lambda_n) = \int_{\mathbf{R}^n} f(x_1, x_2, \cdots, x_n) e^{-i(\lambda_1 x_1 + \lambda_2 x_2 + \cdots + \lambda_n x_n)} dx_1 dx_2 \cdots dx_n,$$

记为 $\mathcal{F}\left[f\left(x_1, x_2, \cdots, x_n\right)\right]$, 定义逆变换为

$$f\left(x_1, x_2, \cdots, x_n\right)$$
$$=\frac{1}{(2\pi)^n} \int_{\mathbf{R}^n} F\left(\lambda_1, \lambda_2, \cdots, \lambda_n\right) e^{i(\lambda_1 x_1 + \lambda_2 x_2 + \cdots + \lambda_n x_n)} d\lambda_1 d\lambda_2 \cdots d\lambda_n.$$

记为 $f\left(x_1, x_2, \cdots, x_n\right) = \mathcal{F}^{-1}\left[F\left(\lambda_1, \lambda_2, \cdots, \lambda_n\right)\right]$, 称 $F\left(\lambda_1, \lambda_2, \cdots, \lambda_n\right)$ 为 $f(x_1, x_2, \cdots, x_n)$ 的像函数, 而称 $f\left(x_1, x_2, \cdots, x_n\right)$ 为 $F\left(\lambda_1, \lambda_2, \cdots, \lambda_n\right)$ 的像源函数.

4.2　Fourier 变换的性质

这一节, 我们总假设函数 $f(x), g(x)$ 的 Fourier 变换存在. 由积分的线性性质易得如下性质.

性质 4.1(线性性质)　Fourier 变换是线性变换, 即对于任何常数 α, β 和函数 $f(x), g(x)$ 有

$$\mathcal{F}\left[\alpha f(x) + \beta g(x)\right] = \alpha \mathcal{F}\left[f(x)\right] + \beta \mathcal{F}\left[g(x)\right].$$

性质 4.2(位移性质)　对任意常数 b, 成立

$$\mathcal{F}\left[f(x-b)\right] = e^{-i\lambda b} \mathcal{F}\left[f(x)\right].$$

事实上

$$\mathcal{F}\left[f(x-b)\right] = \int_{-\infty}^{\infty} f(x-b) e^{-i\lambda x} dx \xrightarrow{x-b=\xi} \int_{-\infty}^{\infty} f(\xi) e^{-i\lambda(\xi+b)} d\xi$$
$$= e^{-i\lambda b} \mathcal{F}\left[f(x)\right].$$

性质 4.3 (相似性质)　对任何实常数 $a \neq 0$, 成立

$$\mathcal{F}\left[f(ax)\right] = \frac{1}{|a|} F\left(\frac{\lambda}{a}\right),$$

其中 $F(\lambda) = \mathcal{F}\left[f(x)\right]$.

证明　令 $ax = \xi$, 则当 $a < 0$ 时有

$$\mathcal{F}[f(ax)] = \int_{-\infty}^{\infty} f(ax) e^{-i\lambda x} dx = \frac{1}{a} \int_{\infty}^{-\infty} f(\xi) e^{-i\lambda \frac{\xi}{a}} d\xi$$
$$= \frac{1}{|a|} \int_{-\infty}^{\infty} f(\xi) e^{-i\frac{\lambda}{a}\xi} d\xi = \frac{1}{|a|} F\left(\frac{\lambda}{a}\right),$$

当 $a > 0$ 时,

$$\mathcal{F}\left[f\left(ax\right)\right] = \int_{-\infty}^{\infty} f\left(ax\right) e^{-i\lambda x} dx = \frac{1}{a} \int_{-\infty}^{\infty} f\left(\xi\right) e^{-i\frac{\lambda}{a}\xi} d\xi = \frac{1}{a} F\left(\frac{\lambda}{a}\right),$$

因此, 对任何 $a \neq 0$ 有

$$\mathcal{F}\left[f\left(ax\right)\right] = \frac{1}{|a|} F\left(\frac{\lambda}{a}\right).$$

性质 4.4(微分性质) 若 $f\left(x\right), f'\left(x\right) \in L^1\left(-\infty, \infty\right) \cap C^1\left(-\infty, \infty\right)$, 则 $\mathcal{F}\left[f'\left(x\right)\right] = i\lambda \mathcal{F}\left[f\left(x\right)\right]$.

证明 $\mathcal{F}\left[f'\left(x\right)\right] = \int_{-\infty}^{\infty} f'\left(x\right) e^{-i\lambda x} dx$

$$= f\left(x\right) e^{-i\lambda x} \Big|_{-\infty}^{\infty} + i\lambda \int_{-\infty}^{\infty} f\left(x\right) e^{-i\lambda x} dx$$

$$= i\lambda \mathcal{F}\left[f\left(x\right)\right].$$

这性质可以推广到高阶导数的 Fourier 变换, 即若 $f\left(x\right), f'\left(x\right), \cdots, f^{(n)}\left(x\right) \in L^1\left(-\infty, \infty\right) \cap C^1\left(-\infty, \infty\right)$, 则 $\mathcal{F}\left[f^{(n)}\left(x\right)\right] = \left(i\lambda\right)^n \mathcal{F}\left[f\left(x\right)\right]$.

在 Fourier 变换中, 卷积性质有着重要的应用.

定义 4.1 设 $f\left(x\right), g\left(x\right)$ 在 $(-\infty, \infty)$ 上有定义, 若 $\int_{-\infty}^{\infty} f\left(x - t\right) g\left(t\right) dt$ 在 $x \in (-\infty, \infty)$ 上收敛, 则称该广义积分为 $f\left(x\right)$ 与 $g\left(x\right)$ 的卷积, 记作 $f\left(x\right) * g\left(x\right)$, 或简记作 $f * g$. 关于卷积, 不难验证有如下简单性质:

(1) **交换律** $f\left(x\right) * g\left(x\right) = g\left(x\right) * f\left(x\right)$;

(2) **结合律** $f\left(x\right) * \left(g\left(x\right) * h\left(x\right)\right) = \left(f\left(x\right) * g\left(x\right)\right) * h\left(x\right)$;

(3) **分配律** $f\left(x\right) * \left(g\left(x\right) \pm h\left(x\right)\right) = f\left(x\right) * g\left(x\right) \pm f\left(x\right) * h\left(x\right)$.

性质 4.5(卷积性质) 设 $f\left(x\right), g\left(x\right) \in L^1\left(-\infty, \infty\right) \cap C\left(-\infty, \infty\right)$, 则有

(1) $\mathcal{F}\left[f\left(x\right) * g\left(x\right)\right] = \mathcal{F}\left[f\left(x\right)\right] \cdot \mathcal{F}\left[g\left(x\right)\right]$;

(2) $\mathcal{F}\left[f\left(x\right) \cdot g\left(x\right)\right] = \frac{1}{2\pi} \mathcal{F}\left[f\left(x\right)\right] * \mathcal{F}\left[g\left(x\right)\right]$.

证明 (1)

$$\mathcal{F}\left[f\left(x\right) * g\left(x\right)\right] = \int_{-\infty}^{\infty} \int_{-\infty}^{\infty} f\left(x - t\right) g\left(t\right) dt e^{-i\lambda x} dx$$

$$= \int_{-\infty}^{\infty} g\left(t\right) dt \int_{-\infty}^{\infty} f\left(x - t\right) e^{-i\lambda x} dx$$

$$= \int_{-\infty}^{\infty} g\left(t\right) e^{-i\lambda t} \cdot \mathcal{F}\left[f\left(x\right)\right] dt = \mathcal{F}\left[f\left(x\right)\right] \cdot \mathcal{F}\left[g\left(x\right)\right].$$

上面的证明在交换积分次序后应用了位移性质.

(2) 等价于

$$\mathcal{F}^{-1}\left[F\left(\lambda\right)*G\left(\lambda\right)\right]=2\pi f\left(x\right)\cdot g\left(x\right),$$

故其证明与 (1) 类似.

对于多元函数, 可以类似地定义卷积:

$$f\left(x_1,x_2,\cdots,x_n\right)*g\left(x_1,x_2,\cdots,x_n\right)$$

$$=\int_{\mathbf{R}^n}f\left(x_1-t_1,x_2-t_2,\cdots,x_n-t_n\right)g\left(t_1,t_2,\cdots,t_n\right)dt_1dt_2\cdots dt_n,$$

且有与一元函数类似的卷积性质.

4.3 Fourier 变换在解数学物理方程中的应用

现用 Fourier 变换方法求解数学物理方程定解问题, 非特别说明, 我们仅考虑形式解.

4.3.1 热传导方程问题

(1) 一维齐次热传导方程初值问题

$$\begin{cases} u_t = a^2 u_{xx}, & -\infty < x < +\infty, t > 0, \\ u|_{t=0} = \varphi\left(x\right), & -\infty < x < \infty, \end{cases} \tag{4.10}$$

对方程和初始条件关于变量 x 取 Fourier 变换, 记

$$U\left(\lambda,t\right)=\mathcal{F}\left[u\left(x,t\right)\right],\quad \Phi\left(\lambda\right)=\mathcal{F}\left[\varphi\left(x\right)\right],$$

于是得 (视 λ 为参变量)

$$\begin{cases} \dfrac{dU}{dt} = -\lambda^2 a^2 U, \\ U\big|_{t=0} = \Phi\left(\lambda\right). \end{cases}$$

解此常微分方程初值问题得

$$U=\Phi\left(\lambda\right)e^{-\lambda^2 a^2 t},$$

由卷积性质

$$u\left(x,t\right)=\mathcal{F}^{-1}\left[U\right]=\mathcal{F}^{-1}\left[\Phi\left(\lambda\right)e^{-\lambda^2 a^2 t}\right]=\varphi\left(x\right)*\mathcal{F}^{-1}\left[e^{-\lambda^2 a^2 t}\right]$$

采用例 4.3 中求 $\mathcal{F}[e^{-\beta x^2}]$ 的方法, 不难得到

$$\mathcal{F}^{-1}\left[e^{-\lambda^2 a^2 t}\right] = \frac{1}{2a\sqrt{\pi t}}e^{-\frac{x^2}{4a^2 t}},$$

所以有

$$u(x,t) = \frac{1}{2a\sqrt{\pi t}}\int_{-\infty}^{\infty}\varphi(\xi)\,e^{-\frac{(x-\xi)^2}{4a^2 t}}d\xi. \tag{4.11}$$

这便是问题 (4.10) 的形式解. 可以证明, 若 $\varphi(x)$ 在 $(-\infty,\infty)$ 上连续有界, 则式 (4.11) 确为初值问题 (4.10) 的古典解, 且 $u(x,t)$ 关于 x 和 t 可以微分任意次.

(2) 一维非齐次方程的初值问题

$$\begin{cases} u_t = a^2 u_{xx} + f(x,t), & -\infty < x < \infty, t > 0, \\ u|_{t=0} = \varphi(x), & -\infty < x < \infty. \end{cases} \tag{4.12}$$

我们可以采取两种方法求解该问题, 第一种方法是直接对方程和初始条件求 Fourier 变换得

$$\begin{cases} \dfrac{dU}{dt} = -\lambda^2 a^2 U + F(\lambda,t), \\ U|_{t=0} = \Phi(\lambda), \end{cases}$$

其中 $F(\lambda,t) = \mathcal{F}[f(x,t)]$. 解此非齐次线性常微分方程初值问题得

$$U(\lambda,t) = \Phi(\lambda)\,e^{-\lambda^2 a^2 t} + \int_0^t F(\lambda,\tau)\,e^{-\lambda^2 a^2(t-\tau)}d\tau.$$

求反变换得

$$u(x,t) = \frac{1}{2a\sqrt{\pi t}}\int_{-\infty}^{\infty}\varphi(\xi)\,e^{-\frac{(x-\xi)^2}{4a^2 t}}d\xi$$

$$+ \int_0^t \frac{1}{2a\sqrt{\pi(t-\tau)}}\int_{-\infty}^{\infty}f(\xi,\tau)\,e^{-\frac{(x-\xi)^2}{4a^2(t-\tau)}}d\xi d\tau. \tag{4.13}$$

第二种方法是方程的齐次化方法.

首先令 $u(x,t) = \nu(x,t) + \omega(x,t)$, 其中 $\nu(x,t)$, $\omega(x,t)$ 分别满足

(I) $\begin{cases} \nu_t = a^2 \nu_{xx}, & -\infty < x < \infty, t > 0, \\ \nu|_{t=0} = \varphi(x), & -\infty < x < \infty, \end{cases}$

(II) $\begin{cases} \omega_t = a^2 \omega_{xx} + f(x,t), & -\infty < x < \infty,\, t > 0, \\ \omega|_{t=0} = 0, & -\infty < x < \infty, \end{cases}$

对问题 (I) 已求得解, 对 (II) 考虑如下齐次化原理.

若 $P(x,t,\tau)$ 满足

$$\begin{cases} P_t = a^2 P_{xx}, & -\infty < x < \infty, t > \tau, \\ P|_{t=\tau} = f(x,\tau), & -\infty < x < \infty, \end{cases}$$

则问题 (II) 的解为 $\omega(x,t) = \int_0^t P(x,t,\tau)\, d\tau.$

与第 3 章相同, 不难验证该齐次化原理的正确性. 然后再令 $t' = t - \tau$, 则

$$\begin{cases} P_{t'} = a^2 P_{xx}, & -\infty < x < \infty, t' > 0, \\ P|_{t'=0} = f(x,\tau), & -\infty < x < \infty, \end{cases}$$

这是一齐次方程初值问题, 其解为

$$P(x,t,\tau) = \frac{1}{2a\sqrt{\pi t'}} \int_{-\infty}^{\infty} f(\xi,\tau)\, e^{-\frac{(x-\xi)^2}{4a^2 t'}}\, d\xi,$$

因此

$$\omega(x,t) = \int_0^t \frac{1}{2a\sqrt{\pi(t-\tau)}} \int_{-\infty}^{\infty} f(\xi,\tau) e^{-\frac{(x-\xi)^2}{4a^2(t-\tau)}}\, d\xi d\tau,$$

再加上问题 (I) 的解, 可见问题 (4.12) 的解为 (4.13).

与分离变量法求解初边值问题相同, 此处解 (4.13) 也是形式解, 可以证明, 若 $\varphi(x)$ 在 $(-\infty, \infty)$ 连续有界, $f(x,t)$ 在 $(-\infty, \infty) \times (0, \infty)$ 上连续有界, 则由 (4.13) 表示的函数 $u(x,t)$ 确是初值问题 (4.12) 的有界解.

例 4.4　求解初值问题

$$\begin{cases} u_t = a^2 u_{xx}, & -\infty < x < \infty, t > 0, \\ u|_{t=0} = \begin{cases} 0, & x < 0, \\ C, & x \geqslant 0 \end{cases} & (C \text{为常数}). \end{cases}$$

解　由公式 (4.11) 得

$$u(x,t) = \frac{1}{2a\sqrt{\pi t}} \int_{-\infty}^{\infty} \varphi(\xi)\, e^{-\frac{(x-\xi)^2}{4a^2 t}}\, d\xi$$

$$= \frac{C}{2a\sqrt{\pi t}} \int_0^{\infty} e^{-\frac{(x-\xi)^2}{4a^2 t}}\, d\xi$$

$$\xlongequal{\frac{\xi - x}{2a\sqrt{t}} = \eta} \frac{C}{\sqrt{\pi}} \int_{-\frac{x}{2a\sqrt{t}}}^{\infty} e^{-\eta^2}\, d\eta$$

$$= \frac{C}{\sqrt{\pi}} \left(\int_{-\frac{x}{2a\sqrt{t}}}^{0} e^{-\eta^2} d\eta + \int_{0}^{\infty} e^{-\eta^2} d\eta \right)$$

$$= \frac{C}{\sqrt{\pi}} \left(\frac{1}{2} \sqrt{\pi} \operatorname{erfc} \left(\frac{x}{2a\sqrt{t}} \right) + \frac{\sqrt{\pi}}{2} \right)$$

$$= \frac{C}{2} \left[\operatorname{erfc} \left(\frac{x}{2a\sqrt{t}} \right) + 1 \right],$$

已知 $\operatorname{erf}(\alpha) = \frac{2}{\sqrt{\pi}} \int_{0}^{\alpha} e^{-\eta^2} d\eta$ 称为误差函数, 而称 $\operatorname{erfc}(\alpha) = \frac{2}{\sqrt{\pi}} \int_{\alpha}^{\infty} e^{-\eta^2} d\eta$ 为余误差函数.

(3) 三维热传导方程初值问题

$$\begin{cases} u_t = a^2 \Delta u, & (x, y, z) \in \mathbf{R}^3, t \in (-\infty, \infty), \\ u|_{t=0} = \varphi(x, y, z). \end{cases} \tag{4.14}$$

对方程和初始条件, 关于空间变量作 Fourier 变换, 并采用与一维问题相同的记号, 有

$$\begin{cases} \dfrac{dU}{dt} = -a^2 \left(\lambda_1^2 + \lambda_2^2 + \lambda_3^2 \right) U, \\ U|_{t=0} = \Phi \left(\lambda_1, \lambda_2, \lambda_3 \right). \end{cases}$$

不难解得 $U = \Phi \left(\lambda_1, \lambda_2, \lambda_3 \right) e^{-a^2 \left(\lambda_1^2 + \lambda_2^2 + \lambda_3^2 \right) t}$.

所以

$$u(x, y, z, t) = \mathcal{F}^{-1}[U] = \varphi(x, y, z) * \mathcal{F}^{-1} \left[e^{-a^2 \left(\lambda_1^2 + \lambda_2^2 + \lambda_3^2 \right) t} \right],$$

而

$$\mathcal{F}^{-1} \left[e^{-a^2 \left(\lambda_1^2 + \lambda_2^2 + \lambda_3^2 \right)} \right]$$

$$= \left(\frac{1}{2\pi} \right)^3 \int_{-\infty}^{\infty} \int_{-\infty}^{\infty} \int_{-\infty}^{\infty} e^{-a^2 \left(\lambda_1^2 + \lambda_2^2 + \lambda_3^2 \right) t} e^{i(\lambda_1 x_1 + \lambda_2 x_2 + \lambda_3 x_3)} d\lambda_1 d\lambda_2 d\lambda_3$$

$$= \frac{1}{2\pi} \int_{-\infty}^{\infty} e^{-a^2 \lambda_1^2 t + i\lambda_1 x} d\lambda_1 \cdot \frac{1}{2\pi} \int_{-\infty}^{\infty} e^{-a^2 \lambda_2^2 t + i\lambda_2 y} d\lambda_2 \cdot \frac{1}{2\pi} \int_{-\infty}^{\infty} e^{-a^2 \lambda_3^2 t + i\lambda_3 z} d\lambda_3$$

$$= \left(\frac{1}{2a\sqrt{\pi t}} \right)^3 e^{-\frac{x^2 + y^2 + z^2}{4a^2 t}},$$

故

$$u(x, y, z, t) = \left(\frac{1}{2a\sqrt{\pi t}} \right)^3 \int_{-\infty}^{\infty} \int_{-\infty}^{\infty} \int_{-\infty}^{\infty} \varphi(\xi, \eta, \zeta) e^{-\frac{(x-\xi)^2 + (y-\eta)^2 + (z-\zeta)^2}{4a^2 t}} d\xi d\eta d\zeta.$$

这便为三维齐次热传导方程初值问题的形式解. 采用与一维问题的非齐次方程情况相同的方法, 可以得到问题

$$\begin{cases} u_t = a^2 \Delta u + f(x,y,z,t), \\ u|_{t=0} = \varphi(x,y,z) \end{cases}$$

的形式解

$$u(x,y,z,t)$$

$$= \left(\frac{1}{2a\sqrt{\pi t}}\right)^3 \int_{-\infty}^{\infty}\int_{-\infty}^{\infty}\int_{-\infty}^{\infty} \varphi(\xi,\eta,\zeta) e^{\frac{(x-\xi)^2+(y-\eta)^2+(z-\zeta)^2}{4a^2 t}} d\xi d\eta d\zeta$$

$$+ \int_0^t \left(\frac{1}{2a\sqrt{\pi(t-\tau)}}\right)^3 d\tau \int_{-\infty}^{\infty}\int_{-\infty}^{\infty}\int_{-\infty}^{\infty} f(\xi,\eta,\zeta) e^{-\frac{(x-\xi)^2+(y-\eta)^2+(z-\zeta)^2}{4a^2(t-\tau)}} d\xi d\eta d\zeta.$$

(4) 半无界问题

$$\begin{cases} u_t = a^2 u_{xx}, & 0 < x < \infty, t > 0, \\ u|_{t=0} = \varphi(x), & 0 \leqslant x < \infty, \\ u|_{x=0} = 0, & t \geqslant 0, \end{cases} \tag{4.15}$$

我们将未知函数 $u(x,t)$ 和已知函数 $\varphi(x)$ 延拓到 $(-\infty,0)$ 上, 记 $\varphi(x)$ 的延拓函数为 $\Phi(x)$, 而 $u(x,t)$ 延拓后仍记为 $u(x,t)$, 这时问题化为

$$\begin{cases} u_t = a^2 u_{xx}, & -\infty < x < \infty, t > 0, \\ u|_{t=0} = \Phi(x), & -\infty < x < \infty, \end{cases}$$

其解当然应满足 $u|_{x=0} = 0$. 由一维齐次热传导方程初值问题的求解知

$$u(x,t) = \frac{1}{2a\sqrt{\pi t}} \int_{-\infty}^{\infty} \Phi(\xi) e^{-\frac{(x-\xi)^2}{4a^2 t}} d\xi$$

$$= \frac{1}{2a\sqrt{\pi t}} \left[\int_{-\infty}^0 \Phi(\xi) e^{-\frac{(x-\xi)^2}{4a^2 t}} d\xi + \int_0^{\infty} \varphi(\xi) e^{-\frac{(x-\xi)^2}{4a^2 t}} d\xi \right],$$

由条件 $u|_{x=0} = 0$ 知 $\int_{-\infty}^{\infty} \Phi(\xi) e^{-\frac{\xi^2}{4a^2 t}} d\xi = 0$, 显然这只要 $\Phi(x)$ 为奇函数即可, 即 $\Phi(x)$ 为 $\varphi(x)$ 在 $(-\infty,0)$ 上奇延拓, 因此对上式的第一个积分作变换 $\xi = -\eta$ 有

$$\int_{-\infty}^0 \Phi(\xi) e^{-\frac{(x-\xi)^2}{4a^2 t}} d\xi = \int_0^{\infty} \Phi(-\eta) e^{-\frac{(x+\eta)^2}{4a^2 t}} d\eta$$

$$= -\int_0^\infty \varphi(\xi) \, e^{-\frac{(x+\xi)^2}{4a^2 t}} d\xi,$$

所以

$$u(x,t) = \frac{1}{2a\sqrt{\pi t}} \int_0^\infty \varphi(\xi) \left[e^{-\frac{(x-\xi)^2}{4a^2 t}} - e^{-\frac{(x+\xi)^2}{4a^2 t}} \right] d\xi.$$

4.3.2　一维波动方程问题

(1) 齐次方程的初值问题

$$\begin{cases} u_{tt} = a^2 u_{xx}, & -\infty < x < \infty, \, t > 0, \\ u|_{t=0} = \varphi(x), & -\infty < x < \infty, \\ u_t|_{t=0} = \psi(x), & -\infty < x < \infty, \end{cases} \tag{4.16}$$

对方程和初始条件两端关于 x 作 Fourier 变换得

$$\begin{cases} \dfrac{d^2 U}{dt^2} = -\lambda^2 a^2 U, \\ U|_{t=0} = \Phi(\lambda), \\ \dfrac{dU}{dt}\bigg|_{t=0} = \Psi(\lambda). \end{cases}$$

解此二阶常微分方程初值问题得

$$U = \Phi(\lambda) \cos \lambda a t + \frac{1}{\lambda a} \Psi(\lambda) \sin \lambda a t.$$

求上式的 Fourier 反变换, 即得所求. 此处应注意, 由于 $\mathcal{F}^{-1}[\cos \lambda a t]$ 不存在, 故不能用卷积性质, 只能用定义求 $\mathcal{F}^{-1}[\Phi(\lambda) \cos \lambda a t]$:

$$\mathcal{F}^{-1}[\Phi(\lambda) \cos \lambda a t] = \frac{1}{2\pi} \int_{-\infty}^{\infty} \Phi(\lambda) \cos \lambda a t \cdot e^{i\lambda x} d\lambda$$

$$= \frac{1}{2} \frac{1}{2\pi} \int_{-\infty}^{\infty} \Phi(\lambda) \left(e^{i\lambda a t} + e^{-i\lambda a t} \right) e^{i\lambda x} d\lambda$$

$$= \frac{1}{2} \frac{1}{2\pi} \int_{-\infty}^{\infty} \Phi(\lambda) \left[e^{i\lambda(x+at)} + e^{i\lambda(x-at)} \right] d\lambda$$

$$= \frac{1}{2} [\varphi(x+at) + \varphi(x-at)].$$

而对 $\mathcal{F}^{-1}\left[\dfrac{1}{\lambda a} \Psi(\lambda) \sin \lambda a t \right]$, 注意到 $\dfrac{1}{\lambda a} \sin \lambda a t = \displaystyle\int_0^t \cos \lambda a \tau d\tau$, 所以

$$\mathcal{F}^{-1}\left[\frac{1}{\lambda a} \Psi(\lambda) \sin \lambda a t \right]$$

$$=\frac{1}{2\pi}\int_{-\infty}^{\infty}\int_{0}^{t}\Psi\left(\lambda\right)\cos\lambda a\tau d\tau e^{i\lambda x}d\lambda$$

$$=\int_{0}^{t}\frac{1}{2\pi}\int_{-\infty}^{\infty}\Psi\left(\lambda\right)\cos\lambda ate^{i\lambda x}d\lambda\cdot d\tau$$

$$=\frac{1}{2}\int_{0}^{t}\left[\psi\left(x+at\right)+\psi\left(x-at\right)\right]d\tau$$

$$=\frac{1}{2a}\int_{x-at}^{x+at}\psi\left(\xi\right)d\xi,$$

因此

$$u\left(x,t\right)=\frac{1}{2}\left[\varphi\left(x+at\right)+\varphi\left(x-at\right)\right]+\frac{1}{2a}\int_{x-at}^{x+at}\psi\left(\xi\right)d\xi.$$

这就是著名的达朗贝尔 (D' Alembert) 公式.

容易验证当 $\varphi\left(x\right)\in C^{2}\left(-\infty,\infty\right),\psi\in C^{1}\left(-\infty,\infty\right)$ 时, 达朗贝尔公式给出了 (4.16) 的古典解.

(2) 非齐次方程初值问题

$$\begin{cases} u_{tt}=a^{2}u_{xx}+f\left(x,t\right), & -\infty<x<\infty,t>0, \\ u|_{t=0}=\varphi\left(x\right), & -\infty<x<\infty, \\ u_{t}|_{t=0}=\psi\left(x\right), & -\infty<x<\infty. \end{cases} \tag{4.17}$$

同热传导方程情况完全相同, 我们可以考虑用两种方法求解. 一种方法是直接用 Fourier 变换. 而另一种方法是先将定解问题分成两个问题, 其中第一个为齐次方程非齐次初始条件的问题, 而第二个为非齐次方程齐次初始条件的问题, 对第二个问题可采用齐次化原理的方法求解. 现在我们对定解问题直接作 Fourier 变换得

$$\begin{cases} \dfrac{d^{2}U}{dt^{2}}=-\lambda^{2}a^{2}U+F\left(\lambda,t\right), \\ U|_{t=0}=\Phi\left(\lambda\right), \\ \left.\dfrac{dU}{dt}\right|_{t=0}=\Psi\left(\lambda\right). \end{cases}$$

这是一、二阶线性非齐次常微分方程初值问题, 不难解得

$$U\left(\lambda,t\right)=\Phi\left(\lambda\right)\cos\lambda at+\frac{1}{\lambda a}\Psi\left(\lambda\right)\sin\lambda at+\int_{0}^{t}F\left(\lambda,\tau\right)\frac{\sin\lambda a\left(t-\tau\right)}{\lambda a}d\tau.$$

对此作 Fourier 反变换, 并注意到上式右端第三项被积函数同第二项类似, 故不难

得

$$u\left(x,t\right) = \frac{1}{2}\left[\varphi\left(x+at\right) + \varphi\left(x-at\right)\right]$$

$$+ \frac{1}{2a}\int_{x-at}^{x+at}\psi\left(\xi\right)d\xi + \frac{1}{2a}\int_{0}^{t}\int_{x-a(t-\tau)}^{x+a(t-\tau)}f\left(\xi,\tau\right)d\xi d\tau.$$

第二种方法是利用齐次化原理, 结合 (1) 中的结果, 即可获得解. 为此只需考虑定解问题

$$\begin{cases} u_{tt} = a^2 u_{xx} + f\left(x,t\right), & -\infty < x < \infty, t > 0, \\ u|_{t=0} = 0, & -\infty < x < \infty, \\ u_t|_{t=0} = 0, & -\infty < x < \infty, \end{cases} \tag{4.18}$$

现给出齐次化原理如下.

若 $P\left(x,t,\tau\right)$ 满足

$$\begin{cases} P_{tt} = a^2 P_{xx}, & -\infty < x < \infty, t > \tau, \\ P|_{t=\tau} = 0, & -\infty < x < \infty, \\ P_t|_{t=\tau} = f\left(x,\tau\right), & -\infty < x < \infty, \end{cases}$$

则问题的解为 $u\left(x,t\right) = \int_0^t P\left(x,t,\tau\right)d\tau.$

不难验证该原理的正确性. 令 $t' = t - \tau$, 则问题化为

$$\begin{cases} P_{t't'} = a^2 P_{xx}, & -\infty < x < \infty, t' > 0, \\ P|_{t'=0} = 0, & -\infty < x < \infty, \\ P_{t'}|_{t'=0} = f\left(x,\tau\right), & -\infty < x < \infty. \end{cases}$$

由 (1) 知

$$P\left(x,t,\tau\right) = \frac{1}{2a}\int_{x-a(t-\tau)}^{x+a(t-\tau)}f\left(\xi,\tau\right)d\xi,$$

于是问题 (4.18) 的解为

$$u\left(x,t\right) = \frac{1}{2a}\int_0^t d\tau \int_{x-a(t-\tau)}^{x+a(t-\tau)}f\left(\xi,\tau\right)d\xi.$$

(3) 半无界问题

$$\begin{cases} u_{tt} = a^2 u_{xx} + f\left(x,t\right), & 0 < x < \infty, t > 0, \\ u|_{t=0} = \varphi\left(x\right), & 0 \leqslant x < \infty, \\ u_t|_{t=0} = \psi\left(x\right), & 0 \leqslant x < \infty, \\ u|_{x=0} = 0, & t \geqslant 0. \end{cases} \tag{4.19}$$

与半无界的热传导方程定解问题类似, 首先将 $u(x,t), f(x,t), \varphi(x)$ 和 $\psi(x)$ 延拓到 $(-\infty, 0)$ 上, 延拓后的函数分别记作 $u(x,t), F(x,t), \Phi(x)$ 和 $\Psi(x)$, 当然经延拓后得到的定解问题的解 $u(x,t)$ 仍应满足 $u|_{x=0} = 0$, 由非齐次方程初值问题的讨论知延拓后问题的解为

$$u(x,t) = \frac{1}{2}\left[\Phi(x+at) + \Phi(x-at)\right]$$
$$+ \frac{1}{2a}\int_{x-at}^{x+at}\Psi(\xi)\,d\xi + \frac{1}{2a}\int_0^t\int_{x-a(t-t)}^{x+a(t-\tau)}F(\xi,\tau)\,d\xi d\tau.$$

由 $u|_{x=0} = 0$ 得

$$0 = \frac{1}{2}\left[\Phi(at) + \Phi(-at)\right] + \frac{1}{2a}\int_{-at}^{at}\Psi(\xi)\,d\xi + \frac{1}{2a}\int_0^t\int_{-a(t-\tau)}^{a(t-\tau)}F(\xi,\tau)\,d\xi d\tau.$$

显然, 只要 $\Phi(x), \Psi(x)$ 和 $F(x,t)$ 关于变量 x 为奇函数, 则上式成立, 这说明以上所有函数的延拓均为奇延拓, 因此当 $x - at \geqslant 0, x > 0$ 时, 对任何 $\tau \in (0,t)$ 均有 $x - a(t-\tau) \geqslant 0$, 于是

$$u(x,t) = \frac{1}{2}\left[\varphi(x+at) + \varphi(x-at)\right]$$
$$+ \frac{1}{2a}\int_{x-at}^{x+at}\psi(\xi)\,d\xi + \frac{1}{2a}\int_0^t\int_{x-a(t-\tau)}^{x+a(t-\tau)}f(\xi,\tau)\,d\xi d\tau.$$

当 $x - at < 0, x > 0$ 时, 因

$$\Phi(x-at) = \Phi[-(at-x)] = -\Phi(at-x) = -\varphi(at-x),$$

$$\int_{x-at}^0\Psi(\xi)\,d\xi \xrightarrow{\xi=-\eta} \int_0^{at-x}\Psi(-\eta)\,d\eta = -\int_0^{at-x}\Psi(\eta)\,d\eta = \int_{at-x}^0\psi(\xi)\,d\xi,$$

而对积分 $\int_0^t\int_{x-a(t-\tau)}^{x+a(t-\tau)}F(\xi,\tau)\,d\xi d\tau$, 其积分区域为图 4.2 的三角形区域.

该区域由直线 $\xi = x - a(t-\tau), \xi = x + a(t-\tau)$ 与 ξ 轴所围成. 显然, 图 4.2 中所标出的阴影部分为 $\xi < 0$. 因此根据积分的可加性, 将上述积分写成区域 I, II, III 上积分之和, 现分别计算之, 在不引起混淆的情况下, 三个积分分别记为 I, II, III. 在 I 上 $\xi < 0$, 因此

$$I = \int_0^{t-\frac{x}{a}}d\tau\int_{x-a(t-\tau)}^0 F(\xi,\tau)\,d\xi d\tau$$

$$= -\int_0^{t-\frac{x}{a}} d\tau \int_{a(t-\tau)-x}^0 F(-\eta,\tau)\,d\eta d\tau$$

$$= -\int_0^{t-\frac{x}{a}} d\tau \int_0^{a(t-\tau)-x} f(\xi,\tau)\,d\xi,$$

由于在 II, III 上 $\xi > 0$, 这时 $F(\xi,\tau) = f(\xi,\tau)$, 这两个积分为

$$\text{II} = \int_0^x d\xi \int_0^{t-\frac{x-\xi}{a}} f(\xi,\tau)\,d\tau,$$

$$\text{III} = \int_x^{x+at} d\xi \int_0^{t+\frac{x-\xi}{a}} f(\xi,\tau)\,d\tau,$$

因此, 当 $x - at < 0\ x > 0$ 时有

$$u(x,t) = \frac{1}{2}\left[\varphi(x+at) - \varphi(at-x)\right]$$

$$+ \frac{1}{2a}\int_{at-x}^{x+at} \psi(\xi)\,d\xi - \frac{1}{2a}\int_0^{t-\frac{x}{a}} d\tau \int_0^{a(t-\tau)-x} f(\xi,\tau)\,d\xi$$

$$+ \frac{1}{2a}\int_0^x d\xi \int_0^{t-\frac{x-\xi}{a}} f(\xi,\tau)\,d\xi + \frac{1}{2a}\int_x^{x+at} d\xi \int_0^{t+\frac{x-\xi}{a}} f(\xi,\tau)\,d\tau.$$

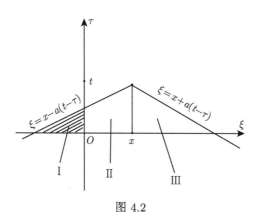

图 4.2

例 4.5 求解三维波动方程初值问题的球对称解.

解 所谓波动方程初值问题的球对称解是指在球坐标系下解仅与半径和时间有关, 即在同一球面上解是相同的. 因在球坐标系下

$$\Delta u = \frac{1}{r^2}\frac{\partial}{\partial r}\left(r^2 \frac{\partial u}{\partial r}\right) + \frac{1}{r^2 \sin\theta}\frac{\partial}{\partial \theta}\left(\sin\theta \frac{\partial u}{\partial \theta}\right) + \frac{1}{r^2\sin^2\theta}\frac{\partial^2 u}{\partial \varphi^2},$$

因此所求定解问题为

$$
\begin{cases}
u_{tt} = a^2 \dfrac{1}{r^2} \dfrac{\partial}{\partial r} \left(r^2 \dfrac{\partial u}{\partial r} \right), & r > 0, t > 0, \\
u|_{t=0} = \varphi(r), \\
u_t|_{t=0} = \psi(r).
\end{cases}
\tag{4.20}
$$

方程可化为

$$
\frac{\partial^2}{\partial t^2}(ru) = a^2 \frac{\partial^2}{\partial r^2}(ru),
$$

记 $v(r,t) = ru(rt)$, 则定解问题化为

$$
\begin{cases}
v_{tt} = a^2 v_{rr}, & r > 0, t > 0, \\
v|_{t=0} = r\varphi(r), \\
v_t|_{t=0} = r\psi(r).
\end{cases}
$$

显然有 $v|_{r=0} = 0$, 对此我们用延拓法求解. 记 $\Phi(r) = r\varphi(r)$, $\Psi(r) = r\psi(r)$, 将其与 $v(r,t)$ 都作奇延拓, 据达朗贝尔公式

$$
v(r,t) = \frac{1}{2}[\Phi(r+at) + \Phi(r-at)] + \frac{1}{2a} \int_{r-at}^{r+at} \Psi(\alpha)\, d\alpha.
$$

因此, 当 $r - at \geqslant 0$ 时有

$$
u(r,t) = \frac{1}{2r}[(r+at)\varphi(r+at) + (r-at)\varphi(r-at)] + \frac{1}{2ar} \int_{r-at}^{r+at} \alpha\psi(\alpha)\, d\alpha;
$$

当 $r - at < 0$ 时, $\Phi(r-at) = -\Phi(at-r) = (r-at)\varphi(at-r)$, 对 $\displaystyle\int_{r-at}^{0} \Psi(\alpha)\, d\alpha$, 作变换 $\alpha = -\tau$, 得到

$$
\int_{r-at}^{0} \Psi(\alpha)\, d\alpha = \int_{at-r}^{0} \Psi(\tau)\, d\tau = -\int_{0}^{at-r} \tau\psi(\tau)\, d\tau,
$$

因此得到 (4.20) 的解为

$$
\begin{aligned}
u(r,t) = & \frac{1}{2r}[(r+at)\varphi(r+at) + (r-at)\varphi(at-r)] \\
& + \frac{1}{2ar}\left[\int_{0}^{r+at} \alpha\psi(\alpha)\, d\alpha - \int_{0}^{at-r} \alpha\psi(\alpha)\, d\alpha \right].
\end{aligned}
$$

4.3.3 半平面上 Laplace 方程的 Dirichlet 问题

$$\begin{cases} u_{xx} + u_{yy} = 0, & -\infty < x < \infty, y > 0, \\ u|_{y=0} = \varphi(x), & -\infty < x < \infty, \\ \lim_{x^2 + y^2 \to \infty} u(x,y) = 0, & y \geqslant 0, \end{cases} \tag{4.21}$$

物理上称此问题为求上半平面静电场的电势.

将方程及边界条件关于变量 x 作 Fourier 变换得

$$\begin{cases} -\lambda^2 U + \dfrac{d^2}{dy^2} U = 0, \\ U|_{y=0} = \Phi(\lambda), \\ U|_{y \to \infty} = 0. \end{cases}$$

解之得 $U = \Phi(\lambda) e^{-|\lambda| y}$, 对此作 Fourier 反变换得

$$u(x,y) = \varphi(x) * \mathcal{F}^{-1}\left[e^{-|\lambda| y}\right] = \varphi(x) * \frac{1}{\pi} \frac{y}{x^2 + y^2} = \frac{y}{\pi} \int_{-\infty}^{\infty} \frac{\varphi(\xi)}{(x-\xi)^2 + y^2} d\xi.$$

4.4 Laplace 变换

4.4.1 定义

利用 Fourier 变换求解偏微分方程定解问题会遇到一些困难, 首先要求 $f(x)$ 在 $(-\infty, \infty)$ 上绝对可积, 这使得许多常用函数, 如基本初等函数中的三角函数、幂函数等都不存在 Fourier 变换. 其次要求 $f(x)$ 定义在 $(-\infty, \infty)$ 上, 这使得该方法仅限于求解初值问题或无穷区间上的椭圆型方程的边值问题, 为扩大积分变换方法的应用, 现引入 Laplace 变换.

定义 4.2 称函数 $F(p) = \displaystyle\int_0^{\infty} f(t) e^{-pt} dt$ $(\mathrm{Re}(p) > 0)$ 为函数 $f(t)$ 的 Laplace 变换, 记作 $\mathcal{L}[f(x)]$, 也称 $F(p)$ 为像函数, 称其反变换 $f(t) = \mathcal{L}^{-1}[F(p)]$ 为像源函数.

关于 Laplace 变换, 有如下存在定理.

设函数 $f(t)$ 满足下列条件:

(1) 当 $t < 0$ 时, $f(t) = 0$;

(2) 当 $t \geqslant 0$ 时, $f(t)$ 分段连续;

(3) 当 $t \to \infty$ 时, $f(t)$ 的增长速度不超过指数型函数, 即 $|f(t)| \leqslant M e^{\alpha t}$ $(M > 0, \alpha > 0$ 为常数$)$.

则 $f(t)$ 的 Laplace 变换对一切 $\operatorname{Re}(p) > \alpha$ 存在, 其中称 α 为 $f(t)$ 的增长指数.

例 4.6　设 $f(t) = t^n$ ($n \geqslant 0$ 为整数), 求 $\mathcal{L}[f(x)]$.

解　当 $n = 0$ 时

$$\mathcal{L}[f(t)] = \mathcal{L}[1] = \int_0^\infty e^{-pt} dt = -\frac{1}{p} e^{-pt} \Big|_0^\infty = \frac{1}{p},$$

当 $n > 0$ 时

$$\mathcal{L}[f(t)] = \mathcal{L}[t^n] = \int_0^\infty t^n e^{-pt} dt$$

$$= -\frac{1}{p} t^n e^{-pt} \big|_0^\infty + \frac{n}{p} \int_0^\infty t^{n-1} e^{-pt} dt$$

$$= \frac{n}{p} \mathcal{L}[t^{n-1}],$$

按此递推关系可得

$$\mathcal{L}[t^n] = \frac{n!}{p^n} \mathcal{L}[1] = \frac{n!}{p^{n+1}}.$$

例 4.7　设 $f(t) = e^{\beta t}$ (β 为常数), 求 $\mathcal{L}[f(t)]$.

解　$\displaystyle \mathcal{L}[f(t)] = \int_0^\infty e^{\beta t} \cdot e^{-pt} dt = \int_0^\infty e^{-(p-\beta)t} dt$

$$= -\frac{1}{p-\beta} e^{-(p-\beta)t} \Big|_0^\infty = \frac{1}{p-\beta}, \quad \operatorname{Re}(p-\beta) > 0.$$

例 4.8　设 $f(t) = \sin \omega t$, 求 $\mathcal{L}[f(t)]$.

解　$\displaystyle \mathcal{L}[f(t)] = \int_0^\infty \sin \omega t \cdot e^{-pt} dt$

$$= \frac{1}{2i} \int_0^\infty (e^{i\omega t} - e^{-i\omega t}) e^{-pt} dt$$

$$= \frac{1}{2i} \left[\frac{1}{p - i\omega} - \frac{1}{p + i\omega} \right] = \frac{\omega}{p^2 + \omega^2}, \quad \operatorname{Re}(p) > 0.$$

类似地, 在条件 $\operatorname{Re}(p) > 0$ 下成立

$$\mathcal{L}[\cos \omega t] = \frac{p}{p^2 + \omega^2}.$$

4.4.2　基本性质

在下述性质中, 总是记 $F(p) = \mathcal{L}[f(t)]$.

性质 4.6(线性性质) Laplace 变换是线性的, 即

$$\mathcal{L}\left[\alpha f\left(t\right)+\beta g\left(t\right)\right]=\alpha\mathcal{L}\left[f\left(t\right)\right]+\beta\mathcal{L}\left[g\left(t\right)\right],$$

其中 α,β 为常数.

性质 4.7(位移性质) $\mathcal{L}\left[e^{at}f\left(t\right)\right]=F\left(p-a\right)$, 其中 $\mathrm{Re}\left(p\right)>a$.

证明 $$\mathcal{L}\left[e^{at}f\left(t\right)\right]=\int_{0}^{\infty}e^{at}f\left(t\right)e^{-pt}dt$$

$$=\int_{0}^{\infty}f\left(t\right)e^{-(p-a)t}dt=F\left(p-a\right).$$

性质 4.8(相似性质) 对任何常数 $a>0$, 有

$$\mathcal{L}\left[f\left(at\right)\right]=\frac{1}{a}F\left(\frac{p}{a}\right).$$

证明 $$\mathcal{L}\left[f\left(at\right)\right]=\int_{0}^{\infty}f\left(at\right)e^{-pt}dt$$

$$=\frac{1}{a}\int_{0}^{\infty}f\left(\tau\right)e^{-\frac{p}{a}\tau}d\tau=\frac{1}{a}F\left(\frac{p}{a}\right).$$

性质 4.9(微分性质) 设 $f\left(t\right),f'\left(t\right)$ 的 Laplace 变换存在, 则

$$\mathcal{L}\left[f'\left(t\right)\right]=p\mathcal{L}\left[f\left(t\right)\right]-f\left(0\right).$$

证明 $$\mathcal{L}\left[f'\left(t\right)\right]=\int_{0}^{\infty}f'\left(t\right)e^{-pt}dt$$

$$=f\left(t\right)e^{-pt}\big|_{0}^{\infty}+p\int_{0}^{\infty}f\left(t\right)e^{-pt}dt$$

$$=p\mathcal{L}\left[f\left(t\right)\right]-f\left(0\right),$$

此处已使用了 $f\left(t\right)\leqslant Me^{\alpha t}$, 且 $\mathrm{Re}\left(p\right)>\alpha$. 一般地, 若 $f^{(n)}\left(t\right)$ 的 Laplace 变换存在, 则有

$$\mathcal{L}\left[f^{(n)}\left(t\right)\right]=p^{n}\mathcal{L}\left[f\left(t\right)\right]-p^{n-1}f\left(0\right)-\cdots-pf^{(n-2)}\left(0\right)-f^{(n-1)}\left(0\right).$$

利用递推公式

$$\mathcal{L}\left[f^{(n)}\left(t\right)\right]=p\mathcal{L}\left[f^{(n-1)}\left(t\right)\right]-f^{(n-1)}\left(0\right),$$

不难得到上述结论.

性质 4.10(卷积性质) 称积分 $\displaystyle\int_0^t f(\tau) g(t-\tau) d\tau$ 为 $f(t)$ 与 $g(t)$ 的卷积, 记为 $f(t) * g(t)$. 对上述卷积, 成立

$$\mathcal{L}\left[f(t) * g(t)\right] = F(p) \cdot G(p).$$

证明 $\displaystyle \mathcal{L}\left[f(t) * g(t)\right] = \int_0^\infty \int_0^t f(\tau) g(t-\tau) d\tau e^{-pt} dt$

$$= \int_0^\infty f(\tau) \left[\int_\tau^\infty g(t-\tau) e^{-pt} dt\right] d\tau$$

$$= \int_0^\infty f(\tau) \left[\int_0^\infty g(\xi) e^{-p(\xi+\tau)} d\xi\right] d\tau$$

$$= \int_0^\infty f(\tau) e^{-p\tau} d\tau \int_0^\infty g(\xi) e^{-p\xi} d\xi = F(p) G(p).$$

4.4.3 反演公式

现利用 Fourier 变换的反演公式获得 Laplace 变换的反演公式. 为此我们首先弄清 Laplace 变换与 Fourier 变换的关系, 由 $f(t)$ 的性质得

$$\int_{-\infty}^\infty f(t) e^{-\sigma t} \cdot e^{-i\lambda t} dt = \int_0^\infty f(t) e^{-pt} dt = F(p),$$

其中 $p = \sigma + i\lambda$. 上式说明: 函数 $f(t) e^{-\sigma t}$ 的 Fourier 变换等于 $\mathcal{L}\left[f(t)\right]$, 其中 $f(t)$ 满足 Laplace 变换存在定理. 所以

$$f(t) e^{-\sigma t} = \frac{1}{2\pi} \int_{-\infty}^\infty F(p) e^{i\lambda t} d\lambda,$$

即

$$f(t) = \frac{1}{2\pi} \int_{-\infty}^\infty F(p) e^{pt} d\lambda$$

$$= \frac{1}{2\pi i} \int_{\sigma-i\infty}^{\sigma+i\infty} F(p) e^{pt} dp, \quad t > 0,$$

称此公式为 Laplace 变换的反演公式, 记为 $\mathcal{L}^{-1}\left[F(p)\right]$. 要计算上述积分, 一般要用到较复杂的复变函数知识. 因此通常在求 Laplace 变换反演时, 可利用基本性

质结合 Laplace 变换表获得. 但有些简单的反演问题, 只要利用基本性质, 即可求得, 如下例所示.

例 4.9 求 $\mathcal{L}^{-1}\left[\dfrac{4}{p^2+2p-3}\right]$.

解 因为 $\dfrac{4}{p^2+2p-3}=\dfrac{1}{p-1}-\dfrac{1}{p+3}$, 所以利用位移性质有

$$\mathcal{L}^{-1}\left[\frac{4}{p^2+2p-3}\right]=\mathcal{L}^{-1}\left[\frac{1}{p-1}-\frac{1}{p+3}\right]=e^t-e^{-3t},$$

或利用卷积性质有

$$\mathcal{L}^{-1}\left[\frac{4}{p^2+2p-3}\right]=4\mathcal{L}^{-1}\left[\frac{1}{p-1}\frac{1}{p+3}\right]=4e^t*e^{-3t}$$

$$=4\int_0^t e^{t-\tau}e^{-3\tau}d\tau=e^t-e^{-3t}.$$

例 4.10 求 $\mathcal{L}^{-1}\left[\dfrac{p^2}{(p+1)^2\left(p^2+2p+2\right)^2}\right]$.

解 设 $F(p)=\dfrac{p}{(p+1)\left(p^2+2p+2\right)}$, 则

$$\mathcal{L}^{-1}[F(p)]=\mathcal{L}^{-1}\left[\frac{p}{(p+1)\left(p^2+2p+2\right)}\right]$$

$$=\mathcal{L}^{-1}\left[\frac{p+2}{p^2+2p+2}-\frac{1}{p+1}\right]$$

$$=\mathcal{L}^{-1}\left[\frac{p+1}{(p+1)^2+1}+\frac{1}{(p+1)^2+1}-\frac{1}{p+1}\right]$$

$$=e^{-t}\cos t+e^{-t}\sin t-e^{-t}.$$

记上述结果为 $f(t)$, 根据卷积性质有

$$\mathcal{L}^{-1}\left[\frac{p^2}{(p+1)^2\left(p^2+2p+2\right)^2}\right]$$

$$=f(t)*f(t)$$

$$=\int_0^t e^{-\tau}\left(\cos\tau+\sin\tau-1\right)e^{-t+\tau}[\cos(t-\tau)+\sin(t-\tau)-1]d\tau$$

$$=e^{-t}\left(t+t\sin t-\sin t+2\cos t-2\right).$$

4.4.4　Laplace 变换的应用

(1) 利用 Laplace 变换求积分.

例 4.11　求 $I = \displaystyle\int_0^\infty e^{-x^2} dx$.

解　因为

$$\mathcal{L}\left[\int_0^\infty e^{-tx^2} dx\right] = \int_0^\infty \mathcal{L}[e^{-tx^2}] dx = \int_0^\infty \frac{1}{p+x^2} dx = \frac{\pi}{2\sqrt{p}},$$

所以

$$\int_0^\infty e^{-tx^2} dx = \frac{\pi}{2} \mathcal{L}^{-1}\left[\frac{1}{\sqrt{p}}\right] = \frac{\sqrt{\pi}}{2\sqrt{t}},$$

因此取 $t = 1$ 得 $I = \displaystyle\int_0^\infty e^{-x^2} dx = \frac{\sqrt{\pi}}{2}$.

例 4.12　计算 $I = \displaystyle\int_0^\infty \cos x^2 dx$.

解　因为

$$\mathcal{L}\left[\int_0^\infty \cos tx^2 dx\right] = \int_0^\infty \mathcal{L}[\cos tx^2] dx = \int_0^\infty \frac{p}{p^2 + x^4} dx = \frac{\pi\sqrt{2}}{4\sqrt{p}},$$

通过查 Laplace 积分变换表得

$$\int_0^\infty \cos tx^2 dx = \mathcal{L}^{-1}\left[\frac{\pi\sqrt{2}}{4\sqrt{p}}\right] = \frac{\sqrt{2\pi}}{4\sqrt{t}},$$

故取 $t = 1$ 得

$$\int_0^\infty \cos x^2 dx = \mathcal{L}^{-1}\left[\frac{\pi\sqrt{2}}{4\sqrt{p}}\right] = \frac{\sqrt{2\pi}}{4}.$$

(2) 利用 Laplace 变换求解方程.

例 4.13　求解常微分方程初值问题

$$\begin{cases} y''(t) + 3y'(t) - 4y(t) = 0, \\ y(0) = 1, \\ y'(0) = 2. \end{cases}$$

解　对方程和初始条件作 Laplace 变换, 并记 $Y = \mathcal{L}^{-1}[y]$ 得

$$p^2 Y - p - 2 + 3Y - 3 - 4Y = 0,$$

$$Y = \frac{p+5}{p^2 + 3p - 4},$$

所以 $y(t) = \mathcal{L}^{-1} \left[\frac{p+5}{p^2 + 3p - 4} \right] = \mathcal{L}^{-1} \left[\frac{6/5}{p-1} - \frac{1/5}{p+4} \right] = \frac{6}{5}e^t - \frac{1}{5}e^{-4t}.$

例 4.14 求解积分方程 $y(t) = 1 + \int_0^t y(\tau) \sin(t-\tau) \, d\tau.$

解 对方程作 Laplace 变换, 并采用与例 4.13 相同的记号, 有

$$Y = \frac{1}{p} + \frac{Y}{p^2 + 1},$$

解得

$$Y = \frac{1}{p} + \frac{1}{p^3},$$

对此求 Laplace 反变换得

$$y(t) = \mathcal{L}^{-1} \left[\frac{1}{p} + \frac{1}{p^3} \right] = 1 + \frac{t^2}{2}.$$

(3) 利用 Laplace 变换求解偏微分方程定解问题.

例 4.15 求解半无限长细杆热传导方程定解问题

$$\begin{cases} u_t = a^2 u_{xx} - hu, & 0 < x < \infty, t > 0, \\ u|_{t=0} = 0, & 0 \leqslant x < \infty, \\ u|_{x=0} = u_0(t), & t \geqslant 0, \\ \lim_{x \to \infty} u(x,t) = 0, & t \geqslant 0, \end{cases}$$

其中 a, h 为常数, $u_0(t)$ 为已知函数.

解 将方程和边界条件关于 t 作 Laplace 变换, 并记 $U = \mathcal{L}[u]$ 得

$$\begin{cases} pU = a^2 \dfrac{d^2 U}{dx^2} - hU, \\ U|_{x=0} = \mathcal{L}[u_0], \\ U|_{x \to \infty} = 0, \end{cases}$$

解之得

$$U = \mathcal{L}[u_0] e^{-\frac{\sqrt{p+h}}{a}x}.$$

因此由卷积性质得

$$u\left(x,t\right) = u_0\left(t\right) * \mathcal{L}^{-1}\left[e^{-\frac{\sqrt{p+h}}{a}x}\right].$$

查 Laplace 变换表可知 $\mathcal{L}^{-1}\left[\dfrac{1}{p}e^{-a\sqrt{p}}\right] = \operatorname{erfc}\left(\dfrac{a}{2\sqrt{t}}\right)$, 记此函数为 $f\left(t\right)$, 即

$$f\left(t\right) = \operatorname{erfc}\left(\frac{a}{2\sqrt{t}}\right).$$

于是

$$\mathcal{L}\left[f'\left(t\right)\right] = p\mathcal{L}\left[f\left(t\right)\right] - f\left(0\right),$$

由于

$$f\left(0\right) = \lim_{t \to 0}\operatorname{erfc}\left(\frac{a}{2\sqrt{t}}\right) = 0,$$

故

$$\mathcal{L}\left[f'\left(t\right)\right] = p \cdot \frac{1}{p}e^{-a\sqrt{p}} = e^{-a\sqrt{p}}.$$

再根据位移性质 $\mathcal{L}\left[e^{\alpha t}f\left(t\right)\right] = F\left(p - \alpha\right)$ 知

$$\mathcal{L}^{-1}\left[e^{-\frac{\sqrt{p+h}}{a}x}\right] = e^{-ht}\frac{\partial}{\partial t}\left[\operatorname{erfc}\left(\frac{x}{2a\sqrt{t}}\right)\right]$$

$$= \frac{2}{\sqrt{\pi}}e^{-ht}\frac{\partial}{\partial t}\int_{\frac{x}{2a\sqrt{t}}}^{\infty}e^{-\tau^2}d\tau = \frac{x}{2a\sqrt{\pi}t^{3/2}}e^{-\left(\frac{x^2}{4a^2t}+ht\right)},$$

因此

$$u\left(x,t\right) = \frac{x}{2a\sqrt{\pi}}\int_0^t u_0\left(\tau\right)\frac{1}{\left(t-\tau\right)^{3/2}}e^{-\left[\frac{x^2}{4a^2(t-\tau)}+h(t-\tau)\right]}d\tau,$$

特别地, 当 $u_0\left(t\right) = u_0$ 为常数, 且 $h = 0$ 时

$$u\left(x,t\right) = \frac{u_0 x}{2a\sqrt{\pi}}\int_0^t \frac{1}{\left(t-\tau\right)^{3/2}}e^{-\frac{x^2}{4a^2(t-\tau)}}d\tau.$$

令 $\eta = \dfrac{x}{2a\sqrt{t-\tau}}$, 则有

$$u\left(x,t\right) = \frac{u_0 x}{2a\sqrt{\pi}}\int_{\frac{x}{2a\sqrt{t}}}^{\infty}\frac{8a^2\eta^3}{x^3}e^{-\eta^2}\cdot\frac{x^2}{2a^2}\eta^{-3}d\eta$$

$$= \frac{2u_0}{\sqrt{\pi}}\int_{\frac{x}{2a\sqrt{t}}}^{\infty}e^{-\eta^2}d\eta = u_0\operatorname{erfc}\left(\frac{x}{2a\sqrt{t}}\right).$$

例 4.16 求解

$$\begin{cases} u_{tt} = 4u_{xx} + 2, & x > 0, t > 0, \\ u(0,t) = 0, \quad \lim_{x \to \infty} u_x = 0, & t \geqslant 0, \\ u|_{t=0} = 0, \quad u_t|_{t=0} = 0, & x \geqslant 0. \end{cases}$$

解 对方程和边界条件关于 t 求 Laplace 变换得

$$\begin{cases} p^2 U = 4\dfrac{d^2 U}{dx^2} + \dfrac{2}{p}, \\ U|_{x=0} = 0, \quad \dfrac{dU}{dx}\bigg|_{x \to \infty} = 0. \end{cases}$$

易求得方程的通解为

$$U(x,p) = c_1 e^{-\frac{p}{2}x} + c_2 e^{\frac{p}{2}x} + \frac{2}{p^3},$$

由条件 $\dfrac{dU}{dx}\bigg|_{x \to \infty} = 0$ 得

$$0 = \lim_{x \to \infty}\left[-\frac{p}{2}c_1 e^{-\frac{p}{2}x} + \frac{p}{2}c_2 e^{\frac{p}{2}x}\right],$$

因此 $c_2 = 0$. 再由 $U|_{x=0} = 0$ 得

$$0 = c_1 + \frac{2}{p^3},$$

所以 $c_1 = -\dfrac{2}{p^3}$, 故

$$U(x,p) = -\frac{2}{p^3}e^{-\frac{p}{2}x} + \frac{2}{p^3},$$

所以

$$U(x,t) = \mathcal{L}^{-1}\left[\frac{2}{p^3}\right] - \mathcal{L}^{-1}\left[\frac{2}{p^3}e^{-\frac{p}{2}x}\right],$$

由于 $\mathcal{L}^{-1}\left[\dfrac{2}{p^3}\right] = t^2$, 而由延迟性质知, 当 $t \geqslant \dfrac{x}{2}$ 时

$$\mathcal{L}^{-1}\left[\frac{2}{p^3}e^{-\frac{p}{2}x}\right] = \left(t - \frac{x}{2}\right)^2,$$

因此

$$u(x,t) = \begin{cases} t^2, & 0 < t < \dfrac{x}{2}, \\ t^2 - \left(t - \dfrac{x}{2}\right)^2, & \dfrac{x}{2} \leqslant t. \end{cases}$$

习　题　4

1. 求下列函数的 Fourier 变换:

(1) $f(x) = \begin{cases} |x|, & |x| \leqslant a, \\ 0, & |x| > a; \end{cases}$

(2) $\cos \eta x^2, \sin \eta x^2$, 其中 η 为实数;

(3) $\dfrac{1}{(a^2 + x^2)^k}$, 其中 $a > 0$, k 为自然数.

2. 利用 Fourier 变换的性质求下列函数的 Fourier 变换:

(1) $f(x) = xe^{-a|x|}, a > 0$;

(2) $f(x) = \begin{cases} e^{ax}, & |x| \leqslant a, \\ 0, & \text{其他}; \end{cases}$

(3) $f(x) = e^{-ax^3 + ibx + c}$, 其中 $a > 0$.

3. 用 Fourier 变换求解定解问题

$$\begin{cases} u_t = a^2 u_{xx} + b u_x + cu + f(x, t), & -\infty < x < \infty, t > 0, \\ u|_{t=0} = 0. \end{cases}$$

4. 求下列函数的 Fourier 逆变换:

(1) $F(\lambda) = e^{(-a^2\lambda^2 + ib\lambda + c)t}$, 其中 a, b, c 为常数;

(2) $F(\lambda) = e^{-|\lambda|t}$, 其中 $t > 0$.

5. 证明下列等式:

$$\mathcal{F}[f(at - b)] = \frac{1}{|a|} e^{i\lambda b/a} F(\lambda/a).$$

6. 从 Fourier 积分出发, 当 $f(x)$ 为奇函数时, 若定义

$$F(\lambda) = \int_0^\infty f(x) \sin \lambda x \, dx,$$

证明 $f(x) = \dfrac{2}{\pi} \displaystyle\int_0^\infty F(\lambda) \sin \lambda x \, d\lambda$.

称以上两式为正弦 Fourier 变换和反变换. 利用此变换求解

$$\begin{cases} u_t = a^2 u_{xx}, & 0 < x < \infty, t > 0, \\ u|_{t=0} = \varphi(x), & 0 \leqslant x < \infty, \\ u|_{x=0} = 0. & t \geqslant 0. \end{cases}$$

同样, 当 $f(x)$ 为偶函数时, 可定义余弦 Fourier 变换, 由此求解

$$\begin{cases} u_t = a^2 u_{xx}, & 0 < x < \infty, t > 0, \\ u|_{t=0} = \varphi(x), & 0 \leqslant x < \infty, \\ u_x|_{x=0} = 0, & t \geqslant 0. \end{cases}$$

7. 有一两端无界的枢轴其初始温度

$$u(x,0) = \begin{cases} 1, & |x| < 1, \\ 0, & |x| \geqslant 1, \end{cases}$$

试证在枢轴上的温度分布为

$$u(x,t) = \frac{2}{\pi} \int_0^\infty \frac{\sin \lambda}{\lambda} \cos \lambda x e^{-a^2 \lambda^2 t} d\lambda.$$

8. 求下列函数的 Laplace 变换:

(1) $f(t) = t \cos \omega t$;

(2) $f(t) = \frac{1}{t} \sin \omega t$;

(3) $f(t) = e^{\omega t} \cos \omega t$;

(4) $f(t) = \mathrm{sh} \omega t$.

9. 求下列函数的 Laplace 逆变换:

(1) $F(p) = \dfrac{1}{(p^2+4)^2}$;

(2) $F(p) = \dfrac{p}{p+2}$;

(3) $F(p) = \dfrac{2p+1}{p(p+1)(p+2)}$;

(4) $F(p) = \dfrac{1}{p^4+5p^2+4}$;

(5) $F(p) = \dfrac{1}{(p+3)^2(p^2+4p+5)}$.

10. 证明 $\displaystyle\int_0^\infty e^{-a^2 x^2} \cos bx dx = \frac{\sqrt{\pi}}{2a} e^{-\frac{b^2}{4a^2}} \ (a>0)$.

11. 证明 Laplace 变换的如下性质: 若 $\mathcal{L}[f(t)] = F(p)$, 则

(1) $\mathcal{L}\left[\displaystyle\int_0^t f(\tau)d\tau\right] = \frac{1}{p}F(p)$;

(2) $\mathcal{L}[f(t-\tau)] = e^{-p\tau}F(p)\ (\tau>0)$;

(3) $\mathcal{L}\left[\frac{1}{t}f(t)\right] = \displaystyle\int_p^\infty F(p)dp$, 其中假设右端积分绝对可积.

12. 证明 $\mathcal{L}^{-1}[pF(p)G(p)] = f(0)g(t) + \displaystyle\int_0^t f'(\tau)g(t-\tau)d\tau$.

13. 用 Laplace 变换求解下列常微分方程初值问题:

(1) $y''(t) + 2ky'(t) + y(t) = e^t, y(0)=0, y'(0)=1$;

(2) $y''(t) + 3y'(t) + 2y(t) = 0, y(0)=-2, y'(0)=1$;

(3) $y''(t) + 4y(t) = k\cos\omega t, y(0)=0, y'(0)=0$;

(4) $y''(t) - 2ay'(t) + a^2 y(t) = \sin t, y(0)=0, y'(0)=0$.

14. 用 Laplace 变换求解下列偏微分方程定解问题:

(1) $\begin{cases} u_{tt} = a^2 u_{xx}, & 0<x<\infty, t>0, \\ u|_{t=0} = \varphi(x), & 0 \leqslant x < \infty, \\ u_t|_{t=0} = 0, & 0 \leqslant x < \infty, \\ u|_{x=0} = 0, & t \geqslant 0, \\ \lim\limits_{x\to\infty} u(x,t) = 0, & t \geqslant 0; \end{cases}$

(2) $\begin{cases} u_t = a^2 u_{xx}, & 0 < x < \infty, t > 0, \\ u|_{t=0} = \varphi(x), & 0 \leqslant x < \infty, \\ u|_{x=0} = f_1(t), & t \geqslant 0, \\ \lim\limits_{x \to \infty} u(x,t) = 0. & t \geqslant 0. \end{cases}$

15. 用延拓法求解如下半无界问题:

(1) $\begin{cases} u_t = a^2 u_{xx}, & 0 < x < \infty, t > 0, \\ u|_{t=0} = \varphi(x), & 0 \leqslant x < \infty, \\ u_x|_{x=0} = f_1(t), & 0 \leqslant x < \infty; \end{cases}$

(2) $\begin{cases} u_t = a^2 u_{xx} + f(x,t), & 0 < x < \infty, t > 0, \\ u|_{t=0} = \varphi(x), & 0 \leqslant x < \infty, \\ u_x|_{x=0} = 0, & t \geqslant 0; \end{cases}$

(3) $\begin{cases} u_{tt} = a^2 u_{xx} + f(x,t), & 0 < x < \infty, t > 0, \\ u|_{t=0} = \varphi(x), & 0 \leqslant x < \infty, \\ u_t|_{t=0} = \psi(x), & 0 \leqslant x < \infty, \\ u_x|_{x=0} = 0, & t \geqslant 0; \end{cases}$

(4) $\begin{cases} u_{tt} = a^2 u_{xx} + f(x,t), & 0 < x < \infty, t > 0, \\ u|_{t=0} = \varphi(x), & 0 \leqslant x < \infty, \\ u_t|_{t=0} = \psi(x), & 0 \leqslant x < \infty, \\ u_x|_{x=0} = f_1(t), & t \geqslant 0; \end{cases}$

(5) $\begin{cases} u_{xx} + u_{yy} = 0, & 0 < x < \infty, 0 < y < \infty, \\ u|_{y=0} = \varphi(x), \ \lim\limits_{y \to \infty} u(x,y) = 0, & 0 \leqslant x < \infty, \\ u_x|_{x=0} = 0, \ \lim\limits_{x \to \infty} u(x,y) = 0, & 0 \leqslant y < \infty; \end{cases}$

(6) $\begin{cases} u_{xx} + u_{yy} = 0, & 0 < x < \infty, 0 < y < \infty, \\ u|_{y=0} = \varphi(x), \ \lim\limits_{y \to \infty} u(x,y) = 0, & 0 \leqslant x < \infty, \\ u|_{x=0} = \psi(x), \ \lim\limits_{x \to \infty} u(x,y) = 0, & 0 \leqslant y < \infty. \end{cases}$

第 5 章　波 动 方 程

本章研究波动方程初值问题的求解方法, 对一维波动方程初值问题采用通解法求解, 对三维波动方程初值问题采用球面平均法求解, 而二维波动方程初值问题可视为三维问题的一个特殊情况, 因此可以从三维问题的解出发, 经过所谓降维法获得问题的解.

在第 3 章, 我们指出, 当初始函数满足一定条件时, 初边值问题存在级数形式的古典解. 同样, 在这一章我们得到一维、三维和二维波动方程初值问题的形式解: 达朗贝尔公式和 Poisson 公式, 当初始函数满足 $\varphi(x) \in C^2$, $\psi(x) \in C^1$ 时, 可以证明达朗贝尔公式给出了一维问题的解, 而 Poisson 公式给出了三维和二维问题的解, 这种解称为古典解. 然而当上述条件不满足时, 由这些公式给出的解称为广义解, 关于广义解的概念可参阅文献 (戴嘉尊, 2002).

5.1　通　解　法

通过求方程的通解来确定定解问题的解的方法称为通解法, 在常微分方程中是被普遍使用的方法. 但由于求解偏微分方程通解的困难性, 该方法由求解常微分方程定解问题的一般方法变成求解偏微分方程定解问题的特殊方法, 即仅对某个方程或某类方程适用. 本章我们介绍求解一维波动方程某些问题的通解法.

5.1.1　达朗贝尔公式

考虑一维波动方程初值问题 (或称为 Cauchy 问题)

$$\begin{cases} u_{tt} = a^2 u_{xx}, & -\infty < x < \infty, t > 0, \\ u|_{t=0} = \varphi(x), & -\infty < x < \infty, \\ u_t|_{t=0} = \psi(x), & -\infty < x < \infty. \end{cases} \tag{5.1}$$

作自变量变换

$$\begin{cases} \xi = x - at, \\ \eta = x + at, \end{cases}$$

则 (5.1) 的方程化为

$$\frac{\partial^2 u}{\partial \xi \partial \eta} = 0,$$

两端先关于变量 ξ 积分得

$$\frac{\partial u}{\partial \eta} = f(\eta),$$

其中 $f(\eta)$ 为变量 η 的任意函数. 再关于变量 η 积分得

$$u(\xi, \eta) = F(\eta) + G(\xi) = F(x + at) + G(x - at), \tag{5.2}$$

其中 F, G 为任意函数, 由 $u|_{t=0} = \varphi(x)$ 和 $u_t|_{t=0} = \psi(x)$ 得

$$F(x) + G(x) = \varphi(x), \tag{5.3}$$

$$F'(x) - G'(x) = \frac{1}{a}\psi(x). \tag{5.4}$$

对 (5.4) 在 $[0, x]$ 上积分得

$$F(x) - G(x) = \frac{1}{a}\int_0^x \psi(\alpha)\,d\alpha + F(0) - G(0). \tag{5.5}$$

由 (5.3) 和 (5.5) 不难解得

$$F(x) = \frac{1}{2}\varphi(x) + \frac{1}{2a}\int_0^x \psi(\alpha)\,d\alpha + \frac{1}{2}[F(0) - G(0)], \tag{5.6}$$

$$G(x) = \frac{1}{2}\varphi(x) - \frac{1}{2a}\int_0^x \psi(\alpha)\,d\alpha - \frac{1}{2}[F(0) - G(0)], \tag{5.7}$$

将 (5.6) 和 (5.7) 代入 (5.2) 得

$$u(x, t) = \frac{1}{2}[\varphi(x + at) + \varphi(x - at)] + \frac{1}{2a}\int_{x-at}^{x+at} \psi(\alpha)\,d\alpha. \tag{5.8}$$

这就是著名的达朗贝尔 (D' Alembert) 公式. 我们曾用 Fourier 变换法得到过该公式. 不难证明, 当 $\varphi(x) \in C^2$, $\psi(x) \in C^1$ 时, 由公式 (5.8) 给出了初值问题 (5.1) 的古典解, 并且该解是唯一的. 关于稳定性, 由于

$$|u(x, t)| \leqslant \frac{1}{2}[|\varphi(x + at)| + |\varphi(x - at)|] + \frac{1}{2a}\int_{x-at}^{x+at} |\psi(\alpha)|\,d\alpha,$$

因此当 $t \leqslant T$ 时, 有

$$|u(x, t)| \leqslant \sup_{-\infty < x < \infty} |\varphi(x)| + T \sup_{-\infty < x < \infty} |\psi(x)|. \tag{5.9}$$

若将 $\varphi(x)$ 和 $\psi(x)$ 视为初始时刻的误差, 则 $u(x, t)$ 便是初值问题解的误差, 于是 (5.9) 表明, 当初值有微小变化时, 解的变化也是微小的, 这是初值问题的稳定性: 初值问题的解连续依赖于初值. 以上分析说明, 初值问题 (5.1) 是适定的.

5.1.2 达朗贝尔公式的物理意义

考虑 (5.2) 式中的 $G(x-at)$ 及在 $t=0$ 时, $G(x)$ 表示如图 5.1 所示的一个波形, 为简单记, 假定其定义在 $[x_1, x_2]$ 上, 现考察在 t 时刻 $G(x-at)$ 与 $G(x)$ 的关系, 因为 $G(x_0) = G(x_0 + at - at)$, 因此在 t 时刻 $x = x_0 + at$ 上的 $G(x-at)$ 的值与 $G(x_0)$ 相同, 或者说初始时刻 $G(x)$ 对应的 x_0 点已以速率 a 移动到 $x_0 + at$, 即 $G(x-at)$ 的图形就是 $G(x)$ 的图形向右移动了 at 个单位, 物理上就是保持波形向右以速率 a 传播的波, 称之为右行波. 类似地 $F(x+at)$ 就应解释为一个以速率 a 向左传播的波, 即左行波. 因此达朗贝尔公式的物理意义就是两个具有相同速率 a 的左行波和右行波的叠加, 故也称通解法为行波法.

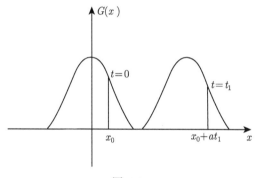

图 5.1

对右行波, 在上半平面画出两条直线 (图 5.2)

$$x = x_1 + at, \quad x = x_2 + at.$$

显然, 在 $x = x_1 + at$ 上的点表示初始时刻 x_1 点在 t 时刻的位置, 同样在 $x = x_2 + at$ 上的点表示初始时刻 x_2 点在 t 时刻的位置, 这两条直线将上半平面分成三部分, 从右到左依次记为 (1), (2), (3)(图 5.2).

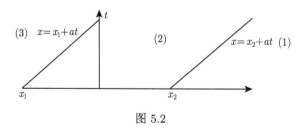

图 5.2

显然当 $t = 0$ 时出现在 $[x_1, x_2]$ 上的波形, 随着 t 的变化, 出现在由上述两直线所界定的区域 (2) 中, 我们称 (2) 为右行波存在的区域, 而称 (3) 为右行波已过去的区域, 称 (1) 为右行波未到达的区域.

对左行波过 x_1, x_2 两点作直线

$$x = x_1 - at, \quad x = x_2 - at$$

与右行波的讨论类似, 两条直线将上半平面分成三部分, 从左到右依次为: 左行波未到达, 存在和已过去的区域.

上述 4 条直线将 (x, t) 的上半平面分成六部分 (图 5.3).

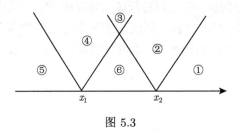

图 5.3

这六个区域可作如下解释:

① 右行波未到达, 左行波已过去;

② 右行波存在, 左行波已过去;

③ 左行波和右行波都已过去;

④ 左行波存在, 右行波已过去;

⑤ 左行波未到达, 右行波已过去;

⑥ 左行波和右行波都存在.

在研究弦振动方程 $u_{tt} = a^2 u_{xx}$ 时, (x, t) 平面上的直线 $x \pm at = C$(常数) 起着重要的作用, 我们称之为特征线.

5.1.3　依赖区间、决定区域和影响区域

现观察弦的自由振动方程的初值问题的解, 即达朗贝尔公式

$$u(x, t) = \frac{1}{2}\left[\varphi(x + at) + \varphi(x - at)\right] + \frac{1}{2a}\int_{x-at}^{x+at} \psi(\alpha)\, d\alpha.$$

解依赖于哪个区间的初值, 我们称该区间为依赖区间. 从上述公式的第一项看, 解在 (x_0, t_0) 点的值依赖于 $x_0 \pm at_0$ 两点的初值, 即依赖于 $\varphi(x_0 \pm at_0)$ 的值. 第二项是区间 $[x_0 - at_0, x_0 + at_0]$ 上的初值函数 $\psi(x)$ 的积分, 而与 $\psi(x)$ 在该区间之外的值无关. 统一两项可见, 解值 $u(x_0, t_0)$ 依赖于区间 $[x_0 - at_0, x_0 + at_0]$ 的初值 φ 和 ψ, 而与 $[x_0 - at_0, x_0 + at_0]$ 之外 φ 和 ψ 的取值无关, 所以 $[x_0 - at_0, x_0 + at_0]$ 便为解 $u(x_0, t_0)$ 的依赖区间. 因此 $[x - at, x + at]$ 便为解 $u(x, t)$ 的依赖区间 (图 5.4、图 5.5).

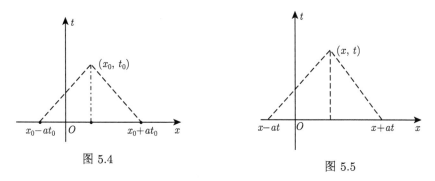

图 5.4   图 5.5

所谓决定区域是指一个区间上的初值决定了哪个区域上的解的值, 就将这个区域称为决定区域. 显然这个区域为左行波与右行波都存在的区域, 这就是图 5.3 中的区域⑥, 即 $[x_1, x_2]$ 上的初值决定了⑥上的解的值.

而影响区域是指一个区间 $[x_1, x_2]$ 上的初值影响到了哪个区域上的解的值, 则将该区域称为影响区域, 如图 5.6 所示, 过 x_1, x_2 作两条特征线:

$$x + at = x_1, \quad x - at = x_2,$$

这两条特征线与 x 轴 $(t = 0)$ 形成开口向上的区域 D_1, 在 D_1 内所有点 (x, t) 的解 $u(x, t)$ 都受到 $[x_1, x_2]$ 上初值的影响, 而 D_1 外的点的解与 $[x_1, x_2]$ 上的初值无关. 若将区间 $[x_1, x_2]$ 缩为一个点 x_0, 则 x_0 的影响区域为 D_2(图 5.7).

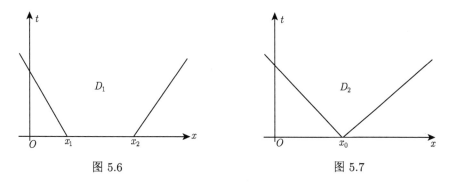

图 5.6   图 5.7

5.1.4 通解法的例题

例 5.1 求如下古尔萨 (Goursat) 问题的解:

$$\begin{cases} u_{tt} = a^2 u_{xx}, \\ u|_{x+at=0} = \varphi(x), \\ u|_{x-at=0} = \psi(x). \end{cases} \tag{5.10}$$

解 方程的通解为

$$u\left(x,t\right) = F\left(x+at\right) + G\left(x-at\right),$$

由条件不难得到

$$\begin{cases} \varphi\left(x\right) = F\left(0\right) + G\left(2x\right), \\ \psi\left(x\right) = F\left(2x\right) + G\left(0\right), \end{cases}$$

所以

$$\begin{cases} F\left(x\right) = \psi\left(\dfrac{x}{2}\right) - G\left(0\right), \\ G\left(x\right) = \varphi\left(\dfrac{x}{2}\right) - F\left(0\right), \end{cases}$$

故

$$u\left(x,t\right) = \psi\left(\frac{x+at}{2}\right) + \varphi\left(\frac{x-at}{2}\right) - \left[F\left(0\right) + G\left(0\right)\right].$$

再由条件 $u|_{x+at=0} = \varphi\left(x\right)$ 得

$$\varphi\left(x\right) = \psi\left(0\right) + \varphi\left(x\right) - \left[F\left(0\right) + G\left(0\right)\right],$$

所以

$$F\left(0\right) + G\left(0\right) = \psi\left(0\right),$$

因此解为

$$u\left(x,t\right) = \varphi\left(\frac{x-at}{2}\right) + \psi\left(\frac{x+at}{2}\right) - \psi\left(0\right).$$

进一步, 由于定解问题是相容的, 所以对条件取 $x = t = 0$, 显然有 $\varphi\left(0\right) = \psi\left(0\right)$, 故解还可写为

$$u\left(x,t\right) = \varphi\left(\frac{x-at}{2}\right) + \psi\left(\frac{x+at}{2}\right) - \varphi\left(0\right).$$

例 5.2

$$\begin{cases} u_{tt} = a^2 u_{xx}, & x - at < 0, x > 0, t > 0, \\ u|_{x-at=0} = \varphi\left(x\right), & x \geqslant 0, \\ u|_{x=0} = h\left(t\right), & t \geqslant 0. \end{cases}$$

解 对通解

$$u\left(x,t\right) = F\left(x+at\right) + G\left(x-at\right),$$

据条件得

$$\varphi\left(x\right) = F\left(2x\right) + G\left(0\right),$$

$$h\left(t\right)=F\left(at\right)+G\left(-at\right),$$

所以

$$F\left(x\right)=\varphi\left(\frac{x}{2}\right)-G\left(0\right),$$

$$G\left(-x\right)=-F\left(x\right)+h\left(\frac{x}{a}\right)$$
$$=-\varphi\left(\frac{x}{2}\right)+G\left(0\right)+h\left(\frac{x}{a}\right),$$

因此

$$u\left(x,t\right)=\varphi\left(\frac{x+at}{2}\right)-\varphi\left(\frac{at-x}{2}\right)+h\left(t-\frac{x}{a}\right).$$

例 5.3 求解如下定解问题:

$$\begin{cases} u_{tt}=a^2u_{xx}, & t>0,\ x>0,\ x-at<0, \\ u|_{x-at=0}=\varphi\left(x\right), & x\geqslant0, \\ u_x|_{x=0}=g\left(t\right), & t\geqslant0. \end{cases}$$

解 该题与上一题的差别仅在第二个定解条件上, 于是仍有

$$F\left(x\right)=\varphi\left(\frac{x}{2}\right)-G\left(0\right),$$

通解关于 x 求导后, 令 $x=0$ 得

$$g\left(t\right)=u_x\left(x,t\right)|_{x=0}=F'\left(at\right)+G'\left(-at\right),$$

两端在 $[0,t]$ 上积分得

$$F\left(at\right)-G\left(-at\right)=a\int_0^t g\left(\tau\right)d\tau+F\left(0\right)-G\left(0\right),$$

所以

$$G\left(-x\right)=F\left(x\right)-a\int_0^{\frac{x}{a}} g\left(\tau\right)d\tau-\left[F\left(0\right)-G\left(0\right)\right]$$
$$=\varphi\left(\frac{x}{2}\right)-a\int_0^{\frac{x}{a}} g\left(\tau\right)d\tau-F\left(0\right),$$

因此

$$u\left(x,t\right)=\varphi\left(\frac{x+at}{2}\right)+\varphi\left(\frac{at-x}{2}\right)-a\int_0^{t-\frac{x}{a}} g\left(\tau\right)d\tau-\left[G\left(0\right)+F\left(0\right)\right].$$

再由 $u|_{x-at=0} = \varphi(x)$ 得

$$G(0) + F(0) = \varphi(0),$$

所以

$$u(x,t) = \varphi\left(\frac{x+at}{2}\right) + \varphi\left(\frac{at-x}{2}\right) - a\int_0^{t-\frac{x}{a}} g(\tau)\,d\tau - \varphi(0).$$

5.2　球面平均法

5.2.1　三维齐次方程初值问题的球面平均法

考虑三维波动方程初值问题

$$\begin{cases} u_{tt} = a^2\Delta u, & (x,y,z)\in\mathbf{R}^3, t>0, \\ u|_{t=0} = \varphi(x,y,z), & (x,y,z)\in\mathbf{R}^3, \\ u_t|_{t=0} = \psi(x,y,z), & (x,y,z)\in\mathbf{R}^3, \end{cases} \tag{5.11}$$

取以任意点 $M_0(x_0,y_0,z_0)$ 为心, 半径为 r 的球体 $B_{M_0}^r$, 在 $B_{M_0}^r$ 上对 (5.11) 中的方程求积

$$\iiint_{B_{M_0}^r} u_{tt}\,dV = a^2 \iiint_{B_{M_0}^r} \Delta u\,dV,$$

在球坐标下, 左端积分可写为

$$\iiint_{B_{M_0}^r} u_{tt}\,dV = \frac{\partial^2}{\partial t^2}\int_0^r \oiint_{\partial B_{M_0}^\rho} u\,ds\,d\rho,$$

其中

$$u(x,y,z,t) = u(x_0+\rho\sin\theta\cos\phi, y_2+\rho\sin\theta\sin\phi, z_0+\cos\theta, t),$$

$ds = \rho^2\sin\theta d\theta d\phi$, 而利用 Gauss 公式, 右端积分为

$$a^2 \iiint_{B_{M_0}^r} \Delta u\,dV = a^2 \oiint_{\partial B_{M_0}^r} \frac{\partial u}{\partial n}\,dS,$$

其中 $\boldsymbol{n}$ 为球面 $\partial B_{M_0}^r$ 的外法线方向, 故 $\dfrac{\partial u}{\partial n} = \dfrac{\partial u}{\partial r}$, 因此有

$$\frac{\partial^2}{\partial t^2}\int_0^r \oiint_{\partial B_{M_0}^\rho} u\,ds\,d\rho = a^2 \oiint_{\partial B_{M_0}^r} \frac{\partial u}{\partial r}\,ds. \tag{5.12}$$

(5.12) 关于 r 求导得

$$\frac{\partial^2}{\partial t^2} \oiint_{\partial B_{M_0}^r} u\,ds = a^2 \frac{\partial}{\partial r} \oiint_{\partial B_{M_0}^r} \frac{\partial u}{\partial r} ds.$$

记 $\overline{u} = \dfrac{1}{4\pi r^2} \oiint_{\partial B_{M_0}^r} u\,ds$, 称为 u 的球面平均, 则有

$$\frac{\partial^2}{\partial t^2} \left(r^2 \overline{u} \right) = a^2 \frac{\partial}{\partial r} \left(r^2 \overline{\frac{\partial u}{\partial r}} \right).$$

不难证明 $\overline{\dfrac{\partial u}{\partial r}} = \dfrac{\partial}{\partial r}\overline{u}$, 事实上,

$$\overline{\frac{\partial u}{\partial r}} = \frac{1}{4\pi r^2} \oiint_{\partial B_{M_0}^r} \frac{\partial u}{\partial r} ds$$

$$= \frac{1}{4\pi r^2} \int_0^{2\pi} d\phi \int_0^\pi \frac{\partial u}{\partial r} r^2 \sin\theta d\theta$$

$$= \frac{1}{4\pi} \int_0^{2\pi} d\phi \int_0^\pi \frac{\partial u}{\partial r} \sin\theta d\theta$$

$$= \frac{\partial}{\partial r} \left(\frac{1}{4\pi} \int_0^{2\pi} d\phi \int_0^\pi u \sin\theta d\theta \right)$$

$$= \frac{\partial}{\partial r} \left(\frac{1}{4\pi r^2} \oiint_{\partial B_{M_0}^r} u\,ds \right) = \frac{\partial}{\partial r}\overline{u},$$

所以

$$\frac{\partial^2}{\partial t^2} \left(r^2 \overline{u} \right) = a^2 \frac{\partial}{\partial r} \left(r^2 \frac{\partial}{\partial r}\overline{u} \right)$$

$$= a^2 \left(2r \frac{\partial \overline{u}}{\partial r} + r^2 \frac{\partial^2}{\partial r^2}\overline{u} \right),$$

由此得

$$\frac{\partial^2}{\partial t^2} \left(r\overline{u} \right) = a^2 \frac{\partial^2}{\partial r^2} \left(r\overline{u} \right).$$

这是一维波动方程, 其通解为

$$r\overline{u} = F\left(r + at \right) + G\left(r - at \right),$$

令 $r=0$ 得

$$0 = F(at) + G(-at),$$

所以 $F(x) = -G(-x)$, 故

$$r\overline{u} = F(r+at) - F(at-r),$$

此式两端分别关于 r,t 求导得

$$\frac{\partial}{\partial r}(r\overline{u}) = F'(r+at) - F'(r-at),$$

$$\frac{\partial}{\partial t}(r\overline{u}) = aF'(r+at) - aF'(r-at),$$

所以

$$F'(r+at) = \frac{1}{2}\left[\frac{\partial}{\partial r}(r\overline{u}) + \frac{1}{a}\frac{\partial}{\partial t}(r\overline{u})\right], \tag{5.13}$$

因此

$$F'(at) = \frac{1}{2}\overline{u}\Big|_{r=0} = \frac{1}{2}\frac{1}{4\pi}\int_0^{2\pi} d\phi \int_0^{\pi} u(x_0,y_0,z_0,t)\sin\theta d\theta$$

$$= \frac{1}{2}u(x_0,y_0,z_0,t).$$

为将 $F'(at)$ 与初值函数相联系, 在 (5.13) 式中令 $t=0$, 有

$$F'(r) = \frac{1}{2}\left[\frac{\partial}{\partial r}(r\overline{u})\Big|_{t=0} + \frac{1}{a}\frac{\partial}{\partial t}(r\overline{u})\Big|_{t=0}\right],$$

由于

$$\frac{\partial}{\partial r}(r\overline{u})\Big|_{t=0} = \frac{\partial}{\partial r}\left(\frac{1}{4\pi r}\oiint_{\partial B_{M_0}^r} uds\right)\Big|_{t=0}$$

$$= \frac{\partial}{\partial r}\frac{1}{4\pi r}\oiint_{\partial B_{M_0}^r} \varphi ds,$$

$$\frac{\partial}{\partial t}(r\overline{u})\Big|_{t=0} = \frac{\partial}{\partial t}\left(\frac{1}{4\pi r}\oiint_{\partial B_{M_0}^r} uds\right)\Big|_{t=0}$$

$$= \frac{1}{4\pi r} \oiint\limits_{\partial B_{M_0}^r} \frac{\partial u}{\partial t} \bigg|_{t=0} ds$$

$$= \frac{1}{4\pi r} \oiint\limits_{\partial B_{M_0}^r} \psi ds,$$

所以

$$F'(r) = \frac{1}{2} \left[\frac{\partial}{\partial r} \frac{1}{4\pi r} \oiint\limits_{\partial B_{M_0}^r} \varphi ds + \frac{1}{a} \frac{1}{4\pi r} \oiint\limits_{\partial B_{M_0}^{at}} \psi ds \right].$$

因此

$$u(x_0, y_0, z_0, t) = 2F'(at)$$

$$= \frac{\partial}{\partial t} \left(\frac{1}{4\pi a^2 t} \oiint\limits_{\partial B_{M_0}^{at}} \varphi ds \right) + \frac{1}{4\pi a^2 t} \oiint\limits_{\partial B_{M_0}^{at}} \psi ds, \tag{5.14}$$

其中 φ 与 ψ 的坐标为 $(x_0 + at\sin\theta\cos\phi, \ y_0 + at\sin\theta\sin\phi, \ z_0 + at\cos\theta)$, 将 (x_0, y_0, z_0) 换成 (x, y, z) 得

$$u(x, y, z, t)$$

$$= \frac{1}{4\pi a} \frac{\partial}{\partial t} \oiint\limits_{\partial B_M^{at}} \frac{\varphi}{at} ds + \frac{1}{4\pi a} \oiint\limits_{\partial B_M^{at}} \frac{\psi}{at} ds$$

$$= \frac{1}{4\pi} \frac{\partial}{\partial t} t \int_0^{2\pi} d\phi \int_0^\pi \varphi(x + at\sin\theta\cos\phi, y + at\sin\theta\sin\phi, z + at\cos\theta) d\theta$$

$$+ \frac{t}{4\pi} \int_0^{2\pi} d\phi \int_0^\pi \psi(x + at\sin\theta\cos\phi, y + at\sin\theta\sin\phi, z + at\cos\theta) d\theta. \tag{5.15}$$

若记 $[\varphi]_{\partial B_M^{at}} = \dfrac{1}{4\pi(at)^2} \oiint\limits_{\partial B_M^{at}} \varphi ds$, 则上式为

$$u(x, y, z, t) = \frac{\partial}{\partial t} \left(t [\varphi]_{\partial B_M^{at}} \right) + t [\psi]_{\partial B_M^{at}}. \tag{5.16}$$

称 (5.14) 或 (5.15) 或 (5.16) 为三维波动方程初值问题的 Poisson 公式.

5.2.2　三维非齐次波动方程初值问题

$$\begin{cases} u_{tt} = a^2 \Delta u + f(x,y,z,t), & (x,y,z) \in \mathbf{R}^3, t > 0, \\ u|_{t=0} = 0, \\ u_t|_{t=0} = 0. \end{cases} \tag{5.17}$$

首先给出如下齐次化原理.

若 $P(x,y,z,t,\tau)$ 满足

$$\begin{cases} P_{tt} = a^2 \Delta P, & (x,y,z) \in \mathbf{R}^3, \ t > \tau, \\ P|_{t=\tau} = 0, \\ P_t|_{t=\tau} = f(x,y,z,\tau), \end{cases}$$

则原问题的解为

$$u(x,y,z,t) = \int_0^t P(x,y,z,t,\tau)\, d\tau,$$

这一原理可以直接计算验证, 再令 $t' = t - \tau$ 得

$$\begin{cases} P_{t't'} = a^2 \Delta P, & t' > 0, \\ P|_{t'=0} = 0, \\ P_{t'}|_{t'=0} = f(x,y,z,\tau), \end{cases}$$

由 Poisson 公式得

$$P(x,y,z,t,\tau) = \frac{1}{4\pi a^2 t'} \oiint_{\partial B_M^{at'}} f\, ds,$$

其中 $f = f(x + at' \sin\theta \cos\phi, y + at' \sin\theta \sin\phi, z + at' \cos\theta, t)$.

其次由齐次化原理得

$$u(x,y,z,t) = \frac{1}{4\pi a^2} \int_0^t \frac{1}{t-\tau} \oiint_{\partial B_M^{a(t-\tau)}} f\, ds\, d\tau$$

$$\xdef\eq{}\underline{\underline{a(t-\tau)=r}}\ \frac{1}{4\pi a^2} \int_0^{at} \oiint_{\partial B_M^r} \frac{1}{r} f\left(\xi, \eta, \zeta, t - \frac{r}{a}\right) ds\, dr,$$

其中 $\xi = x + r \sin\theta \cos\phi, \eta = y + r \sin\theta \sin\phi, \zeta = z + r \cos\theta$. 此即

$$u(x,y,z,t) = \frac{1}{4\pi a^2} \iiint_{B_M^{at}} \frac{f\left(\xi, \eta, \zeta, t - \dfrac{r}{a}\right)}{r}\, dV. \tag{5.18}$$

物理上称右端积分为推迟势.

到此根据线性方程的叠加原理, 我们不难得到问题

$$
\begin{cases}
u_{tt} = a^2 \Delta_3 u + f(x, y, z, t), & (x, y, z) \in \mathbf{R}^3, t > 0, \\
u|_{t=0} = \varphi(x, y, z), & (x, y, z) \in \mathbf{R}^3, \\
u_t|_{t=0} = \psi(x, y, z), & (x, y, z) \in \mathbf{R}^3
\end{cases}
$$

的解为

$$
u(x, y, z, t) = \frac{1}{4\pi a^2} \frac{\partial}{\partial t} \oiint_{\partial B_M^{at}} \frac{\varphi}{t} ds + \frac{1}{4\pi a^2} \oiint_{\partial B_M^{at}} \frac{\psi}{t} ds
$$

$$
+ \frac{1}{4\pi a^2} \iiint_{B_M^{at}} \frac{f\left(\xi, \eta, \zeta, t - \dfrac{r}{a}\right)}{r} dV.
$$

5.3 二维齐次波动方程初值问题的降维法

现考虑如下二维问题的求解:

$$
\begin{cases}
u_{tt} = a^2 \Delta u, & (x, y) \in \mathbf{R}^2, t > 0, \\
u|_{t=0} = \varphi(x, y), \\
u_t|_{t=0} = \psi(x, y).
\end{cases}
\tag{5.19}
$$

我们采用 "降维法", 即从三维问题的解获得二维问题的解. 该方法将二维问题视为一特殊的三维问题, 只要注意到 u, φ, ψ 均与 z 无关即可, 以下我们计算 $\dfrac{1}{4\pi a^2 t} \oiint_{\partial B_M^{at}} \psi ds$.

在微积分中, 该曲面积分的计算是将曲面积分化成二重积分, 由于 ψ 与 z 无关, 将球面 ∂B_M^{at} 可分成上下半球面, 其在 xy 平面的投影域是相同的, 记为 Σ_M^{at}, 这是以 $M(x, y)$ 为心, at 为半径的圆域.

设球面微元 ds 在 xy 面的投影为 $d\sigma$, 二者之间的关系为 $d\sigma = \cos\theta ds$, 其中 θ 为球面法向与 z 轴的夹角, 所以

$$
\cos\theta = \frac{\sqrt{(at)^2 - \rho^2}}{at} = \frac{\sqrt{(at)^2 - (\xi - x)^2 - (\eta - y)^2}}{at},
$$

此处 (ξ, η) 为 xy 面的点的坐标, 于是

$$\frac{1}{4\pi a^2 t} \oiint_{\partial B_M^{at}} \psi ds = \frac{1}{2\pi a^2 t} \iint_{\Sigma_M^{at}} \frac{at\psi(\xi, \eta)\, d\sigma}{\sqrt{(at)^2 - (\xi - x)^2 - (\eta - y)^2}}$$

$$= \frac{1}{2\pi a} \iint_{\Sigma_M^{at}} \frac{\psi(\xi, \eta)\, d\sigma}{\sqrt{(at)^2 - (\xi - x)^2 - (\eta - y)^2}},$$

因此得到问题 (5.18) 的解为

$$u(x, y, t) = \frac{1}{2\pi a} \frac{\partial}{\partial t} \iint_{\Sigma_M^{at}} \frac{\varphi(\xi, \eta)\, d\sigma}{\sqrt{(at)^2 - (\xi - x)^2 - (\eta - y)^2}}$$

$$+ \frac{1}{2\pi a} \iint_{\Sigma_M^{at}} \frac{\psi(\xi, \eta)\, d\sigma}{\sqrt{(at)^2 - (\xi - x)^2 - (\eta - y)^2}},$$

这被称为二维问题的 Poisson 公式. 在极坐标下, 可写为

$$u(x, y, t) = \frac{1}{2\pi a} \frac{\partial}{\partial t} \int_0^{2\pi} d\theta \int_0^{at} \frac{\varphi(x + \rho\cos\theta, y + \rho\sin\theta)}{\sqrt{(at)^2 - \rho^2}} \rho d\rho$$

$$+ \frac{1}{2\pi a} \int_0^{2\pi} d\theta \int_0^{at} \frac{\psi(x + \rho\cos\theta, y + \rho\sin\theta)}{\sqrt{(at)^2 - \rho^2}} \rho d\rho.$$

对非齐次方程的初值问题, 不难通过齐次化原理求解.

5.4   依赖区域、决定区域、影响区域和特征锥

关于一维问题的依赖区间、决定区域、影响区域和特征线等概念, 我们已在 5.1 节对达朗贝尔公式进行了讨论, 现在针对二维和三维问题来讨论相应的概念.

首先来看二维问题, 我们已经得到解的 Poisson 公式

$$u(x, y, t) = \frac{1}{2\pi a} \frac{\partial}{\partial t} \iint_{\Sigma_M^{at}} \frac{\varphi(\xi, \eta)\, d\sigma}{\sqrt{(at)^2 - \rho^2}} + \frac{1}{2\pi a} \iint_{\Sigma_M^{at}} \frac{\psi(\xi, \eta)\, d\sigma}{\sqrt{(at)^2 - \rho^2}},$$

其中 $\rho^2 = (\xi - x)^2 + (\eta - y)^2$.

显然从公式可见, 点 (x_0, y_0, t_0) 上的解 $u(x_0, y_0, t_0)$ 依赖于圆域 $\Sigma_{M_0}^{at_0}$ 上的初值 φ 与 ψ. 于是 $\Sigma_{M_0}^{at_0}$ 称为解的依赖区域, 如图 5.8 所示, 其中 M_0 点的坐标为 $(x_0, y_0, 0)$.

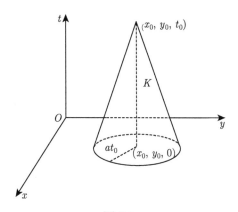

图 5.8

它是由锥体

$$K : (x - x_0)^2 + (y - y_0)^2 \leqslant a^2 (t - t_0)^2$$

与平面 $\tau = 0$ 相交截得之圆域

$$\Sigma_M^{at} : (x - x_0)^2 + (y - y_0)^2 \leqslant a^2 t_0^2.$$

对于锥 K 中的任何一点 $\overline{M} \left(\overline{x}, \overline{y}, \overline{t} \right)$, 其解 $u \left(\overline{x}, \overline{y}, \overline{t} \right)$ 依赖区域 $\Sigma_M^{a\overline{t}}$ 均在圆域 Σ_M^{at} 内, 因此 Σ_M^{at} 上的初值决定了 K 内任何一点的解值. 故称锥体 K 为 Σ_M^{at} 的决定区域.

再来看 xy 面上一点 $M(x_0, y_0, 0)$ 上初值的影响区域. 在三维空间 $\mathbf{R}^3 (x, y, t)$ 上作锥体 (图 5.9)

$$\tilde{K} : (x - x_0)^2 + (y - y_0)^2 \leqslant a^2 t^2, \quad t \geqslant 0.$$

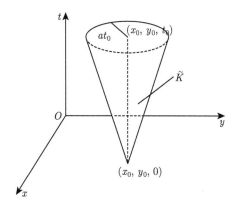

图 5.9

根据前述锥体 $\tilde{K}$ 内任何一点的依赖区域都含有点 $M(x_0, y_0, 0)$, 即是说 $M(x_0, y_0, 0)$ 点的初值函数影响到锥体 $\tilde{K}$ 上的解值, 因此称 $\tilde{K}$ 为 $M(x_0, y_0, 0)$ 点的影响区域.

由上述讨论可见, 锥面

$$(x - x_0)^2 + (y - y_0)^2 = a^2 (t - t_0)^2, \quad t_0 > 0$$

起着重要的作用, 故称其为特征锥.

再来看三维情况, 由于其解为四元函数 $u(x, y, z, t)$, 我们不可能直观地画出依赖区域、决定区域和影响区域的图像, 只能从一维和二维问题的讨论作类推. 由 Poisson 公式可见, 三维问题的解 $u(x_0, y_0, z_0, t_0)$ 依赖于球面 $\partial B_{M_0(x_0, y_0, z_0, t_0)}^{at_0}$ 上的初值, 因此称 $\partial B_{M(x, y, z, 0)}^{at}$ 为依赖区域, 而以此球面为底的超锥体

$$(x - x_0)^2 + (y - y_0)^2 + (z - z_0)^2 \leqslant a^2 (t - t_0)^2$$

为球面 $\partial B_{M_0(x_0, y_0, z_0, t_0)}^{at_0}$ 上初值的决定区域, 超锥面

$$(x - x_0)^2 + (y - y_0)^2 + (z - z_0)^2 = a^2 t_0^2,$$

则为点 (x_0, y_0, z_0, t_0) 的影响区域 (此处应特别注意不是锥体), 同二维情况类似, 称

$$(x - x_0)^2 + (y - y_0)^2 + (z - z_0)^2 = a^2 (t - t_0)^2$$

为三维波动方程的特征锥.

5.5   Poisson 公式的物理意义、Huygens 原理

首先讨论三维问题. 在 2.4 节中我们已经知道初始点 $(x, y, z, 0)$ 的初值函数 φ 与 ψ 的影响区域为一超锥面

$$(\xi - x)^2 + (\eta - y)^2 + (\zeta - z)^2 = a^2 \tau^2 \quad (\tau \geqslant 0),$$

而在三维空间 $\mathbf{R}^3 (x, y, z)$ 里, 这为一球面. 此球面的半径随时间 τ 的增大, 以速度 a 增大. 这样, 若初始时刻 $\tau = 0$ 初值函数 $M_0(x, y, z)$ 有一扰动, 则这个扰动随时间 τ 的增加, 以球面波的形式向外扩大, 设 $M_1(x_1, y_1, z_1)$ 与 $M_0(x, y, z)$ 的距离为 r, 则这一扰动在 $\tau = \dfrac{r}{a}$ 时刻传到 M_1 点, 并且当 $\tau > \dfrac{r}{a}$ 时, M_1 点不在 M_0 点的影响面上, M_1 点恢复到原来的状态, 只是 M_1 点的扰动比初始时刻 M_0 点的扰动晚了 $\dfrac{r}{a}$ 个单位时间而已. 这种现象的典型例子就是声波传播, 即从某个点发出的声音经过一段时间传到某人的耳朵, 此人开始听到声音, 而听到声音持续的时间长短与发出声音的时间长短相同, 超过这个时间段就听不到了.

现将一点的扰动扩大到一个区域 Ω 上的每点都有扰动, 因每点的扰动都以球面波的形式向外传播, 这些球面波的前锋和后尾都形成一包络面, 称之为前阵面和后阵面, 如图 5.10.

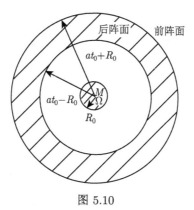

图 5.10

其中前阵面与后阵面之间的部分表示在时刻 t 受到的 Ω 内初值扰动影响的区域, 前阵面外的部分表示扰动还未到达, 而后阵面内的部分表示扰动已经过去. 这种波的传播 (或扰动) 有明显的前阵面和后阵面的现象, 物理上称这种现象为 Huygens(惠更斯) 原理或无后效现象.

再来讨论二维问题的情况, 与三维问题情况不同, 由于二维问题的影响区域为一圆域
$$(\xi - x)^2 + (\eta - y)^2 \leqslant a^2 \tau^2,$$
当在初始 $\tau = 0$ 的时刻点 (x, y) 有一扰动时, 这个扰动以速度 a 向外扩展, 对于与点 (x, y) 距离为 r 的点 $M_1(x_1, y_1)$, 当 $\tau < \dfrac{r}{a}$ 时, 扰动没到达 M_1; 当 $\tau = \dfrac{r}{a}$ 时, 扰动到达了 M_1, 但当 $\tau > \dfrac{r}{a}$ 时, 在 M_1 点的扰动仍存在, 我们称这种扰动 (或波) 是以平面波的形式向外传播的. 当在一平面区域 D 中的每点都有扰动时, 每点向外传播的平面波的前峰形成一包络面, 称之为前阵面, 显然平面波不具有后阵面 (即扰动有持久后效). 这种有明显的前阵面而无后阵面的波的传播现象在物理上被称为弥散, Huygens 原理不成立.

习 题 5

1. 用通解法求解
$$
\begin{cases}
3u_{xx} + 10u_{xy} + 3u_{yy} = 0, & -\infty < x < \infty, y > 0, \\
y|_{y=0} = \varphi(x), & -\infty < x < \infty, \\
\dfrac{\partial u}{\partial y}\bigg|_{y=0} = \psi(x), & -\infty < x < \infty.
\end{cases}
$$

2. 求解一维波动方程 $u_{tt} = a^2 u_{xx}$ 的如下初值问题:

(1) $u|_{t=0} = \sin \pi x, u_t|_{t=0} = 0;$

(2) $u|_{t=0} = e^{-x^2}, u_t|_{t=0} = 0;$

(3) $u|_{t=0} = 0, u_t|_{t=0} = 1;$

(4) $u|_{t=0} = 1, u_t|_{t=0} = 0.$

3. 当 β 取何值时, 可利用函数变换 $u = e^{\beta x} \nu$, 使方程 $u_{tt} = a^2 u_{xx} + b u_x$ 消去一阶导数项.

4. 在半平面 $\{(x,t) \mid -\infty < x < \infty, t > 0\}$ 上, 求对弦振动方程 $u_{tt} = u_{xx}$, $M\,(2,5)$ 点的依赖区间是什么? 它是否落在点 $(0,1)$ 的影响区域内?

5. 验证形式为 $u\,(x,y,z,t) = f\,(\alpha x + \beta y + \gamma z + at)$ 的函数 (其中 α, β, γ 为满足 $\alpha^2 + \beta^2 + \gamma^2 = 1$ 的实常数, 且 $f \in C^2$) 满足方程 $u_{tt} = a^2 \Delta u$. 称这种形式的函数为波动方程平面波解.

6. 求解如下初值问题:

(1) $\begin{cases} u_{tt} = a^2 \Delta u, & (x,y) \in \mathbf{R}^2,\ t > 0, \\ u|_{t=0} = 3x + 2y, & (x,y) \in \mathbf{R}^2, \\ u_t|_{t=0} = 0, & (x,y) \in \mathbf{R}^2; \end{cases}$

(2) $\begin{cases} u_{tt} = \Delta u, & (x,y,z) \in \mathbf{R}^3,\ t > 0, \\ u|_{t=0} = e^{a(x+y+z)}, & (x,y,z) \in \mathbf{R}^3, \\ u_t|_{t=0} = \sqrt{3}a e^{a(x+y+z)}, & (x,y,z) \in \mathbf{R}^3. \end{cases}$

7. 证明 $u\,(x,y,t) = \dfrac{1}{\sqrt{t^2 - x^2 - y^2}}$ 在锥体 $t^2 - x^2 - y^2 > 0$ 中是波动方程的解.

8. 在 $t=0$ 平面上以 $(0,0)$ 为心, 1 为半径的圆域内, 给出 φ 与 ψ 的值, 问能否决定初值问题

$$\begin{cases} u_{tt} = a^2 \Delta u, & (x,y) \in \mathbf{R}^2,\ t > 0, \\ u|_{t=0} = \varphi\,(x,y),\ u_t|_{t=0} = \psi\,(x,y), & (x,y) \in \mathbf{R}^2 \end{cases}$$

(其中 φ 与 ψ 为充分光滑的函数) 的解在点 $(x,y,t) = \left(\dfrac{1}{2}, \dfrac{\sqrt{3}}{2}, \dfrac{1}{2} \right)$ 的值, 说明理由.

9. 证明方程

$$\frac{\partial}{\partial x} \left[\left(1 - \frac{x}{h} \right)^2 \frac{\partial u}{\partial x} \right] = \frac{1}{a} \left(1 - \frac{x}{h} \right)^2 \frac{\partial^2 u}{\partial t^2} \quad \text{(其中 } h > 0 \text{ 为常数)}$$

的通解为

$$u = \frac{1}{h - x} \left[F\,(x - at) + G\,(x + at) \right],$$

其中 F, G 为二次连续可微的任意函数. 并由此解具有条件 $u|_{t=0} = \varphi\,(x)$, $u_t|_{t=0} = \psi\,(x)$ 的初值问题. (提示: 令 $\upsilon\,(x,t) = (h - x)\,u\,(x,t)$.)

10. 求解初值问题:

(1) $\begin{cases} u_{tt} = a^2 \left(u_{xx} + \dfrac{2}{x} u_x \right), & -\infty < x < \infty, t > 0, \\ u|_{t=0} = \varphi\,(x), u_t|_{t=0} = \psi\,(x), & -\infty < x < \infty; \end{cases}$

(提示: 令 $\upsilon\,(x,t) = x u\,(x,t)$.)

(2) $\begin{cases} u_{tt} = a^2 u_{xx} + x^2, & -\infty < x < \infty, t > 0, \\ u|_{t=0} = \varphi(x), u_t|_{t=0} = \psi(x), & -\infty < x < \infty; \end{cases}$

(3) $\begin{cases} u_{tt} = a^2 u_{xx} + x^2 - a^2 t^2, & -\infty < x < \infty, t > 0, \\ u|_{t=0} = 0, u_t|_{t=0} = 0, & -\infty < x < \infty; \end{cases}$

(4) $\begin{cases} u_{tt} = a^2 u_{xx} - u_t, & -\infty < x < \infty, t > 0, \\ u|_{t=0} = \sin \pi x, u_t|_{t=0} = 0, & -\infty < x < \infty. \end{cases}$

11. 用降维法导出达朗贝尔公式.

12. 求解初值问题:

(1) $\begin{cases} u_{tt} = a^2 \Delta u + c^2 u, & (x, y) \in \mathbf{R}^2 \ t > 0, \\ u|_{t=0} = \varphi(x, y), & (x, y) \in \mathbf{R}^2, \\ u_t|_{t=0} = \psi(x, y), & (x, y) \in \mathbf{R}^2; \end{cases}$

(提示: 在三维方程中, 令 $u(x, y, z, t) = v(x, y, t) e^{\frac{c}{a} z}$.)

(2) $\begin{cases} u_{tt} = a^2 u_{xx} + c^2 u, & -\infty < x < \infty, t > 0, \\ u|_{t=0} = \varphi(x), & -\infty < x < \infty, \\ u_t|_{t=0} = \psi(x), & -\infty < x < \infty. \end{cases}$

(提示: 在二维方程中, 令 $u(x, y, t) = v(x, t) e^{\frac{c}{a} y}$.)

13. 利用 Poisson 公式求解

(1) $\begin{cases} u_{tt} = a^2 \Delta u, & (x, y, z) \in \mathbf{R}^3, t > 0, \\ u|_{t=0} = x^2 + y^2 z, & (x, y, z) \in \mathbf{R}^3, \\ u_t|_{t=0} = 0, & (x, y, z) \in \mathbf{R}^3; \end{cases}$

(2) $\begin{cases} u_{tt} = a^2 \Delta u, & (x, y) \in \mathbf{R}^2, t > 0, \\ u|_{t=0} = x^2 (x + y), & (x, y) \in \mathbf{R}^2, \\ u_t|_{t=0} = 0, & (x, y) \in \mathbf{R}^2. \end{cases}$

第 6 章 椭圆型方程

本章我们将讨论椭圆型方程边值问题的求解及相关理论问题. 典型的椭圆型方程通常有

(1) Laplace 方程

$$\Delta u = 0.$$

(2) Poisson 方程

$$\Delta u = -f(M).$$

(3) Helmholtz 方程

$$\Delta u + cu = 0.$$

以上三个方程, 在其求解区域上加以不同的边值条件, 便构成了不同的定解问题——边值问题. 以 Laplace 方程为例, 有如下边值问题:

Dirichlet 问题 (第一边值问题)

$$\begin{cases} \Delta u = 0, M \in \Omega, \\ u|_{\partial\Omega} = \varphi. \end{cases}$$

Neumann 问题 (第二边值问题)

$$\begin{cases} \Delta u = 0, M \in \Omega, \\ \dfrac{\partial u}{\partial n}\bigg|_{\partial\Omega} = \varphi. \end{cases}$$

Robin 问题 (第三边值问题)

$$\begin{cases} \Delta u = 0, M \in \Omega, \\ \left[\dfrac{\partial u}{\partial n} + \sigma u\right]_{\partial\Omega} = \varphi. \end{cases}$$

在第 3 章我们已经看到 Poisson 方程的边值问题

$$\begin{cases} \Delta u = -f(M), M \in \Omega, \\ u|_{\partial\Omega} = 0 \end{cases}$$

总是可以化为 Laplace 方程对应的边值问题, 因此本章我们将重点考虑 Laplace 方程与 Helmholtz 方程第一边值问题的求解.

6.1 δ-函数及其基本性质

6.1.1 δ-函数的定义

在物理学中, 除连续分布量外, 还有集中量. 例如, 点电荷、点热源、集中载荷和单位脉冲等, 现在从脉冲函数出发引出 δ-函数的概念.

设有如下脉冲函数:

$$p_\varepsilon(x) = \begin{cases} \dfrac{1}{2\varepsilon}, & -\varepsilon < x < \varepsilon, \\ 0, & |x| > \varepsilon, \end{cases} \tag{6.1}$$

如图 6.1 所示.

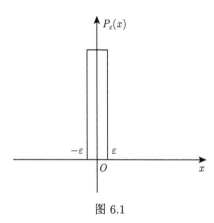

图 6.1

显然, 当 ε 越小时, 上述图形越陡峭, 我们称这个函数的极限状态为单位脉冲函数 $\delta(x)$, 又称为 δ-函数, 即

$$\lim_{\varepsilon \to 0} p_\varepsilon = \delta(x) = \begin{cases} \infty, & x = 0, \\ 0, & x \neq 0. \end{cases} \tag{6.2}$$

如果视 $\delta(x)$ 为在原点施加的一个力的话, 那么在 x 轴上施加的力应该为

$$\int_{-\infty}^{\infty} \delta(x)\,dx = \int_{-\infty}^{\infty} \lim_{\varepsilon \to 0} p_\varepsilon(x)\,dx$$

$$= \lim_{\varepsilon \to 0} \int_{-\infty}^{\infty} p_{\varepsilon}(x)\, dx$$

$$= \lim_{\varepsilon \to 0} \frac{1}{2\varepsilon} \int_{-\varepsilon}^{\varepsilon} dx = 1. \tag{6.3}$$

一般情况下, 若 $f(x)$ 在 $x=0$ 点连续, 利用积分中值定理, 我们有

$$\int_{-\infty}^{\infty} f(x)\, \delta(x)\, dx$$

$$= \lim_{\varepsilon \to 0} \int_{-\varepsilon}^{\varepsilon} f(x)\, \frac{1}{2\varepsilon} dx$$

$$= \lim_{\varepsilon \to 0} f(-\varepsilon + 2\varepsilon\theta) = f(0). \tag{6.4}$$

由 (6.3) 或 (6.4) 定义的函数已非普通函数, 我们称之为广义函数, 其严格的数学理论可阅读相关文献 (姜礼尚, 1997).

δ-函数从原点移到 x_0 点便为 $\delta(x - x_0)$, 即

$$\delta(x - x_0) = \begin{cases} \infty, & x = x_0, \\ 0, & x \neq x_0, \end{cases} \tag{6.5}$$

且

$$\int_{-\infty}^{\infty} \delta(x - x_0)\, dx = 1. \tag{6.6}$$

若 $f(x)$ 在 x_0 点连续, 则有

$$\int_{-\infty}^{\infty} f(x)\, \delta(x - x_0)\, dx = f(x_0). \tag{6.7}$$

类似地, 可定义多维 δ-函数, $\delta(M - M_0)$, 其中 M 和 M_0 为多维空间的点, 如在三维空间 $\mathbf{R}^3$ 中有

$$\delta(M - M_0) = \delta(x - x_0, y - y_0, z - z_0) = \begin{cases} \infty, & M = M_0, \\ 0, & M \neq M_0, \end{cases} \tag{6.8}$$

$$\iiint_{\mathbf{R}^3} \delta(M - M_0)\, dV = 1. \tag{6.9}$$

若 $f(x, y, z)$ 在 $M_0(x_0, y_0, z_0)$ 点连续, 则有

$$\iiint\limits_{\mathbf{R}^3} f(x, y, z) \delta(x - x_0, y - y_0, z - z_0) \, dx dy dz = f(x_0, y_0, z_0), \qquad (6.10)$$

即

$$\iiint\limits_{\mathbf{R}^3} f(M) \delta(M - M_0) \, dV = f(M_0). \qquad (6.11)$$

类似于 (6.4) 式, (6.11) 式可作如下证明.

由 $\delta(M - M_0)$ 的定义, 以 M_0 为心, ε 为半径作球 $B_{M_0}^{\varepsilon}$, 于是根据中值定理, 存在一点 $M^* \in B_{M_0}^{\varepsilon}$, 使得

$$\iiint\limits_{\mathbf{R}^3} f(M) \delta(M - M_0) \, dV = \iiint\limits_{B_{M_0}^{\varepsilon}} f(M) \delta(M - M_0) \, dV$$

$$= f(M^*) \iiint\limits_{B_{M_0}^{\varepsilon}} \delta(M - M_0) \, dV = f(M^*),$$

令 $\varepsilon \to 0$ 得 $f(M^*) \to f(M_0)$. 取 $f(x, y, z) = 1$, 即得 (6.9).

6.1.2 δ-函数的基本性质

(1) δ-函数为偶函数, 即

$$\delta(-x) = \delta(x),$$

$$\delta(-x, -y, -z) = \delta(x, y, z). \qquad (6.12)$$

(2) 多维 δ-函数可视为多个一维 δ-函数的乘积, 如在三维情况下有

$$\delta(M - M_0) = \delta(x - x_0) \delta(y - y_0) \delta(z - z_0). \qquad (6.13)$$

这是因为

$$\iiint\limits_{\mathbf{R}^3} \delta(x - x_0) \delta(y - y_0) \delta(z - z_0) f(x, y, z) \, dx dy dz$$

$$= \int_{-\infty}^{\infty} \delta(x - x_0) \, dx \int_{-\infty}^{\infty} \delta(y - y_0) \, dy \int_{-\infty}^{\infty} f(x, y, z) \delta(z - z_0) \, dz$$

$$= \int_{-\infty}^{\infty} \delta(x - x_0) \, dx \int_{-\infty}^{\infty} f(x, y, z_0) \delta(y - y_0) \, dy$$

$$= \int_{-\infty}^{\infty} f(x, y_0, z_0) \delta(x - x_0) dx = f(x_0, y_0, z_0).$$

特别地

$$\delta(M) = \delta(x) \delta(y) \delta(z). \tag{6.14}$$

(3) $x\delta(x) = 0.$ \hfill (6.15)

这是因为对任何函数 $f(x)$ 有

$$\int_{-\infty}^{\infty} x f(x) \delta(x) dx = x f(x) |_{x=0} = 0.$$

(4) 一维 δ-函数 $\delta(x)$ 可视为如下 Heaviside 函数.

$$H(x) = \begin{cases} 0, & x < 0, \\ 1, & x > 0 \end{cases} \tag{6.16}$$

的导函数 $H'(x) = \delta(x).$

这是因为

$$\int_{-\infty}^{x} \delta(x) dx = \begin{cases} 0, & x < 0, \\ 1, & x > 0. \end{cases}$$

(5) $\mathcal{F}[\delta(x)] = 1.$ \hfill (6.17)

事实上

$$\mathcal{F}[\delta(x)] = \int_{-\infty}^{\infty} \delta(x) e^{-i\lambda x} dx = 1.$$

6.2　椭圆型方程的基本解

关于基本解, 许多偏微分方程或数学物理方程教材均有论述, 此处我们仅关注椭圆型方程的基本解, 并由此寻求椭圆型方程定解问题的求解方法.

现在我们利用 δ-函数来构造基本解.

6.2.1　三维 Laplace 方程 $\Delta u = 0$

我们考虑

$$\Delta u = -\delta(x - x_0, y - y_0, z - z_0) \tag{6.18}$$

的一个特解 $U(x, y, z)$. (6.18) 式表明在 $M(x, y, z) \neq M_0(x_0, y_0, z_0)$ 时有

$$\Delta U = 0 \tag{6.19}$$

将方程 (6.18) 写成球坐标形式, 并讨论其球对称解, 即 u 与 θ, φ 无关的解, 微积分告诉我们在球坐标下

$$\Delta u = \frac{1}{r^2} \frac{\partial}{\partial r} \left(r^2 \frac{\partial u}{\partial r} \right) + \frac{1}{r^2 \sin\theta} \frac{\partial}{\partial \theta} \left(\sin\theta \frac{\partial u}{\partial \theta} \right) + \frac{1}{r^2 \sin^2\theta} \frac{\partial^2 u}{\partial \varphi^2},$$

于是, 我们求解的方程为

$$\frac{1}{r^2} \frac{d}{dt} \left(r^2 \frac{dU}{dr} \right) = 0, \quad r > 0, \tag{6.20}$$

其中 $r = r_{MM_0} = \sqrt{(x - x_0)^2 + (y - y_0)^2 + (z - z_0)^2}$.

解 (6.20) 得通解

$$U = A + \frac{B}{r}. \tag{6.21}$$

现以 M_0 为心, ε 为半径作球 $B_{M_0}^\varepsilon$, 在其上 Gauss 公式为

$$\iiint\limits_{B_{M_0}^\varepsilon} \Delta U \, dV = \oiint\limits_{\partial B_{M_0}^\varepsilon} \frac{\partial U}{\partial n} \, ds, \tag{6.22}$$

其中 $\boldsymbol{n}$ 为球 $B_{M_0}^\varepsilon$ 的边界曲面 $\partial B_{M_0}^\varepsilon$ 的外法线方向, 于是

$$\oiint\limits_{\partial B_{M_0}^\varepsilon} \frac{\partial U}{\partial n} \, ds = -\iiint\limits_{B_{M_0}^\varepsilon} \delta(x - x_0, y - y_0, z - z_0) \, dV = -1. \tag{6.23}$$

而

$$\oiint\limits_{\partial B_{M_0}^\varepsilon} \frac{\partial U}{\partial n} \, ds = \oiint\limits_{\partial B_{M_0}^\varepsilon} \frac{-B}{r^2} \, ds = \frac{-B}{\varepsilon^2} \cdot 4\pi\varepsilon^2 = -4\pi B, \tag{6.24}$$

因此 $B = \frac{1}{4\pi}$. 在 (6.21) 中, 取 $A = 0$ 得一特解

$$U = \frac{1}{4\pi r_{MM_0}}. \tag{6.25}$$

称此为三维 Laplace 方程的基本解.

6.2.2　三维 Helmholtz 方程 $\Delta u + cu = 0$

在力学、声学、电磁学等数学物理问题中, 以及用分离变量法解三维波动方程混合问题和三维热传导方程混合问题时均会遇到该方程, 这从物理上反映了定常状态.

考虑方程

$$\Delta u + cu = -\delta\left(x - x_0, y - y_0, z - z_0\right) \tag{6.26}$$

的一个特解 U, 其中 c 为常数. 此处我们只讨论 $c > 0$ 的情况, 令 $c = k^2$. 与构造 Laplace 方程基本解类似, 当 $r \neq 0\,(M \neq M_0)$ 时, 在球坐标下有

$$\frac{1}{r^2}\frac{d}{dr}\left(r^2\frac{dU}{dr}\right) + k^2 U = 0, \tag{6.27}$$

令 $\omega = rU$, 则 (6.27) 化为

$$\frac{d^2\omega}{dr^2} + k^2\omega = 0, \tag{6.28}$$

通解为 $\omega = c_1 e^{ikr} + c_2 e^{-ikr}$, 即

$$U = c_1\frac{\cos kr}{r} + c_2\frac{\sin kr}{r}, \tag{6.29}$$

该式在 $r = 0$ 有奇性, 这与 Laplace 方程的基本解相同, 但在 (6.29) 中选择哪一项却比 Laplace 方程求基本解时的选择过程要复杂, 这取决于方程定解问题的提法.

现我们令 $c_2 = 0$ 去确定 c_1 以获得 Helmholtz 方程的一个基本解的具体表达式. 因 $U = c_1\dfrac{\cos kr}{r}$ 为基本解, 故有

$$\Delta U + k^2 U = -\delta\left(M - M_0\right). \tag{6.30}$$

以 M_0 为心, ε 为半径作球体 $B_{M_0}^\varepsilon$, 在 $B_{M_0}^\varepsilon$ 上对 (6.30) 求积得

$$\iiint\limits_{B_{M_0}^\varepsilon} \Delta U dV + k^2 \iiint\limits_{B_{M_0}^\varepsilon} U ds = -1. \tag{6.31}$$

由 Gauss 公式有

$$\iiint\limits_{B_{M_0}^\varepsilon} \Delta U dV = \oiint\limits_{\partial B_{M_0}^\varepsilon} \frac{\partial U}{\partial r} ds = \frac{-c_1 k\varepsilon\sin k\varepsilon - c_1\cos k\varepsilon}{\varepsilon^2} \cdot 4\pi\varepsilon^2,$$

故

$$\lim_{\varepsilon \to 0} \iiint\limits_{B_{M_0}^\varepsilon} \Delta U dV = -4\pi c_1. \tag{6.32}$$

另外因 $|U| \leqslant \dfrac{|c_1|}{r}$, 故 $\iiint\limits_{B_{M_0}^\varepsilon} U dV$ 可积, 且

$$\iiint\limits_{B_{M_0}^\varepsilon} U dV = c_1 \int_0^{2\pi} d\varphi \int_0^\pi d\theta \int_0^\varepsilon \frac{\cos kr}{r} r^2 \sin\theta dr$$

$$= 4\pi c_1 \int_0^\varepsilon r\cos kr dr$$

$$= 4\pi c_1 \left[\frac{\varepsilon}{k}\sin k\varepsilon - \frac{1}{k^2}\left(1 - \cos k\varepsilon\right) \right],$$

因此

$$\lim_{\varepsilon \to 0} \iiint\limits_{B_{M_0}^\varepsilon} U dV = 0. \tag{6.33}$$

将 (6.32), (6.33) 代入 (6.31) 便有

$$4\pi c_1 = 1, \quad \text{此即} \quad c_1 = \frac{1}{4\pi},$$

所以 $U = \dfrac{\cos kr}{4\pi r_{MM_0}}$ 为 Helmholtz 方程的基本解.

综上所述, 我们给出基本解的定义如下: 称满足微分方程

$$L[u] = -\delta\left(M - M_0\right)$$

的特解 U 为方程 $L[u] = f$ 的基本解, 其中 L 是关于变量 (x, y, z) 的常系数线性微分算子, 当 $M \neq M_0$ 时, 函数 $u(M, M_0)$ 处处满足齐次方程 $L[u] = 0$, 而在 $M = M_0$ 处函数本身或它的某阶导数有奇性.

例 6.1 求二维 Laplace 方程 $\Delta u = 0$ 的基本解.

解 仿三维问题, 我们考虑

$$\Delta u = -\delta\left(x - x_0, y - y_0\right)$$

的一个特解 $U(x, y)$. 上式表明在 $M(x, y) \neq M_0(x_0, y_0)$ 时有 $\Delta U = 0$, 将方程写成极坐标形式, 并讨论其径对称解, 即 U 与 θ 无关的解, 微积分告诉我们在极坐标下有

$$\Delta U = \frac{1}{r}\frac{\partial}{\partial r}\left(r\frac{\partial u}{\partial r}\right) + \frac{1}{r^2}\frac{\partial^2 u}{\partial \theta^2}.$$

于是我们求解的方程为

$$\frac{1}{r}\frac{\partial}{\partial r}\left(r\frac{\partial u}{\partial r}\right)=0,\quad r>0,$$

其中 $r=r_{MM_0}=\sqrt{(x-x_0)^2+(y-y_0)^2}$.

解得通解

$$U=A\ln r+B.$$

现以 M_0 为心, ε 为半径作圆 $B_{M_0}^\varepsilon$, 在其上 Green 公式为

$$\iint\limits_{B_{M_0}^\varepsilon}\Delta U d\sigma=\oint_{\partial B_{M_0}^\varepsilon}\frac{\partial U}{\partial n}ds,$$

$\boldsymbol{n}$ 为圆 $B_{M_0}^\varepsilon$ 的边界曲线 $\partial B_{M_0}^\varepsilon$ 的外法线方向. 于是

$$\oint_{\partial B_{M_0}^\varepsilon}\frac{\partial U}{\partial n}ds=-\iint\limits_{B_{M_0}^\varepsilon}\delta\left(x-x_0,y-y_0\right)d\sigma=-1.$$

而

$$\oint_{\partial B_{M_0}^\varepsilon}\frac{\partial U}{\partial n}ds=\oint_{\partial B_{M_0}^\varepsilon}\frac{\partial U}{\partial r}ds=\frac{A}{\varepsilon}\cdot2\pi\varepsilon=2\pi A,$$

因此 $A=-\dfrac{1}{2\pi}$, 再取 $B=0$ 得一特解

$$U=\frac{1}{2\pi}\ln\frac{1}{r_{MM_0}},$$

这便得到二维 Laplace 方程的基本解.

6.3　调和函数的基本积分表达式和一些基本性质

6.3.1　调和函数的基本积分表达式

在 Gauss 公式

$$\iiint\limits_{\Omega}\left(\frac{\partial P}{\partial x}+\frac{\partial Q}{\partial y}+\frac{\partial R}{\partial z}\right)dV=\oiint\limits_{\partial\Omega}\left(P\cos\alpha+Q\cos\beta+R\cos\gamma\right)ds$$

中取 $P = u\dfrac{\partial v}{\partial x}, Q = u\dfrac{\partial v}{\partial y}, R = u\dfrac{\partial v}{\partial z}$, 有

$$\iiint\limits_{\Omega} u\Delta v dV + \iiint\limits_{\Omega} \nabla u \nabla v dV = \oiint\limits_{\partial\Omega} u\frac{\partial v}{\partial n} ds, \tag{6.34}$$

此处要求 u, v 具有连续的二阶偏导数, $\boldsymbol{n}$ 为 $\partial\Omega$ 的外法线方向, (6.34) 称为第一 Green 公式, 交换 u, v 得另一个第一 Green 公式

$$\iiint\limits_{\Omega} v\Delta u dV + \iiint\limits_{\Omega} \nabla u \nabla v dV = \oiint\limits_{\partial\Omega} v\frac{\partial u}{\partial n} ds. \tag{6.35}$$

由 (6.34), (6.35) 得第二 Green 公式

$$\iiint\limits_{\Omega} (u\Delta v - v\Delta u)\, dV = \oiint\limits_{\partial\Omega} \left(u\frac{\partial v}{\partial n} - v\frac{\partial u}{\partial n} \right) ds. \tag{6.36}$$

我们已经知道 $U = \dfrac{1}{4\pi r_{MM_0}}$ 满足 $\Delta U = -\delta\,(M-M_0)$, 因此, 当取 $v = U$ 时, 由于 U 在 M_0 点具有奇性, 故 (6.36) 应写为

$$\iiint\limits_{\Omega \backslash B_{M_0}^{\varepsilon}} (u\Delta U - U\Delta u)\, dV = \oiint\limits_{\partial\Omega \bigcup \partial B_{M_0}^{\varepsilon}} \left(u\frac{\partial U}{\partial n} - U\frac{\partial u}{\partial n} \right) ds, \tag{6.37}$$

此处 $B_{M_0}^{\varepsilon} \subset \Omega$. 显然 (6.37) 左端积分为 0, 再根据积分可加性有

$$\oiint\limits_{\partial\Omega} \left(u\frac{\partial U}{\partial n} - U\frac{\partial u}{\partial n} \right) ds + \oiint\limits_{\partial B_{M_0}^{\varepsilon}} \left(u\frac{\partial U}{\partial n} - U\frac{\partial u}{\partial n} \right) ds = 0, \tag{6.38}$$

而

$$\oiint\limits_{\partial B_{M_0}^{\varepsilon}} u\frac{\partial U}{\partial n} ds = -\oiint\limits_{\partial B_{M_0}^{\varepsilon}} u\frac{\partial U}{\partial r} ds = \frac{1}{4\pi\varepsilon^2} \oiint\limits_{\partial B_{M_0}^{\varepsilon}} u ds = \overline{u_{[\partial B_{M_0}^{\varepsilon}]}}, \tag{6.39}$$

称 $\overline{u_{[\partial B_{M_0}^{\varepsilon}]}}$ 为函数 u 在球面 $\partial B_{M_0}^{\varepsilon}$ 上的平均值, 显然

$$\lim_{\varepsilon \to 0} \overline{u_{[\partial B_{M_0}^{\varepsilon}]}} = u\,(M_0).$$

又

$$-\oiint\limits_{\partial B_{M_0}^{\varepsilon}} U\frac{\partial u}{\partial n} ds = \oiint\limits_{\partial B_{M_0}^{\varepsilon}} \frac{1}{4\pi r}\frac{\partial u}{\partial r} ds = \varepsilon\frac{\overline{\partial u}}{\partial r}\bigg|_{[\partial B_{M_0}^{\varepsilon}]}, \tag{6.40}$$

故

$$\lim_{\varepsilon \to 0} \oiint_{\partial B_{M_0}^\varepsilon} U \frac{\partial u}{\partial n} ds = 0.$$

将 (6.39) 和 (6.40) 代入 (6.38), 并令 $\varepsilon \to 0$ 得

$$u(M_0) = -\frac{1}{4\pi} \oiint_{\partial \Omega} \left(u \frac{\partial}{\partial n} \left(\frac{1}{r_{MM_0}} \right) - \frac{1}{r_{MM_0}} \frac{\partial u}{\partial n} \right) ds, \tag{6.41}$$

称 (6.41) 为调和函数的基本积分表达式, 它表示在区域 Ω 内的任一点 M_0 的值可以用其在边界 $\partial \Omega$ 上的函数 u 和沿边界的外法向导数 $\dfrac{\partial u}{\partial n}$ 的积分表示, 该表达式具有广泛的应用价值, 是研究调和函数性质的基础. 类似地还可以证明

$$-\frac{1}{4\pi} \oiint_{\partial \Omega} \left(u \frac{\partial}{\partial n} \left(\frac{1}{r_{MM_0}} \right) - \frac{1}{r_{MM_0}} \frac{\partial u}{\partial n} \right) ds = \begin{cases} \dfrac{1}{2} u(M_0), & M_0 \in \partial \Omega, \\ 0, & M_0 \notin \partial \Omega. \end{cases}$$

若函数 u 在 $\overline{\Omega}$ 上存在连续的一阶偏导数, 且在 Ω 内满足 Poisson 方程 $\Delta u = -f$, 则从第二 Green 公式作与公式 (6.41) 类似的推导, 可证明

$$u(M_0) = -\frac{1}{4\pi} \oiint_{\partial \Omega} \left(u \frac{\partial}{\partial n} \left(\frac{1}{r_{MM_0}} \right) - \frac{1}{r_{MM_0}} \frac{\partial u}{\partial n} \right) ds + \frac{1}{4\pi} \iiint_{\Omega} \frac{f}{r_{MM_0}} dV.$$

6.3.2 调和函数的基本性质

1. Neumann 问题有解的必要性条件

定理 6.1 设函数 $u(M)$ 在以 $\partial \Omega$ 为界的区域 Ω 内调和且 $u \in C^1(\overline{\Omega})$, 则

$$\oiint_{\partial \Omega} \frac{\partial u}{\partial n} ds = 0. \tag{6.42}$$

于是在研究 Neumann 问题 $\begin{cases} \Delta u = 0, & M \in \Omega \\ \dfrac{\partial u}{\partial n}\Big|_{\partial \Omega} = \varphi \end{cases}$ 时, 必须满足 $\oiint_{\partial \Omega} \varphi ds = 0$, 故称此条件为 Neumann 问题有解的必要性条件.

证明 在第二 Green 公式 (6.36) 中, 取 $v = 1$ 便得 (6.42).

2. 调和函数的平均值定理

定理 6.2 调和函数在以 M_0 为心, R 为半径的球面上的平均值等于其在球心的值, 即

$$u(M_0) = \frac{1}{4\pi R^2} \oiint\limits_{\partial B_{M_0}^R} u\,ds. \tag{6.43}$$

证明 将基本积分表达式 (6.41) 中的 $\partial \Omega$ 换为 $\partial B_{M_0}^R$ 有

$$u(M_0) = -\frac{1}{4\pi} \oiint\limits_{\partial B_{M_0}^R} \left[u\frac{\partial}{\partial r}\left(\frac{1}{r}\right) - \frac{1}{r}\frac{\partial u}{\partial r} \right] ds$$

$$= \frac{1}{4\pi R^2} \oiint\limits_{\partial B_{M_0}^R} u\,ds + \frac{1}{4\pi R} \oiint\limits_{\partial B_{M_0}^R} \frac{\partial u}{\partial r}\,ds,$$

根据定理 6.1 $\oiint\limits_{\partial B_{M_0}^R} \dfrac{\partial u}{\partial r}\,ds = 0$ 知结论得证.

定理 6.3 调和函数在以 M_0 为心, R 为半径的球体 $B_{M_0}^R$ 上的平均值等于其在球心的值, 即

$$u(M_0) = \frac{3}{4\pi R^3} \iiint\limits_{B_{M_0}^R} u\,dV.$$

证明 在第二 Green 公式

$$\iiint\limits_{\Omega} (u\Delta v - v\Delta u)\,dV = \oiint\limits_{\partial \Omega} \left(u\frac{\partial v}{\partial n} - v\frac{\partial u}{\partial n} \right) ds$$

中, 取 $\Omega = B_{M_0}^R, v = r^2$ 并注意到 $\Delta u = 0$ 且 $\Delta r^2 = 6$, 于是有

$$6 \iiint\limits_{B_{M_0}^R} u\,dV = \oiint\limits_{\partial B_{M_0}^R} \left(u\frac{\partial r^2}{\partial r} - r^2\frac{\partial u}{\partial n} \right) ds$$

$$= 2R \oiint\limits_{\partial B_{M_0}^R} u\,ds - R^2 \oiint\limits_{\partial B_{M_0}^R} \frac{\partial u}{\partial n}\,ds,$$

因

$$\oiint\limits_{\partial B_{M_0}^R} u\,ds = 4\pi R^2 u(M_0), \quad \oiint\limits_{\partial B_{M_0}^R} \frac{\partial u}{\partial n}\,ds = 0,$$

所以

$$6 \iiint\limits_{B_{M_0}^R} u dV = 8\pi R^3 u(M_0),$$

结论得证.

3. 调和函数的极值定理

定理 6.4　有界连通域 Ω 内的调和函数 u, 若在闭区域 $\overline{\Omega}$ 上连续, 且不为常数, 则其最大、最小值在边界 $\partial\Omega$ 上取得.

证明　用反证法. 设有某调和函数 u 在 Ω 内某点 Q_0 上达到最大值 (关于最小值的结论只要考察 $-u$ 即可), 我们证明在 $\overline{\Omega}$ 上处处取得最大值, 故 u 为常数, 与假设矛盾.

作以 Q_0 为心, r_0 为半径的球面 $\partial B_{Q_0}^R \subset \Omega$, 于是在球面 $\partial B_{Q_0}^R$ 上任意点 Q_1, 均有 $u(Q_1) \leqslant u(Q_0)$, 现证该式中不等号不能成立, 因为必有一点 $Q \in \partial B_{Q_0}^R$, 且 $u(Q) < u(Q_0)$(否则在球面 $\partial B_{Q_0}^R$ 上处处有 $u(Q) = u(Q_0)$), 则由 u 的连续性知, 必存在 Q 的一个邻域 $S \subset \partial B_{Q_0}^R$, 使在 S 上处处有 $u(Q) < u(Q_0)$, 于是

$$u(Q_0) = \frac{1}{4\pi r_0^2} \oiint\limits_{\partial B_{Q_0}^R} u(Q)\, ds = \frac{1}{4\pi r_0^2} \left[\iint\limits_{s} u(Q)\, ds + \iint\limits_{\partial B_{Q_0}^R \setminus s} u(Q)\, ds \right],$$

由于

$$\iint\limits_{s} u(Q)\, ds < u(Q_0) \iint\limits_{s} ds,$$

$$\iint\limits_{\partial B_{Q_0}^R \setminus S} u(Q)\, ds \leqslant u(Q_0) \iint\limits_{\partial B_{Q_0}^R \setminus S} ds,$$

于是 $u(Q_0) < u(Q_0)$. 这矛盾说明在球面 $\partial B_{Q_0}^R$ 上处处有 $u(Q) = u(Q_0)$.

由 r_0 的任意性知, $u(Q)$ 在球体 $B_{Q_0}^{r_0}$ 上必处处等于 $u(Q_0)$. 现任给一点 $P \in \Omega$, 由于 Ω 为连通域, 故可在 Ω 内作一条折线连接 Q_0 和 P, 根据上述讨论, 总有这条折线上的点在球体 $B_{Q_0}^{r_0}$ 内, 并且该点的值为 $u(Q_0)$, 以该点为心, 沿这条折线不断重复上述做法, 经有限步可以使以该折线的点为球心的一个球体包含 P, 因此 $u(P) = u(Q_0)$, 由 P 的任意性知, 在有界连通域 Ω 内 u 为常数, 再根据 u 的连续性知, u 在 $\overline{\Omega}$ 上为常数, 这与定理条件矛盾, 从而 u 不能在 Ω 内部取得最大值, 但有界闭域上的连续函数必有最大值, 故这个最大值必在边界 $\partial\Omega$ 上取得.

推论 6.1　若在有界域 Ω 内的调和函数在闭区域 $\overline{\Omega}$ 上连续, 且满足 $u|_{\partial\Omega} = K$(常数), 则在 Ω 内有 $u \equiv K$.

推论 6.2 Laplace 方程第一边值问题的解是唯一的, 并且连续依赖于边值函数 (稳定性).

证明 在推论 6.1 中取 $K = 0$, 即得唯一性. 现证稳定性, 现设 u_1, u_2 为两个调和函数, 且在边界 $\partial\Omega$ 上分别为 φ_1, φ_2, 且 $|\varphi_1 - \varphi_2| < \varepsilon$, 即 $-\varepsilon < \varphi_1 - \varphi_2 < \varepsilon$, 则调和函数 $u = u_1 - u_2$ 在边界 $\partial\Omega$ 上为 $\varphi_1 - \varphi_2$, 由极值定理, 在 Ω 内应有

$$-\varepsilon < u_1 - u_2 < \varepsilon,$$

此即说明 Laplace 方程第一边值问题的解连续依赖于边值函数, 或者说解对边值是稳定的.

推论 6.3 Laplace 方程 Dirichlet 外问题

$$\begin{cases} \Delta u = 0, \quad M \notin \Omega, \\ u|_{\partial\Omega} = \varphi, \\ \lim_{r \to \infty} \sup_{|OM| = r} |u(M)| = 0 \end{cases}$$

至多只有一个解.

证明 设 u_1, u_2 为问题的两个解, 则 $u = u_1 - u_2$ 满足

$$\begin{cases} \Delta u = 0, \quad M \notin \Omega, \\ u|_{\partial\Omega} = 0, \\ \lim_{r \to \infty} \sup_{|OM| = r} |u(M)| = 0. \end{cases}$$

由条件 $\lim_{r \to \infty} \sup_{|OM| = r} |u(M)| = 0$, 则对任给的 $\varepsilon > 0$, 存在 $R > 0$, 当 $r = |OM| \geqslant R$ 时, 必有 $|u(M)| < \varepsilon$, 现作球 B_O^R, 取 R 足够大, 使得 $B_O^R \supset \Omega$, 那么在 ∂B_O^R 和 $\partial\Omega$ 所围的空腔体内应用极值定理知, $|u(M)| < \varepsilon$, 由 ε 的任意性知 $u = u_1 - u_2 = 0$.

6.4 Laplace 方程 Dirichlet 问题的 Green 函数

6.4.1 Green 函数

由调和函数的基本积分表达式

$$u(M_0) = \frac{1}{4\pi} \oiint_{\partial\Omega} \left[\frac{1}{r_{MM_0}} \frac{\partial u}{\partial n} - u \frac{\partial}{\partial n} \left(\frac{1}{r_{MM_0}} \right) \right] ds \tag{6.44}$$

可见, 对 Dirichlet 问题 $\begin{cases} \Delta u = 0, \quad M \in \Omega, \\ u|_{\partial\Omega} = \varphi, \end{cases}$ (6.44) 右端积分的被积函数中 $\left. \dfrac{\partial u}{\partial n} \right|_{\partial\Omega}$ 是未知的, 因此不能用此公式求解, 为此我们要设法消去这一项.

若在第二 Green 公式

$$\iiint\limits_{\Omega} (u\Delta v - v\Delta u)\, dV = \oiint\limits_{\partial\Omega} \left(u\frac{\partial v}{\partial n} - v\frac{\partial u}{\partial n} \right) ds$$

中, 取 $v = g(M, M_0)$ 为调和函数, 即 $\Delta g = 0$, 则有

$$0 = \oiint\limits_{\partial\Omega} \left(u\frac{\partial g}{\partial n} - g\frac{\partial u}{\partial n} \right) ds, \tag{6.45}$$

此式与基本积分表达式 (6.44) 相减得

$$u(M_0) = -\oiint\limits_{\partial\Omega} \left[u\frac{\partial}{\partial n}\left(\frac{1}{4\pi r_{MM_0}} - g \right) - \left(\frac{1}{4\pi r_{MM_0}} - g \right)\frac{\partial u}{\partial n} \right] ds. \tag{6.46}$$

若再令 $g|_{\partial\Omega} = \dfrac{1}{4\pi r_{MM_0}}\Big|_{\partial\Omega}$, 则有

$$u(M_0) = -\oiint\limits_{\partial\Omega} u\frac{\partial}{\partial n}\left(\frac{1}{4\pi r_{MM_0}} - g \right) ds, \tag{6.47}$$

记 $G(M, M_0) = \dfrac{1}{4\pi r_{MM_0}} - g(M, M_0)$, 则 (6.47) 式可写成

$$u(M_0) = -\oiint\limits_{\partial\Omega} u\frac{\partial G}{\partial n} ds. \tag{6.48}$$

于是对 Laplace 方程 Dirichlet 问题

$$\begin{cases} \Delta u = 0, & M \in \Omega, \\ u|_{\partial\Omega} = \varphi, \end{cases}$$

其解可以表示为

$$u(M_0) = -\oiint\limits_{\partial\Omega} \varphi\frac{\partial G}{\partial n} ds. \tag{6.49}$$

我们称 $G(M, M_0)$ 为 Laplace 方程 Dirichlet 问题的 Green 函数, 显然 $G(M, M_0)$ 满足

$$\begin{cases} \Delta G = 0, & M \neq M_0, \\ G|_{\partial\Omega} = 0. \end{cases} \tag{6.50}$$

或等价地有

$$\begin{cases} \Delta g = 0, \quad M \in \Omega, \\ g|_{\partial\Omega} = \dfrac{1}{4\pi r_{MM_0}}\Big|_{\partial\Omega}. \end{cases}$$

6.4.2 Green 函数的性质

Green 函数有如下的一些性质.

定理 6.5 Green 函数满足不等式

$$0 < G(M, M_0) < \frac{1}{4\pi r_{MM_0}}.$$

证明 由 Green 函数的定义

$$G(M, M_0) = \frac{1}{4\pi r_{MM_0}} - g(M, M_0)$$

可见, 当 $M \to M_0$ 时, $\dfrac{1}{4\pi r_{MM_0}} \to \infty$, 而 g 为调和函数, 且由极值原理, 其最大、最小值在边界上取得, 即为 $\dfrac{1}{4\pi r_{MM_0}}$ 在 $\partial\Omega$ 上的最大、最小值, 故在 Ω 内 $g > 0$, 从而 $G(M, M_0) < \dfrac{1}{4\pi r_{MM_0}}$. 现在 Ω 内作以 M_0 为心, ε 为半径的球 $B_{M_0}^{\varepsilon} \subset \Omega$, 在 $\Omega \setminus B_{M_0}^{\varepsilon}$ 上 $\Delta G = 0$, 由极值原理, 其最小值应在边界 $\partial\Omega \cup \partial B_{M_0}^{\varepsilon}$ 上取得, 而 $G|_{\partial\Omega} = 0$, 故在 $\partial B_{M_0}^{\varepsilon}$ 上

$$G(M, M_0)|_{\partial B_{M_0}^{\varepsilon}} = \left[\frac{1}{4\pi r_{MM_0}} - g\right]_{\partial B_{M_0}^{\varepsilon}}.$$

由于 $\dfrac{1}{4\pi r_{MM_0}} = \dfrac{1}{4\pi\varepsilon}$, 当 $\varepsilon \to 0$ 时而趋于无穷大, 而 g 为有界值, 故当 $\varepsilon \to 0$ 时, $G(M, M_0) > 0$, 证毕.

定理 6.6 Green 函数满足 $\oiint\limits_{\partial\Omega} \dfrac{\partial G}{\partial n} ds = -1$.

证明 在 $\Omega \setminus B_{M_0}^{\varepsilon}$ 上取 $u = G$, 应用第二 Green 公式

$$\iiint\limits_{\Omega \setminus B_{M_0}^{\varepsilon}} (v\Delta G - G\Delta v)\, dV = \oiint\limits_{\partial\Omega \cup \partial B_{M_0}^{\varepsilon}} \left(v\frac{\partial G}{\partial n} - G\frac{\partial v}{\partial n}\right) ds,$$

取 $v = 1$ 有

$$0 = \oiint_{\partial\Omega\cup\partial B^{\varepsilon}_{M_0}} \frac{\partial G}{\partial n} ds = \oiint_{\partial\Omega} \frac{\partial G}{\partial n} ds + \oiint_{\partial B^{\varepsilon}_{M_0}} \frac{\partial G}{\partial n} ds. \tag{6.51}$$

现计算 (6.51) 右端第二项

$$\oiint_{\partial B^{\varepsilon}_{M_0}} \frac{\partial G}{\partial n} ds = -\oiint_{\partial B^{\varepsilon}_{M_0}} \frac{\partial G}{\partial r} ds = -\oiint_{\partial B^{\varepsilon}_{M_0}} \frac{\partial}{\partial r}\left(\frac{1}{4\pi r} - g\right) ds$$

$$= \frac{1}{4\pi\varepsilon^2} \oiint_{\partial B^{\varepsilon}_{M_0}} ds + \oiint_{\partial B^{\varepsilon}_{M_0}} \frac{\partial g}{\partial r} ds = 1, \tag{6.52}$$

此处应用了调和函数的性质, 即 $\oiint_{\partial B^{\varepsilon}_{M_0}} \frac{\partial g}{\partial r} ds = 0$, 将 (6.52) 代入 (6.51) 即得证.

定理 6.7　Green 函数关于 M 和 M_0 两点对称, 即

$$G(M, M_0) = G(M_0, M).$$

证明　设 $G(M, M_1)$ 与 $G(M, M_2)$ 为两个 Green 函数, 它们分别以 M_1, M_2 为奇点. 现分别以 M_1, M_2 为心, ε 为半径作两球 $B^{\varepsilon}_{M_1}\cup B^{\varepsilon}_{M_2}\subset\Omega$, 在 $\Omega\setminus(B^{\varepsilon}_{M_1}\cup B^{\varepsilon}_{M_2})$ 上应用第二 Green 公式

$$\iiint_{\Omega\setminus\left(B^{\varepsilon}_{M_1}\cup B^{\varepsilon}_{M_2}\right)} [G(M, M_1)\Delta G(M, M_2) - G(M, M_2)\Delta G(M, M_1)]\, dV$$

$$= \oiint_{\partial\Omega\cup\partial B^{\varepsilon}_{M_1}\cup\partial B^{\varepsilon}_{M_2}} \left[G(M, M_1)\frac{\partial G(M, M_2)}{\partial n} - G(M, M_2)\frac{\partial G(M, M_1)}{\partial n}\right] ds. \tag{6.53}$$

显然上式左端为 0, 而右端在 $\partial\Omega$ 上有

$$G(M, M_1)|_{\partial\Omega} = 0, \quad G(M, M_2)|_{\partial\Omega} = 0,$$

于是有

$$\lim_{\varepsilon\to 0} \oiint_{\partial B^{\varepsilon}_{M_1}\cup\partial B^{\varepsilon}_{M_2}} \left[G(M, M_1)\frac{\partial G(M, M_2)}{\partial n} - G(M, M_2)\frac{\partial G(M, M_1)}{\partial n}\right] ds = 0. \tag{6.54}$$

现考虑 $\partial B_{M_1}^{\varepsilon}$ 上的积分

$$\oiint_{\partial B_{M_1}^{\varepsilon}} \left[G(M,M_1) \frac{\partial G(M,M_2)}{\partial n} - G(M,M_2) \frac{\partial G(M,M_1)}{\partial n} \right] ds,$$

其第一项

$$\oiint_{\partial B_{M_1}^{\varepsilon}} G(M,M_1) \frac{\partial G(M,M_2)}{\partial n} ds$$

$$= \oiint_{\partial B_{M_1}^{\varepsilon}} \left(\frac{1}{4\pi r_{MM_1}} - g \right) \frac{\partial G(M,M_2)}{\partial n} ds$$

$$= \frac{1}{4\pi \varepsilon} \oiint_{\partial B_{M_1}^{\varepsilon}} \frac{\partial G(M,M_2)}{\partial n} ds - \oiint_{\partial B_{M_1}^{\varepsilon}} g \frac{\partial G(M,M_2)}{\partial n} ds$$

$$= \varepsilon \overline{\left[\frac{\partial G(M,M_2)}{\partial n} \right]}_{\partial B_{M_1}^{\varepsilon}} - 4\pi \varepsilon^2 \overline{\left[g \frac{\partial G(M,M_2)}{\partial n} \right]}_{\partial B_{M_1}^{\varepsilon}} \xrightarrow{\varepsilon \to 0} 0,$$

第二项

$$\oiint_{\partial B_{M_1}^{\varepsilon}} G(M,M_2) \frac{\partial G(M,M_1)}{\partial n} ds$$

$$= \oiint_{\partial B_{M_1}^{\varepsilon}} G(M,M_2) \frac{\partial}{\partial n} \left(\frac{1}{4\pi r_{MM_1}} - g \right) ds$$

$$= - \oiint_{\partial B_{M_1}^{\varepsilon}} G(M,M_2) \frac{\partial}{\partial r} \left(\frac{1}{4\pi r_{MM_1}} - g \right) ds$$

$$= \frac{1}{4\pi \varepsilon^2} \oiint_{\partial B_{M_1}^{\varepsilon}} G(M,M_2) ds + \oiint_{\partial B_{M_1}^{\varepsilon}} G(M,M_2) \frac{\partial g}{\partial n} ds$$

$$= \overline{[G(M,M_2)]}_{\partial B_{M_1}^{\varepsilon}} + 4\pi \varepsilon^2 \overline{\left[G(M,M_2) \frac{\partial g}{\partial n} \right]}_{\partial B_{M_1}^{\varepsilon}} \xrightarrow{\varepsilon \to 0} G(M_1,M_2),$$

其中 $\overline{[G]}_{\partial B_{M_1}^{\varepsilon}}$ 表示 G 在球面 $\partial B_{M_1}^{\varepsilon}$ 上的平均值, 同理可计算 (6.54) 在 $\partial B_{M_2}^{\varepsilon}$ 上的积分

$$\oiint_{\partial B^{\varepsilon}_{M_2}} \left[G\left(M, M_1\right) \frac{\partial G\left(M, M_2\right)}{\partial n} - G\left(M, M_2\right) \frac{\partial G\left(M, M_1\right)}{\partial n} \right] ds \xrightarrow{\varepsilon \to 0} -G\left(M_2, M_1\right),$$

将这些结果代入 (6.54) 有

$$G\left(M_1, M_2\right) - G\left(M_2, M_1\right) = 0.$$

证毕.

6.5　Helmholtz 方程 Dirichlet 问题的 Green 函数

已求得 Helmholtz 方程 $\Delta u + k^2 u = 0$ 的基本解为

$$U\left(M, M_0\right) = \frac{\cos k r_{MM_0}}{4\pi r_{MM_0}}, \tag{6.55}$$

记 $L = \Delta + k^2 I$, 则 Helmholtz 方程可写为

$$L\left[u\right] = 0.$$

类似于第二 Green 公式, 不难证明

$$\iiint_{\Omega} \left(uL\left[v\right] - vL\left[u\right]\right) dV = \oiint_{\partial\Omega} \left(u\frac{\partial v}{\partial n} - v\frac{\partial u}{\partial n}\right) ds. \tag{6.56}$$

若取 $v = U$, 则因为 U 有奇点, 故不能直接代入 (6.56), 如同调和函数的基本积分表达式的推导方法, 在 Ω 中挖掉球 $B^{\varepsilon}_{M_0}$, 在 $\Omega \setminus B^{\varepsilon}_{M_0}$ 中, 有

$$\iiint_{\Omega \setminus B^{\varepsilon}_{M_0}} \left(uL[U] - UL\left[u\right]\right) dV = \oiint_{\partial\Omega \cup \partial B^{\varepsilon}_{M_0}} \left(u\frac{\partial U}{\partial n} - U\frac{\partial u}{\partial n}\right) ds.$$

因在 $\Omega \setminus B^{\varepsilon}_{M_0}$ 上 $L\left[U\right] = L\left[u\right] = 0$, 故由积分的可加性得

$$\oiint_{\partial\Omega} \left(u\frac{\partial U}{\partial n} - U\frac{\partial u}{\partial n}\right) ds = -\oiint_{\partial B^{\varepsilon}_{M_0}} \left(u\frac{\partial U}{\partial n} - U\frac{\partial u}{\partial n}\right) ds$$

$$= \oiint_{\partial B^{\varepsilon}_{M_0}} \left(u\frac{\partial U}{\partial r} - U\frac{\partial u}{\partial r}\right) ds. \tag{6.57}$$

现计算 (6.57) 式右端积分

$$\oiint_{\partial B^{\varepsilon}_{M_0}} u\frac{\partial U}{\partial r} ds = \frac{-(k\varepsilon \sin k\varepsilon + \cos k\varepsilon)}{4\pi\varepsilon^2} \oiint_{\partial B^{\varepsilon}_{M_0}} u ds$$

$$= -(k\varepsilon\sin k\varepsilon + \cos k\varepsilon)\overline{u}\Big|_{\partial B_{M_0}^{\varepsilon}},$$

于是

$$\lim_{\varepsilon \to 0} \iint\limits_{\partial B_{M_0}^{\varepsilon}} u\frac{\partial U}{\partial r}ds = -u(M_0). \tag{6.58}$$

$$-\oiint\limits_{\partial B_{M_0}^{\varepsilon}} U\frac{\partial u}{\partial r}ds = -\frac{\cos k\varepsilon}{4\pi\varepsilon}\oiint\limits_{\partial B_{M_0}^{\varepsilon}} \frac{\partial u}{\partial r}ds = -\varepsilon\cos k\varepsilon\overline{\frac{\partial u}{\partial r}}\Big|_{\partial B_{M_0}^{\varepsilon}},$$

故

$$\lim_{\varepsilon \to 0} \iint\limits_{\partial B_{M_0}^{\varepsilon}} U\frac{\partial u}{\partial r}ds = 0. \tag{6.59}$$

将 (6.58), (6.59) 代入 (6.57) 得 Helmholtz 方程解的基本积分表达式

$$u(M_0) = -\oiint\limits_{\partial\Omega} \left(u\frac{\partial U}{\partial n} - U\frac{\partial u}{\partial n}\right)ds. \tag{6.60}$$

现寻求 Helmholtz 方程 Dirichlet 问题

$$\begin{cases} \Delta u + k^2 u = 0, & M \in \Omega, \\ u|_{\partial\Omega} = \varphi \end{cases} \tag{6.61}$$

的解. 为此需要在 (6.60) 式中消去第二个积分. 在 (6.56) 式中, 取 $v = g$ 满足 $L[g] = 0$, 于是 (6.56) 式变为

$$0 = \oiint\limits_{\partial\Omega} \left(u\frac{\partial g}{\partial n} - g\frac{\partial u}{\partial n}\right)ds. \tag{6.62}$$

由 (6.60) 式与 (6.62) 式得到

$$u(M_0) = -\oiint\limits_{\partial\Omega} \left[u\frac{\partial}{\partial n}(U - g) - (U - g)\frac{\partial u}{\partial n}\right]ds. \tag{6.63}$$

再令 g 满足

$$g|_{\partial\Omega} = U|_{\partial\Omega}, \tag{6.64}$$

并令

$$G(M, M_0) = U - g(M, M_0) = \frac{\cos k\varepsilon}{4\pi r_{MM_0}} - g(M, M_0), \tag{6.65}$$

并称 $G(M, M_0)$ 为 Helmholtz 方程 Dirichlet 问题的 Green 函数, 这时 (6.63) 为

$$u(M_0) = -\oiint_{\partial\Omega} u\frac{\partial}{\partial n}G(M, M_0)\,ds. \tag{6.66}$$

于是问题 (6.61) 的解为

$$u(M_0) = -\oiint_{\partial\Omega} \varphi(M)\frac{\partial}{\partial n}G(M, M_0)\,ds, \tag{6.67}$$

显然 $G(M, M_0)$ 满足

$$\begin{cases} L[G] = \delta(M - M_0), \\ G|_{\partial\Omega} = 0. \end{cases} \tag{6.68}$$

要求问题 (6.61) 的 Green 函数 $G(M, M_0)$ 时, 解 (6.68) 即可, 或等价地求解

$$\begin{cases} L[g] = 0, \\ g|_{\partial\Omega} = \dfrac{\cos kr_{MM_0}}{4\pi r_{MM_0}}\bigg|_{\partial\Omega}. \end{cases} \tag{6.69}$$

6.6　某些特殊区域上 Laplace 方程 Dirichlet 问题的解

6.5 节我们看到只要能求出对应问题的 Green 函数, 即可轻松地给出该问题解的积分表达式. 然而对于一般区域 Ω 来说, 求 Green 函数与求对应的定解问题具有同样的难度, 但对某些特殊区域, 我们却可以用初等方法求出 Green 函数.

6.6.1　半空间上三维 Laplace 方程 Dirichlet 问题

现考虑上半空间的问题

$$\begin{cases} \Delta u = 0, \quad -\infty < x, y < \infty, z > 0, \\ u|_{z=0} = \varphi(x, y). \end{cases} \tag{6.70}$$

在此问题中, 总是假设 $u(x, y, z)$ 在无穷远点是正则的, 即对求解区域上任给的一点 $M(x, y, z)$, 记其与已知点 $M_0(x_0, y_0, z_0)$ 的距离为 r_{MM_0}, 当 $r_{MM_0} \geqslant r_0 > 0$ 时有

$$|u| \leqslant \frac{A}{r_{MP}}, \quad \left|\frac{\partial u}{\partial x}\right| \leqslant \frac{A}{r_{MP}^2}, \quad \left|\frac{\partial u}{\partial y}\right| \leqslant \frac{A}{r_{MP}^2}, \quad \left|\frac{\partial u}{\partial z}\right| \leqslant \frac{A}{r_{MP}^2},$$

其中 A 为常数, P 为边界上的点, 此时 Green 函数的概念和问题 (6.70) 的求解公式在无界区域内亦成立. 现在先来求问题 (6.70) 在 $z > 0$ 上的 Green 函数, 由

电学相关知识知, $\dfrac{1}{4\pi r_{MM_0}}$ 为在 M_0 点的单位正电荷所产生电场的电势, 由物理学的量纲分析知 $g(M,M_0)$ 也应该为在全空间的某点放置某个电荷形成电场的电势, 显然电势仅是距离的函数. 如图 6.2 所示.

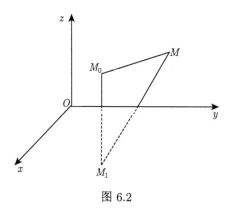

图 6.2

我们在 M_0 点放置单位正电荷, 由于要求 $G|_{z=0}=0$, 由初等几何知, 要使得到平面 $z=0$ 上的任何点 $P(x,y,0)$ 的距离都等于 r_{M_0P} 的点, 必为 M_0 关于 $z=0$ 的对称点 $M_1(x_0,y_0,-z_0)$, 且要放置单位负电荷, 其电场的电势 $g(M,M_0)=\dfrac{1}{4\pi r_{MM_1}}$, 于是 Green 函数为

$$G(M,M_0)=\frac{1}{4\pi}\left(\frac{1}{r_{MM_0}}-\frac{1}{r_{MM_1}}\right)$$

$$=\frac{1}{4\pi}\left[\frac{1}{\sqrt{(x-x_0)^2+(y-y_0)^2+(z-z_0)^2}}\right.$$

$$\left.-\frac{1}{\sqrt{(x-x_0)^2+(y-y_0)^2+(z+z_0)^2}}\right].$$

我们称 M_1 为 M_0 关于面 $z=0$ 的镜像点, 这种构造 Green 函数的方法称为静电源像法. 现求解问题 (6.70), 因

$$\frac{\partial G(M,M_0)}{\partial n}\bigg|_{\partial\Omega}=-\frac{\partial G(M,M_0)}{\partial z}\bigg|_{z=0}$$

$$=\frac{1}{2\pi}\frac{z_0}{\left[(x-x_0)^2+(y-y_0)^2+z_0^2\right]^{\frac{3}{2}}}.$$

因此问题 (6.70) 的解为

$$u(x_0, y_0, z_0) = \frac{z_0}{2\pi} \iint\limits_{\mathbf{R}^2} \frac{\varphi(x, y)\, dxdy}{\left[(x - x_0)^2 + (y - y_0)^2 + z_0^2\right]^{3/2}}. \tag{6.71}$$

6.6.2 球域上 Laplace 方程 Dirichlet 问题

现考虑三维 Laplace 方程在球域上的 Dirichlet 问题

$$\begin{cases} \Delta u = 0, & r < R, \\ u|_{r=R} = \phi(\theta, \varphi). \end{cases} \tag{6.72}$$

在球域 $B_0^R : x^2 + y^2 + z^2 < R^2$ (或 $r < R$) 上任取一点 $M_0(x_0, y_0, z_0)$, 连接 OM_0, 记 $\rho_0 = \overline{OM_0}$, 延长 OM_0 至 M_1(图 6.3), 记 $\rho_1 = \overline{OM_1}$, 使得满足 $\rho_0\rho_1 = R^2$, 称 $M_1(x_1, y_1, z_1)$ 为 M_0 关于球面 $r = R$ 的镜像点, 如同 6.6.1 节的问题, 我们在 M_1 放置 q 个电量的负电荷, 其在 $M(x, y, z)$ 点形成的电场的电势为

$$g(M, M_1) = \frac{q}{4\pi r_{MM_1}},$$

于是 Green 函数为

$$G(M, M_0) = \frac{1}{4\pi r_{MM_0}} - \frac{q}{4\pi r_{MM_1}}. \tag{6.73}$$

现确定 q 值. 根据 $G|_{M=P} = 0$, 故有 $q = \dfrac{r_{PM_1}}{r_{PM_0}}$, 其中 P 为球面 $r = R$ 上的任一点 (图 6.3), 显然 q 为如图 6.3 所示的 $\triangle OPM_0$ 与 $\triangle OPM_1$ 上两个边的比值. 然而由初等几何易知 $\triangle OPM_0 \sim \triangle OPM_1$, 故

$$\frac{R}{\rho_0} = \frac{\rho_1}{R} = \frac{r_{PM_1}}{r_{PM_0}},$$

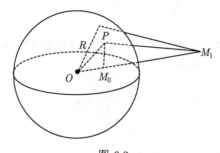

图 6.3

即 $q = \dfrac{R}{\rho_0}$, 将其代入 (6.73), 得到 Green 函数如下:

$$G\left(M,M_0\right) = \frac{1}{4\pi}\left[\frac{1}{\sqrt{\left(x - x_0\right)^2 + \left(y - y_0\right)^2 + \left(z - z_0\right)^2}}\right.$$

$$\left.-\frac{R/\rho_0}{\sqrt{\left(x - x_1\right)^2 + \left(y - y_1\right)^2 + \left(z - z_1\right)^2}}\right]$$

$$= \frac{1}{4\pi}\left[\frac{1}{\sqrt{r^2 + \rho_0^2 - 2r\rho_0\cos\nu}} - \frac{R/\rho_0}{\sqrt{r^2 + \rho_1^2 - 2r\rho_1\cos\nu}}\right],$$

现求定解问题 (6.72) 的解. 不难得到

$$\left.\frac{\partial G}{\partial n}\right|_{r=R} = \left.\frac{\partial G}{\partial r}\right|_{r=R} = -\frac{1}{4\pi R}\frac{R^2 - \rho_0^2}{\left[R^2 + \rho_0^2 - 2R\rho_0\cos\nu\right]^{3/2}},$$

此处 $\cos\nu$ 为 $\overrightarrow{OM_0}$ 与 $\overrightarrow{OP}$ 夹角的余弦, 计算如下:

$\overrightarrow{OM_0}$ 的单位向量为 $(\sin\theta_0\cos\varphi_0, \sin\theta_0\cos\varphi_0, \cos\theta_0)$;

$\overrightarrow{OP}$ 的单位向量为 $(\sin\theta\cos\varphi, \sin\theta\sin\varphi, \cos\theta)$.

于是这两个单位向量的点积便为 $\cos\nu$, 即

$$\cos\nu = \sin\theta\sin\theta_0\cos\left(\varphi - \varphi_0\right) + \cos\theta\cos\theta_0.$$

于是由 (6.49) 便得到问题 (6.72) 的解为

$$u\left(M_0\right) = \frac{1}{4\pi R}\iint\limits_{\partial B_0^R}\frac{\phi\left(\theta,\varphi\right)\left(R^2 - \rho_0^2\right)ds}{\left(R^2 + \rho_0^2 - 2R\rho_0\cos\upsilon\right)^{3/2}}$$

$$= \frac{R(R^2 - \rho_0^2)}{4\pi}\iint\limits_{\partial B_0^R}\frac{\phi\left(\theta,\varphi\right)\sin\theta d\theta d\varphi}{\left(R^2 + \rho_0^2 - 2R\rho_0\cos\upsilon\right)^{3/2}}, \tag{6.74}$$

通常称 (6.74) 为 Poisson 公式.

类似地, 我们可以用此方法求解半平面和圆域上 Laplace 方程的 Dirichlet 问题. 在例 6.1 中, 我们得到了二维 Laplace 方程的基本解

$$U = \frac{1}{2\pi}\ln\frac{1}{r_{MM_0}},$$

由此出发构造 Green 函数

$$G(M, M_0) = \frac{1}{2\pi} \ln \frac{1}{r_{MM_0}} - g(M, M_0),$$

其中 $r_{MM_0} = \sqrt{(x - x_0)^2 + (y - y_0)^2}$, $g(M, M_0)$ 为二维调和函数. 从而得到二维 Laplace 方程的 Dirichlet 问题

$$\begin{cases} \Delta u = 0, & (x, y) \in D, \\ u|_{\partial D} = \varphi, \end{cases}$$

解的积分表达式

$$u(M_0) = - \oint_{\partial D} \varphi(M) \frac{\partial G(M, M_0)}{\partial n} ds. \tag{6.75}$$

例 6.2　用 Green 函数法求解:

$$\begin{cases} \Delta u = 0, & -\infty < x < \infty, y > 0, \\ u|_{y=0} = \varphi. \end{cases}$$

解　类似上半空间的问题, 不难得到上半平面问题的 Green 函数为

$$G(M, M_0) = \frac{1}{2\pi} \ln \frac{1}{r_{MM_0}} - \frac{1}{2\pi} \ln \frac{1}{r_{MM_1}} = \frac{1}{2\pi} \ln \sqrt{\frac{(x - x_0)^2 + (y + y_0)^2}{(x - x_0)^2 + (y - y_0)^2}},$$

其中 $M_1(x_0, -y_0)$ 为 $M_0(x_0, y_0)$ 关于 x 轴的对称点.

$$\frac{\partial G(M, M_0)}{\partial n} \bigg|_{y=0} = - \frac{\partial G(M, M_0)}{\partial y} \bigg|_{y=0} = - \frac{1}{\pi} \frac{y_0}{(x - x_0)^2 + y_0^2},$$

于是得问题的解为

$$u(M_0) = \frac{1}{\pi} \int_{-\infty}^{\infty} \frac{y_0 \varphi(x) \, dx}{(x - x_0)^2 + y_0^2}.$$

例 6.3　用 Green 函数法求解圆域上的问题

$$\begin{cases} \Delta u = 0, & r < a, \\ u|_{r=a} = \varphi(\theta). \end{cases}$$

解　在圆域 $B_0^R : x^2 + y^2 < a^2$(或 $r < a$) 上任取一点 $M_0(x_0, y_0)$, 连接 OM_0, 记 $\rho_0 = \overline{OM_0}$, 延长 OM_0 至 M_1(图 6.4), 记 $\rho_1 = \overline{OM_1}$, 使得满足 $\rho_0 \rho_1 = a^2$, 称

$M_1(x_1, y_1)$ 为 M_0 关于圆周 $r = a$ 的镜像点, 类似球域上的问题, 我们在 M_1 放置 q 个电量的 "负电荷", 其在 $M(x, y)$ 点形成的电场的电势为

$$g(M, M_1) = \frac{1}{2\pi} \ln \frac{q}{r_{MM_1}},$$

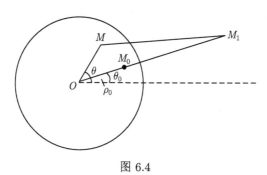

图 6.4

于是 Green 函数为

$$G(M, M_0) = \frac{1}{2\pi} \ln \frac{1}{r_{MM_0}} - \frac{1}{2\pi} \ln \frac{q}{r_{MM_1}}. \qquad (6.76)$$

现确定 q 值. 根据 $G|_{M=P} = 0$, 故有 $q = \dfrac{r_{PM_1}}{r_{PM_0}}$, 其中 P 为圆周 $r = a$ 上的任一点, 这是 $\triangle OPM_0$ 与 $\triangle OPM_1$ 上两个边的比值. 由初等几何易知 $\triangle OPM_0 \sim \triangle OPM_1$, 故

$$\frac{a}{\rho_0} = \frac{\rho_1}{a} = \frac{r_{PM_1}}{r_{PM_0}},$$

即 $q = \dfrac{a}{\rho_0}$, 将其代入 (6.76), 得到 Green 函数如下:

$$\begin{aligned}
G(M, M_0) &= \frac{1}{2\pi} \ln \frac{1}{\sqrt{(x - x_0)^2 + (y - y_0)^2}} - \frac{1}{2\pi} \ln \frac{a/\rho_0}{\sqrt{(x - x_1)^2 + (y - y_1)^2}} \\
&= \frac{1}{4\pi} \ln \frac{r^2 + \rho_1^2 - 2r\rho_1 \cos(\theta - \theta_0)}{r^2 + \rho_0^2 - 2r\rho_0 \cos(\theta - \theta_0)} - \frac{1}{2\pi} \ln \frac{a}{\rho_0},
\end{aligned}$$

注意到 $\rho_1 = \dfrac{a^2}{\rho_0}$, 于是有

$$\left. \frac{\partial G}{\partial n} \right|_{r=a} = \left. \frac{\partial G}{\partial r} \right|_{r=a} = -\frac{1}{2\pi a} \frac{a^2 - \rho_0^2}{a^2 + \rho_0^2 - 2a\rho_0 \cos(\theta - \theta_0)}, \qquad (6.77)$$

将 (6.77) 代入 (6.75) 得

$$u\left(\rho_0,\theta_0\right) = \frac{1}{2\pi} \int_0^{2\pi} \frac{(a^2 - \rho_0^2)\varphi(\theta)}{a^2 + \rho_0^2 - 2a\rho_0 \cos\left(\theta - \theta_0\right)} d\theta. \tag{6.78}$$

通常也称 (6.78) 为 Poisson 公式.

值得注意的是, 同所有其他方法获得的数学物理方程定解问题的解一样, 利用静电源像法得到的解仅仅是问题的形式解, 需要通过综合过程证明在某些条件下为古典解, 我们以球域上的 Poisson 公式为例, 阐述这一综合过程.

定理 6.8   设 $\phi \in C^0(\partial B_0^R)$, 则 Poisson 公式 (6.74) 给出了球域上 Dirichlet 问题 (6.72) 的古典解.

证明   为了证明由公式 (6.74) 表示的 $u\left(M_0\right)$ 为调和函数, 只需证明

$$\frac{R^2 - \rho_0^2}{(R^2 + \rho_0^2 - 2R\rho_0 \cos v)^{3/2}} = \frac{R^2 - \rho_0^2}{r^3} = \frac{R^2 - (x_0^2 + y_0^2 + z_0^2)}{\left[\left(x - x_0\right)^2 + \left(y - y_0\right)^2 + \left(z - z_0\right)^2\right]^{3/2}}$$

在 M_0 调和即可, 事实上, 上式关于 x_0, y_0, z_0 分别求二阶导数, 然后相加, 注意到 $R^2 = x^2 + y^2 + z^2$, 不难验证这一事实. 以下证明满足边界条件, 即证明对任意 $P \in \partial B_0^R$, 成立 $\lim\limits_{M_0 \to P} u\left(M_0\right) = \phi(P)$(即 $\lim\limits_{\rho_0 \to R} u\left(M_0\right) = \phi(P)$). 由 Green 函数的性质 $\oiint\limits_{\partial\Omega} \dfrac{\partial G}{\partial n} ds = -1$ 知, 在球面 ∂B_0^R 上有

$$\frac{1}{4\pi R} \oiint\limits_{\partial B_0^R} \frac{R^2 - \rho_0^2}{(R^2 + \rho_0^2 - 2R\rho_0 \cos v)^{3/2}} ds = 1,$$

因此

$$u\left(M_0\right) - \phi\left(P\right) = \frac{1}{4\pi R} \oiint\limits_{\partial B_0^R} \frac{(R^2 - \rho_0^2)\left[\phi\left(M\right) - \phi\left(Q\right)\right]}{(R^2 + \rho_0^2 - 2R\rho_0 \cos v)^{3/2}} ds,$$

$$\left|u\left(M_0\right) - \phi\left(P\right)\right| \leqslant \frac{1}{4\pi R} \oiint\limits_{\partial B_0^R} \frac{(R^2 - \rho_0^2)\left|\phi\left(M\right) - \phi\left(Q\right)\right|}{(R^2 + \rho_0^2 - 2R\rho_0 \cos v)^{3/2}} ds,$$

以 P 为心, 取很小的 $\delta > 0$ 为半径作一小球 B_P^δ, 则

$$\left|u\left(M_0\right) - \phi\left(P\right)\right| \leqslant \frac{1}{4\pi R} \oiint\limits_{\partial B_0^R \backslash B_P^\delta} \frac{(R^2 - \rho_0^2)\left|\phi\left(M\right) - \phi\left(P\right)\right|}{(R^2 + \rho_0^2 - 2R\rho_0 \cos v)^{3/2}} ds$$

$$\leqslant \frac{1}{4\pi R} \oiint_{\partial B_0^R \cap B_P^\delta} \frac{(R^2 - \rho_0^2)\,|\phi(M) - \phi(P)|}{(R^2 + \rho_0^2 - 2R\rho_0 \cos \upsilon)^{3/2}} ds.$$

因 $\phi(M)$ 在 ∂B_0^R 上连续, 故对任给的 $\varepsilon > 0$, 总可取 δ 充分小, 使在 $\partial B_0^R \cap B_P^\delta$ 上成立 $|\phi(M) - \phi(P)| < \varepsilon/2$, 因此有

$$\frac{1}{4\pi R} \oiint_{\partial B_0^R \cap B_P^\delta} \frac{(R^2 - \rho_0^2)\,|\phi(M) - \phi(P)|}{(R^2 + \rho_0^2 - 2R\rho_0 \cos \upsilon)^{3/2}} ds < \varepsilon/2,$$

对于这样确定的 δ, 当 $M \in \partial B_0^R \setminus B_P^\delta$ 时, 由其连续性知, $|u(M_0) - \phi(P)|$ 有界, 而 $\dfrac{R^2 - \rho_0^2}{(R^2 + \rho_0^2 - 2R\rho_0 \cos \upsilon)^{3/2}}$ 无奇性, 从而当 $|\rho_0 - R| < \delta$ 时, 有

$$\frac{1}{4\pi R} \oiint_{\partial B_0^R \setminus B_P^\delta} \frac{(R^2 - \rho_0^2)\,|\phi(M) - \phi(P)|}{(R^2 + \rho_0^2 - 2R\rho_0 \cos \upsilon)^{3/2}} ds < \varepsilon/2,$$

因此有 $|u(M_0) - \phi(P)| < \varepsilon$, 定理得证.

习 题 6

1. 证明二维 Laplace 方程 $\Delta u = 0$ 在极坐标下可写成

$$\frac{1}{r}\frac{\partial}{\partial r}\left(r\frac{\partial u}{\partial r}\right) + \frac{1}{r^2}\frac{\partial^2 u}{\partial \theta^2} = 0.$$

由此验证如下函数为调和函数:

(1) $\ln r$ 和 θ;

(2) $r^n \cos n\theta$ 和 $r^n \sin n\theta$;

(3) $r \ln r \cos \theta - r\theta \sin \theta$ 和 $r \ln r \sin \theta + r\theta \cos \theta$.

2. 证明三维 Laplace 方程 $\Delta u = 0$ 在球坐标下可写成

$$\frac{1}{r^2}\frac{\partial}{\partial r}\left(r^2\frac{\partial u}{\partial r}\right) + \frac{1}{r^2 \sin \theta}\frac{\partial}{\partial \theta}\left(\sin \theta \frac{\partial u}{\partial \theta}\right) + \frac{1}{r^2 \sin^2\theta}\frac{\partial^2 u}{\partial \varphi^2} = 0.$$

3. 从平面上的 Green 公式出发, 导出如下散度公式和第一、二 Green 公式:

(1) $\displaystyle\iint_D \Delta u \, d\sigma = \oint_{\partial D} \frac{\partial u}{\partial n} dl;$

(2) $\displaystyle\iint_D u\Delta v \, d\sigma + \iint_D \nabla u \nabla v \, d\sigma = \oint_{\partial D} u\frac{\partial v}{\partial n} dl;$

(3) $\iint\limits_{D} (u\Delta v - v\Delta u)\, d\sigma = \oint_{\partial D} \left(u\dfrac{\partial v}{\partial n} - v\dfrac{\partial u}{\partial n} \right) dl,$

其中 ∂D 为平面区域 D 的边界.

　　4. 设 $L\,[u] \equiv \Delta u + k^2 u$, 证明:

在三维情况下有

$$\iiint\limits_{\Omega} (uL\,[v] - vL\,[u])\, dV = \oiint_{\partial \Omega} \left(u\dfrac{\partial v}{\partial n} - v\dfrac{\partial u}{\partial n} \right) ds.$$

在二维情况下有

$$\iint\limits_{D} (uL\,[v] - vL\,[u])\, d\sigma = \oint_{\partial D} \left(u\dfrac{\partial v}{\partial n} - v\dfrac{\partial u}{\partial n} \right) dl,$$

其中 $\partial \Omega$ 为空间区域 Ω 的边界, ∂D 为平面区域 D 的边界.

　　5. 导出二维调和函数的基本积分表达式

$$u\,(M_0) = -\frac{1}{2\pi} \oint_{\partial D} \left[u\frac{\partial}{\partial n} \ln\left(\frac{1}{r_{MM_0}} \right) - \ln \frac{1}{r_{MM_0}} \frac{\partial u}{\partial n} \right] dl.$$

而对二维 Poisson 方程 $\Delta u = -f$, 证明

$$u\,(M_0) = \frac{1}{2\pi} \oint_{\partial D} \left[u\frac{\partial}{\partial n} \ln\left(\frac{1}{r_{MM_0}} \right) - \ln \frac{1}{r_{MM_0}} \frac{\partial u}{\partial n} \right] dl$$

$$+ \frac{1}{2\pi} \iint\limits_{D} \ln\left(\frac{1}{r_{MM_0}} \right) f\,(M)\, d\sigma.$$

　　6. 设二维函数 $u\,(x,y)$ 在以 ∂D 为边界区域 D 内调和, 且 $u \in C^2\,(\Omega) \cap C^0\,(\overline{\Omega})$, 证明

$$\oint_{\partial D} \frac{\partial u}{\partial n}\, dl = 0.$$

　　7. 若在习题 6 中取 D 为以 M_0 为心, R 为半径的圆, 证明

(1) $u\,(M_0) = \dfrac{1}{2\pi R} \oint_{\partial D} u\, dl;$

(2) $u\,(M_0) = \dfrac{1}{\pi R^2} \iint\limits_{D} u\, d\sigma.$

　　8. 证明二维调和函数的极值原理:

有界连通区域 D 内的调和函数 $u\,(x,y)$, 若在 $\overline{D}$ 上连续且不为常数, 则 $u\,(x,y)$ 的最大、最小值在 ∂D 上取得.

　　9. 证明二维 Laplace 方程 Dirichlet 问题的解连续地依赖于边界条件.

　　10. 设有三维 Poisson 方程的 Dirichlet 问题

$$\begin{cases} \Delta u = -f\,(M), & M \in \Omega, \\ u|_{\partial \Omega} = 0, \end{cases}$$

试用 Green 函数表示该问题的解, 对相应的二维问题, 给出解的表达式.

11. 对例 6.3 中求得的二维 Laplace 方程 Dirichlet 问题的 Green 函数 $G(M, M_0)$, 证明

(1) $0 < G(M, M_0) < \dfrac{1}{2\pi} \ln \dfrac{1}{r_{MM_0}}$;

(2) $\oint_{\partial D} \dfrac{\partial G}{\partial n} dl = -1$;

(3) $G(M, M_0) = G(M_0, M)$.

12. 在平面区域 $-\infty < x < \infty, y > 0$ 上求 Green 函数 $G(M, M_0)$.

$$\begin{cases} -\Delta G = \delta(x - x_0, y - y_0), \\ G|_{\partial \Omega} = 0. \end{cases}$$

13. 在平面区域 $y > 0, -\infty < x < \infty$ 上求解

$$\begin{cases} \Delta u = -f(M), & -\infty < x < \infty, \quad y > 0, \\ u|_{y=0} = \varphi(x). \end{cases}$$

14. 在圆域 $x^2 + y^2 < R^2$ 上求解

$$\begin{cases} \Delta u = -f(M), & r < R, \\ u|_{r=R} = \varphi. \end{cases}$$

15. 设 $u \in C^2(\Omega) \cap C^1(\overline{\Omega})$, $\Delta u + K^2 u = f(x, y, z)$, 其中 $f(x, y, z) \in C(\overline{\Omega})$ 为已知函数, $\partial \Omega$ 是 Ω 的边界, 设 $\boldsymbol{n}$ 为 $\partial \Omega$ 的外法向, 证明

(1) 当 $M(x, y, z) \in \Omega$ 时, 成立

$$u(x, y, z) = \frac{1}{4\pi} \oiint_{\partial \Omega} \left[\frac{\cos Kr}{r} \frac{\partial u}{\partial n} - u \frac{\partial}{\partial n} \left(\frac{\cos Kr}{r} \right) \right] ds - \frac{1}{4\pi} \iiint_{\Omega} \frac{\cos Kr}{r} f(M) dV.$$

(2) 当 $M(x, y, z)$ 在 Ω 的外部时, 成立

$$\frac{1}{4\pi} \oiint_{\partial \Omega} \left[\frac{\cos Kr}{r} \frac{\partial u}{\partial n} - u \frac{\partial}{\partial n} \left(\frac{\cos Kr}{r} \right) \right] ds - \frac{1}{4\pi} \iiint_{\Omega} \frac{\cos Kr}{r} f(M) dV = 0.$$

16. 设 u 为区域 Ω 中的二阶连续可微函数, 若对 Ω 中的任一球面 S 均成立:

$$\oiint_{S} \frac{\partial u}{\partial n} ds = 0,$$

证明 u 为区域 Ω 中的调和函数.

17. 应用第一 Green 公式证明三维 Laplace 方程 Robin 问题

$$\begin{cases} \Delta u = 0, & (x, y, z) \in \Omega, \\ \left. \left(\dfrac{\partial u}{\partial n} + \sigma u \right) \right|_{\partial \Omega} = f & (\sigma > 0) \end{cases}$$

解是唯一的.

第 7 章　发展型方程定解问题的适定性

前面已对发展型方程的典型代表——热传导方程和波动方程的初边值问题及初值问题研究了求解方法, 本章考虑这两个方程定解问题的适定性.

7.1　热传导方程初边值问题

现考虑热传导方程初边值问题

$$
\begin{cases}
u_t = a^2 u_{xx} + f(x,t), & 0 < x < l, \ t > 0, \\
u|_{t=0} = \varphi(x), & 0 \leqslant x \leqslant l, \\
u|_{x=0} = u_1(t), & u|_{x=l} = u_2(t), \quad t \geqslant 0.
\end{cases}
\tag{7.1}
$$

我们已经通过分离变量法得到了问题 (7.1) 的解, 故只要能够证明这解是唯一的和稳定的, 我们就证明了该问题是适定的. 对问题 (7.1), 显然如果杆的两端温度及初始温度不超过某数值 M 且内部无热源 ($f(x,t) = 0$), 则杆内就不可能产生大于 M 的温度, 这一物理现象在数学上就反映为问题 (7.1) 的极值原理.

考虑 (x,t) 平面上的区域 $D: 0 < x < l, 0 < t < T$, 定义区域的边界

$$
\Gamma = \{x = 0, \ 0 \leqslant t \leqslant T\} \cup \{x = l, \ 0 \leqslant t \leqslant T\} \cup \{t = 0, \ 0 \leqslant x \leqslant l\},
$$

则有如下极值原理.

定理 7.1(极值原理)　若函数 $u(x,t)$ 在闭区域 $\overline{D}$ 上有定义且连续, $\dfrac{\partial u}{\partial t}, \dfrac{\partial^2 u}{\partial x^2}$ 在 D 内存在、连续且满足 $u_t = a^2 u_{xx}$, 则 $u(x,t)$ 在 Γ 上达到 $\overline{D}$ 上的最大值和最小值, 其中 $\overline{D} = D \cup \Gamma$.

证明　由于 $u(x,t)$ 在 $\overline{D}$ 上连续, 故在 $\overline{D}$ 上必存在最大值和最小值. 现仅以最大值的情形证明该定理, 最小值情形证明类似, 下面我们采用反证法.

假设 $u(x,t)$ 在 $\overline{D}$ 上的最大值不在 Γ 上取得, 则必在 D 上取得, 即存在 $(x_0, t_0) \in D$ 使得 $u(x_0, t_0) = \max\limits_{\overline{D}} u(x,t) = M$, 又设 $m = \max\limits_{\Gamma} u(x,t)$, 则 $M > m$, 作函数

$$
v(x,t) = u(x,t) + \frac{M - m}{2T}(t_0 - t),
$$

其中 $t_0 - t \leqslant T$, 在 Γ 上有

$$v(x,t) \leqslant m + \frac{M-m}{2T}T = \frac{1}{2}(M+m) < M,$$

而 $v(x_0,t_0) = u(x_0,t_0) = M$, 因此 $v(x,t)$ 与 $u(x,t)$ 有相同的性质, 即都不在 Γ 上取得最大值, 于是必可在 D 上找到 (x_1,t_1) 使得 $v(x_1,t_1) = \max\limits_{D} v(x,t)$, 显然应该有

$$\frac{\partial^2 v}{\partial x^2} \leqslant 0, \quad \frac{\partial v}{\partial t} \geqslant 0 \left(\text{若 } t_1 < T, \text{则 } \frac{\partial v}{\partial t} = 0; \text{若 } t_1 = T, \text{则 } \frac{\partial v}{\partial t} \geqslant 0\right),$$

于是 $\dfrac{\partial v}{\partial t} - a^2 \dfrac{\partial^2 v}{\partial x^2} \geqslant 0$, 另一方面

$$\frac{\partial v}{\partial t} = \frac{\partial u}{\partial t} - \frac{M-m}{2T}, \quad \frac{\partial^2 v}{\partial x^2} = \frac{\partial^2 u}{\partial x^2},$$

所以

$$\frac{\partial v}{\partial t} - a^2 \frac{\partial^2 v}{\partial x^2} = \frac{\partial u}{\partial t} - \frac{M-m}{2T} - a^2 \frac{\partial^2 u}{\partial x^2} = -\frac{M-m}{2T} < 0,$$

这出现了矛盾, 这矛盾说明 $u(x,t)$ 不在 Γ 上取最大值是错误的.

定理 7.2 初边值问题 (7.1) 的解唯一且连续依赖于定解条件和自由项.

证明 唯一性. 设 (7.1) 有两个解 $u_1(x,t)$ 和 $u_2(x,t)$, 令 $u(x,t) = u_1(x,t) - u_2(x,t)$, 则 $u(x,t)$ 满足

$$\begin{cases} u_t = a^2 u_{xx}, & 0 < x < l, \ t > 0, \\ u|_{t=0} = 0, & 0 \leqslant x \leqslant l, \\ u|_{x=0} = u|_{x=l} = 0, & t \geqslant 0. \end{cases} \tag{7.2}$$

由极值原理知

$$\max_{\overline{D}} u(x,t) = \min_{\overline{D}} u(x,t) = 0,$$

所以 $u(x,t) \equiv 0$, 即 $u_1(x,t) = u_2(x,t)$.

解连续依赖于定解条件.

设 $u_1(x,t)$, $u_2(x,t)$ 分别满足如下定解问题

$$\begin{cases} u_{1t} = a^2 u_{1xx} + f(x,t), & 0 < x < l, t > 0, \\ u_1|_{t=0} = \varphi_1(x), & 0 \leqslant x \leqslant l, \\ u_1|_{x=0} = u_{11}(t), \quad u_1|_{x=l} = u_{12}(t), & t \geqslant 0, \end{cases} \tag{7.3}$$

$$\begin{cases} u_{2t} = a^2 u_{2xx} + f(x,t), & 0 < x < l, t > 0, \\ u_2|_{t=0} = \varphi_2(x), & 0 \leqslant x \leqslant l, \\ u_2|_{x=0} = u_{21}(t), \quad u_2|_{x=l} = u_{22}(t), & t \geqslant 0. \end{cases} \tag{7.4}$$

将问题 (7.3) 和问题 (7.4) 对应的方程相减, 并记 $u(x,t) = u_1(x,t) - u_2(x,t)$, 得到

$$\begin{cases} u_t = a^2 u_{xx}, & 0 < x < l, t > 0, \\ u|_{t=0} = \varphi_1(x) - \varphi_2(x), & 0 \leqslant x \leqslant l, \\ u|_{x=0} = u_{11}(t) - u_{21}(t), \quad u|_{x=l} = u_{12}(t) - u_{22}(t), & t \geqslant 0. \end{cases} \tag{7.5}$$

由极值原理, 对于任给的 $\varepsilon > 0$, 只要取 $\delta = \varepsilon > 0$,

$$|\varphi_1(x) - \varphi_2(x)| < \delta, \quad 0 \leqslant x \leqslant l,$$

$$|u_{11}(t) - u_{21}(t)| < \delta, \quad t \geqslant 0,$$

$$|u_{12}(t) - u_{22}(t)| < \delta, \quad t \geqslant 0,$$

则有

$$|u(x,t)| = |u_1(x,t) - u_2(x,t)| \leqslant \varepsilon, \quad (x,t) \in D.$$

为了讨论解对自由项的连续依赖性, 我们只需考虑如下问题:

$$\begin{cases} u_t = a^2 u_{xx} + f(x,t), & 0 < x < l, \ t > 0, \\ u|_{t=0} = 0, & 0 \leqslant x \leqslant l, \\ u|_{x=0} = u|_{x=l} = 0, & t \geqslant 0. \end{cases}$$

此处视 u 和 $f(x,t)$ 分别为解和自由项的扰动. 方程两端与 u_t 作内积有

$$\|u_t\|_{L_2}^2 = a^2 \int_0^l u_{xx} u_t dx + \int_0^l f(x,t) u_t dx,$$

因为

$$\int_0^l u_{xx} u_t dx = u_x u_t \big|_0^l - \int_0^l u_x u_{xt} dx = -\frac{1}{2}\frac{d}{dt}\int_0^l u_x^2 dx = -\frac{1}{2}\frac{d}{dt}\|u_x\|_{L_2}^2,$$

而由 Young 不等式知

$$\int_0^l f(x,t) u_t dx \leqslant \|u_t\|_{L_2}^2 + \frac{1}{4}\|f\|_{L_2}^2,$$

所以

$$\frac{1}{2}\frac{d}{dt}||u_x||_{L_2}^2 \leqslant \frac{1}{4}||f||_{L_2}^2,$$

所以根据初始条件有

$$||u_x||_{L_2}^2 \leqslant \frac{1}{2}\int_0^t ||f||_{L_2}^2 dt \leqslant \frac{T}{2}\max_{0\leqslant t\leqslant T}||f||_{L_2}^2.$$

因为

$$u(x,t) = \int_0^x u_x dx \quad 且 \quad u(x,t) = -\int_x^l u_x dx,$$

所以

$$u^2(x,t) = \left(\int_0^x u_x dx\right)^2 \leqslant \int_0^x dx \int_0^x u_x^2 dx = x\int_0^x u_x^2 dx,$$

又

$$u^2(x,t) = \left(-\int_x^l u_x dx\right)^2 \leqslant \int_x^l dx \int_x^l u_x^2 dx = (l-x)\int_x^l u_x^2 dx,$$

因此

$$(l-x)u^2(x,t) + xu^2(x,t) \leqslant (l-x)x\int_0^x u_x^2 dx + x(l-x)\int_x^l u_x^2 dx,$$

即

$$u^2(x,t) \leqslant \frac{1}{l}(l-x)x\int_0^l u_x^2 dx,$$

所以

$$||u||_{L_2}^2 \leqslant \frac{l^2}{6}||u_x||_L^2,$$

最后有

$$||u||_{L_2}^2 \leqslant \frac{l^2}{6}||u_x||_L^2 \leqslant \frac{Tl^2}{12}\max_{0\leqslant t\leqslant T}||f||_{L_2}^2,$$

由此可以得到初边值问题的解依 L_2 范数连续依赖于自由项, 我们还可以更进一步得到初边值问题的解依 L_∞ 范数连续依赖于自由项 (略).

7.2   热传导方程初值问题

考虑热传导方程 Cauchy(初值) 问题

$$
\begin{cases}
u_t = a^2 u_{xx}, & -\infty < x < \infty, t > 0, \\
u|_{t=0} = \varphi(x), & -\infty < x < \infty
\end{cases}
\tag{7.6}
$$

的适定性, 由积分变换法, 我们得到其形式解为

$$
u(x,t) = \frac{1}{2a\sqrt{\pi t}} \int_{-\infty}^{\infty} \varphi(\xi) e^{-\frac{(x-\xi)^2}{4a^2 t}} \, d\xi.
\tag{7.7}
$$

定理 7.3   若 $\varphi(x) \in C(-\infty, \infty)$ 且有界, 则 (7.7) 为问题 (7.6) 的解.

证明   首先证明在已知条件下, 广义积分 (7.7) 在 $t > 0$, $-\infty < x < +\infty$ 上收敛. 由假设知存在常数 $M > 0$, 使得对 $-\infty < x < +\infty$, $|\varphi(x)| \leqslant M$, 于是

$$
\left| \frac{\varphi(\xi)}{2a\sqrt{\pi t}} e^{-\frac{(x-\xi)^2}{4a^2 t}} \right| \leqslant M \frac{1}{2a\sqrt{\pi t}} e^{-\frac{(x-\xi)^2}{4a^2 t}},
$$

而

$$
\int_{-\infty}^{\infty} \frac{1}{2a\sqrt{\pi t}} e^{-\frac{(x-\xi)^2}{4a^2 t}} \, d\xi = 1,
$$

因此, 由优函数 (Weierstrass) 判别法知 (7.7) 的广义积分是收敛的, 且

$$
|u(x,t)| \leqslant \int_{-\infty}^{\infty} \frac{1}{2a\sqrt{\pi t}} |\varphi(\xi)| \, e^{-\frac{(x-\xi)^2}{4a^2 t}} \, d\xi \leqslant M.
$$

再证明 (7.7) 满足问题 (7.6) 中的方程, 这只要证明求关于 t 的一阶偏导数和关于 x 的二阶偏导数可以与广义积分交换, 且满足方程.

记广义积分的被积函数为

$$
V(x,t) = \frac{1}{2a\sqrt{\pi t}} \varphi(\xi) e^{-\frac{(x-\xi)^2}{4a^2 t}},
$$

直接关于 t 求一阶导数, 关于 x 求二阶导数, 不难验证 $V_t = a^2 V_{xx}$, 而要证明 $u(x,t)$ 关于 t 求一阶导数和关于 x 求二阶导数可以与广义积分交换进行, 则必须证明 $\int_{-\infty}^{\infty} V_t d\xi$ 和 $\int_{-\infty}^{\infty} V_{xx} d\xi$ 一致收敛, 我们仅证 $\int_{-\infty}^{\infty} V_t d\xi$ 一致收敛 (另一广义

积分的证明类似), 因为

$$V_t = \frac{-\varphi(\xi)}{4a\sqrt{\pi}}t^{-\frac{3}{2}}e^{-\frac{(x-\xi)^2}{4a^2t}} + \frac{\varphi(\xi)}{2a\sqrt{\pi t}}\frac{(x-\xi)^2}{4a^2t^2}e^{-\frac{(x-\xi)^2}{4a^2t}},$$

$$|V_t| \leqslant \frac{M}{4a\sqrt{\pi}}t^{-\frac{3}{2}}e^{-\frac{(x-\xi)^2}{4a^2t}} + \frac{M(x-\xi)^2}{8a^3}t^{-\frac{5}{2}}(x-\xi)^2,$$

而积分 $\displaystyle\int_{-\infty}^{\infty}e^{-\frac{(x-\xi)^2}{4a^2t}}d\xi$ 与 $\displaystyle\int_{-\infty}^{\infty}(x-\xi)^2 e^{-\frac{(x-\xi)^2}{4a^2t}}d\xi$ 均收敛, 所以 $\displaystyle\int_{-\infty}^{\infty}V_t d\xi$ 一致收敛. 最后证明 $u(x,t)$ 满足初始条件, 即证明对 $\forall x$, 当 $t \to 0$ 时, $u(x,t) \to \varphi(x)$, 注意到 $\dfrac{1}{2a\sqrt{\pi t}}\displaystyle\int_{-\infty}^{\infty}e^{-\frac{(x-\xi)^2}{4a^2t}}d\xi = 1$, 故

$$|u(x,t) - \varphi(x)| = \frac{1}{2a\sqrt{\pi t}}\int_{-\infty}^{\infty}\left|\varphi(\xi) - \varphi(x)\right|e^{-\frac{(x-\xi)^2}{4a^2t}}d\xi.$$

令 $\eta = \dfrac{x-\xi}{2a\sqrt{t}}$, 则 $d\xi = -2a\sqrt{t}d\eta$, 于是

$$|u(x,t) - \varphi(x)| \leqslant \frac{1}{\sqrt{\pi}}\int_{-\infty}^{\infty}\left|\varphi(x - 2a\sqrt{t}\eta) - \varphi(x)\right|e^{-\eta^2}d\eta.$$

由于上述右端广义积分一致收敛, 故对 $\forall \varepsilon > 0$, $\exists N$, 当 $|\eta| > N$ 时有

$$\frac{1}{\sqrt{\pi}}\int_{-\infty}^{-N}\left|\varphi(x - 2a\sqrt{t}\eta) - \varphi(x)\right|e^{-\eta^2}d\eta$$

$$\leqslant \frac{1}{\sqrt{\pi}} \cdot 2M \int_{-\infty}^{-N}e^{-\eta^2}d\eta < \frac{\varepsilon}{3},$$

同理 $\dfrac{1}{\sqrt{\pi}}\displaystyle\int_{N}^{\infty}\left|\varphi(x - 2a\sqrt{t}\eta) - \varphi(x)\right|e^{-\eta^2}d\eta < \dfrac{\varepsilon}{3}$. 由 $\varphi(x)$ 的连续性知, 对上面给出的 $\varepsilon > 0$, 当 $t \to 0$ 时, $\left|\varphi(x - 2a\sqrt{t}\eta) - \varphi(x)\right| < \dfrac{\varepsilon}{3}$, 所以

$$\frac{1}{\sqrt{\pi}}\int_{-N}^{N}\left|\varphi(x - 2a\sqrt{t}\eta) - \varphi(x)\right|e^{-\eta}d\eta$$

$$\leqslant \frac{\varepsilon}{3}\frac{1}{\sqrt{\pi}}\int_{-N}^{N}e^{-\eta^2}d\eta < \frac{\varepsilon}{3}.$$

综上所述, 当 $t \to 0$ 时,

$$|u(x,t) - \varphi(x)| \leqslant \frac{1}{\sqrt{\pi}} \left[\int_{-\infty}^{-N} + \int_{-N}^{N} + \int_{N}^{\infty} \right] \left| \varphi(x - 2a\sqrt{t}\eta) - \varphi(x) \right| \cdot e^{-\eta^2} d\eta$$

$$\leqslant \frac{\varepsilon}{3} + \frac{\varepsilon}{3} + \frac{\varepsilon}{3} = \varepsilon,$$

此即 $u|_{t=0} = \varphi(x)$, 这样就证明了当 $\varphi(x)$ 为 $(-\infty, \infty)$ 上的有界连续函数时 (7.7) 给出了问题 (7.6) 的古典解.

可以进一步证明, 当 $t > 0$ 时, $u(x,t)$ 关于 x 是解析的. 由于无限长杆的热传导问题的解 $u(x,t)$ 是有界的, 即存在 $B > 0$, 使对任何 $t \geqslant 0, -\infty < x < +\infty$, 有

$$|u(x,t)| \leqslant B.$$

定义函数类 $K = \{u(x,t) \mid |u(x,t)| \leqslant B, -\infty < x < +\infty, t > 0\}$, 故我们可以证明如下定理.

定理 7.4 热传导方程 Cauchy 问题 (7.6) 在有界函数类 K 中的解唯一, 且连续依赖于初值.

证明 先证解的唯一性, 设定解问题 (7.6) 有两个解 u_1, u_2, 令 $u = u_1 - u_2$, 则 u 满足

$$\begin{cases} u_t = a^2 u_{xx}, & -\infty < x < +\infty, t > 0, \\ u|_{t=0} = 0. \end{cases}$$

因 $u_1, u_2 \in K$, 故 $|u| < |u_1| + |u_2| < 2B$. 此处不能直接用极值原理, 因为极值原理考虑的都是有界闭区域, 为此我们构造一函数使其满足极值原理, 然后与 u 比较.

考虑 $D_0: 0 \leqslant t \leqslant t_0, |x - x_0| \leqslant L$, 其中 L 为任意正数, 作辅助函数

$$v(x,t) = \frac{4B}{L^2} \left[\frac{(x-x_0)^2}{2} + a^2 t \right],$$

$$v|_{t=0} = \frac{4B}{2L^2}(x-x_0)^2 \geqslant 0 = u(x,0),$$

$$v|_{x=x_0 \pm L} = \frac{4B}{L^2}\left(\frac{L^2}{2} + a^2 t \right) \geqslant 2B \geqslant u|_{x=x_0 \pm L},$$

而 $v(x,t)$ 满足定解问题

$$\begin{cases} v_t = a^2 v_{xx}, & x_0 - L < x < x_0 + L, t > 0, \\ v|_{t=0} \geqslant 0, \\ v|_{x=x_0 \pm L} \geqslant u|_{x=x_0 \pm L}. \end{cases}$$

于是 $v-u$ 满足

$$
\begin{cases}
\dfrac{\partial(v-u)}{\partial t}=a^2\dfrac{\partial^2}{\partial x^2}(v-u), & x_0-L<x<x_0+L, t>0,\\
(v-u)|_{t=0}\geqslant 0,\\
(v-u)|_{x=x_0\pm L}\geqslant 0.
\end{cases}
$$

由极值原理知 $v-u$ 的最大值、最小值在边界 Γ 上取得, 其中

$$\Gamma=\{x=x_0-L,\,0\leqslant t\leqslant T\}\cup\{x=x_0+L,\,0\leqslant t\leqslant T\}$$

$$\cup\{t=0,x_0-L\leqslant x\leqslant x_0+L\}.$$

由极值原理得

$$[v-u]_\Gamma\geqslant 0,$$

因此在 $R_0=\{(x,t)|x_0-L<x<x_0+L,\,0<t<T\}$ 中 $v(x,t)\geqslant u(x,t)$, 即

$$\frac{4B}{L^2}\left[\frac{(x-x_0)^2}{2}+at^2\right]\geqslant u(x,t),$$

同理可证明

$$-\frac{4B}{L^2}\left[\frac{(x-x_0)^2}{2}+at^2\right]\leqslant u(x,t),$$

取 $x=x_0,t=t_0$, 则

$$-\frac{4B}{L^2}a^2t_0\leqslant u(x_0,t_0)\leqslant\frac{4B}{L^2}a^2t_0,$$

其中 L 为任意正实数, 令 $L\to\infty$ 得

$$u(x_0,t_0)=0.$$

由 (x_0,t_0) 在上半平面的任意性知在整个求解区域 $-\infty<x<+\infty,\,t>0$ 中有 $u(x,t)\equiv 0$, 即 $u_1\equiv u_2$, 唯一性得证.

为证明 Cauchy 问题对初始条件的连续依赖, 只需证明当 $|\varphi|<\eta$ 时, 在 $-\infty<x<+\infty,t\geqslant 0$ 中有 $|u(x,t)|<\eta$ 即可, 同唯一性证明类似, 这时只需令

$$v(x,t)=\frac{4B}{L^2}\left[\frac{(x-x_0)^2}{2}+a^2t\right]+\eta$$

即可.

7.3　波动方程初边值问题

考虑一维波动方程的初边值问题

$$\begin{cases} u_{tt} = a^2 u_{xx} + f(x,t), & 0 < x < l, t > 0, \\ u|_{x=0} = u|_{x=l} = 0, & t \geqslant 0, \\ u|_{t=0} = \varphi(x), \quad u_t|_{t=0} = \psi(x), & 0 \leqslant x \leqslant l. \end{cases} \tag{7.8}$$

定理 7.5　波动方程初值问题 (7.8) 的解是唯一的且连续地依赖于初值函数.

证明　用 u_t 乘对应于 (7.8) 中的方程对应的齐次方程, 然后在 $[0,l]$ 上关于 x 积分得

$$\frac{d}{dt} \int_0^l (u_t^2 + a^2 u_x^2) dx = 0,$$

因此

$$\int_0^l (u_t^2 + a^2 u_x^2) dx = C \quad (\text{常数}). \tag{7.9}$$

现证唯一性. 设 u_1, u_2 为 (7.8) 的两个解, 则 $u = u_1 - u_2$ 应为问题

$$\begin{cases} u_{tt} = a^2 u_{xx}, & 0 < x < l, t > 0, \\ u|_{x=0} = u|_{x=l} = 0, & t \geqslant 0, \\ u|_{t=0} = 0, \quad u_t|_{t=0} = 0, & 0 \leqslant x \leqslant l \end{cases}$$

的解, 于是由 (7.9) 有

$$\int_0^l (u_t^2 + a^2 u_x^2) dx = 0.$$

由被积函数的非负性知 $u_t = u_x = 0$, 所以 $u = C$, 再由 $u|_{t=0} = 0$ 得 $u = 0$, 从而证得唯一性. 至于解对初值的连续依赖 (稳定性), 我们假设 u_1, u_2 分别满足 (7.8) 的方程和不同的初始条件, 于是 $u = u_1 - u_2$ 必满足定解问题

$$\begin{cases} u_{tt} = a^2 u_{xx}, & 0 < x < l, t > 0, \\ u|_{x=0} = u|_{x=l} = 0, & t \geqslant 0, \\ u|_{t=0} = \varphi(x), u_t|_{t=0} = \psi(x), & 0 \leqslant x \leqslant l, \end{cases}$$

其中 $\varphi(x), \psi(x)$ 为 u_1 和 u_2 所满足的初始函数之差.

由 (7.9) 式得到

$$\int_0^l (u_t^2 + a^2 u_x^2)dx = \int_0^l [\psi^2(x) + a^2\varphi'^2(x)]dx. \tag{7.10}$$

记

$$E(t) = \int_0^l (u_t^2 + a^2 u_x^2)dx, \tag{7.11}$$

则 (7.10) 为 $E(t) = E(0)$. 我们称 (7.11) 为能量, 而 (7.10) 便为能量守恒. 另外, 记 $E_0(t) = \int_0^l u^2 dx$, 则由 Cauchy 不等式得

$$\frac{d}{dt}E_0(t) = \int_0^l 2uu_t dx \leqslant \int_0^l u^2 dx + \int_0^l u_t^2 dx \leqslant E_0(t) + E(t) = E_0(t) + E(0),$$

于是有 $\dfrac{d}{dt}[e^{-t}E_0(t)] \leqslant e^{-t}E(0)$, 所以

$$E_0(t) \leqslant (e^t - 1)E(0) + e^t E_0(0) \leqslant (e^T - 1)E(0) + e^T E_0(0), \tag{7.12}$$

其中 T 为时间 t 的终值, 此式表明, 当初始函数存在微小误差时, 解的误差也是很小的, 这便是稳定性之要义.

注 若定义 L_2 范数: $||u||_{L_2} = \left[\int_0^l u^2 dx\right]^{1/2}$ (对多元函数可类似定义), 我们一方面可以用数学上严格的 ε-δ 语言, 从 (7.12) 陈述解连续地依赖于初值; 另一方面由上述定义的 L_2 范数, 可称解以 L_2 范数稳定, 当然我们还可以更严格地证明解以 L_∞ 范数稳定 ($||u||_{L_\infty} = \max\limits_{\overline{\Omega}} |u|$). 以上方法称为能量方法.

例 7.1 证明如下二维波动方程的初边值问题的解是唯一的.

$$\begin{cases} u_{tt} = a^2(u_{xx} + u_{yy}), & (x,y) \in D, t > 0, \\ u|_{\partial D} = 0, & t \geqslant 0, \\ u|_{t=0} = \varphi(x,y), u_t|_{t=0} = \psi(x,y), & (x,y) \in \overline{D}. \end{cases} \tag{7.13}$$

证明 (7.13) 中的方程两端与 u_t 作内积 $\left((u,v) = \int_\Omega uv d\Omega\text{, 积分的重数对}\right.$
应于方程的维数$\left.\right)$ 得

$$\iint\limits_D u_{tt}u_t dxdy = a^2 \iint\limits_D (u_{xx} + u_{yy})u_t dxdy,$$

即

$$\frac{1}{2}\frac{d}{dt}\iint\limits_{D}u_t^2dxdy = a^2\iint\limits_{D}\left[\frac{\partial}{\partial x}(u_xu_t)+\frac{\partial}{\partial y}(u_yu_t)\right]dxdy$$

$$-a^2\iint\limits_{D}(u_xu_{xt}+u_yu_{yt})dxdy$$

$$=a^2\oint\limits_{\partial D}u_t\frac{\partial u}{\partial n}dl-\frac{a^2}{2}\frac{d}{dt}\iint\limits_{D}(u_x^2+u_y^2)dxdy,$$

因此

$$\frac{d}{dt}\iint\limits_{D}[u_t^2+a^2(u_x^2+u_y^2)]dxdy = 2a^2\oint\limits_{\partial D}u_t\frac{\partial u}{\partial n}dl.$$

由边界条件知上式为 0, 所以

$$\iint\limits_{D}[u_t^2+a^2(u_x^2+u_y^2)]dxdy = C.$$

在讨论唯一性时 $\varphi=\psi=0$, 因此上式 $C=0$.

由被积函数的非负性知

$$u_x=u_y=u_t=0,$$

所以 $u=C$, 再由 $u|_{t=0}=0$ 得 $u\equiv 0$.

例 7.2　设有三维波动方程初边值问题

$$\begin{cases} u_{tt}=a^2\Delta u, & (x,y,z)\in\Omega,t>0, \\ \left[b\dfrac{\partial u}{\partial n}+cu\right]_{\partial\Omega}=\mu(x,y,z,t)|_{\partial\Omega}, & t\geqslant 0,\ b,c>0,b^2+c^2\neq 0, \quad (7.14) \\ u|_{t=0}=\varphi(x,y,z), \quad u_t|_{t=0}=\psi(x,y,z), & (x,y,z)\in\overline{\Omega}, \end{cases}$$

试证上述问题的解是唯一的, 且连续依赖于初值.

证明　(7.14) 中的方程与 u_t 作内积得

$$\frac{1}{2}\frac{d}{dt}\iiint\limits_{\Omega}u_t^2dV = a^2\iiint\limits_{\Omega}u_t\Delta udV$$

$$= a^2 \iiint\limits_{\Omega} \left[\frac{\partial}{\partial x}(u_x u_t) + \frac{\partial}{\partial y}(u_y u_t) + \frac{\partial}{\partial z}(u_z u_t) \right] dV$$

$$- a^2 \iiint\limits_{\Omega} (u_x u_{xt} + u_y u_{yt} + u_z u_{zt}) dV$$

$$= a^2 \oiint\limits_{\partial \Omega} u_t \frac{\partial u}{\partial n} ds - \frac{1}{2} a^2 \frac{d}{dt} \iiint\limits_{\Omega} (u_x^2 + u_y^2 + u_z^2) dV,$$

因此

$$\frac{d}{dt} \iiint\limits_{\Omega} [u_t^2 + a^2(u_x^2 + u_y^2 + u_z^2)] dV = 2a^2 \oiint\limits_{\partial \Omega} u_t \frac{\partial u}{\partial n} ds. \tag{7.15}$$

现证唯一性. 设定解问题有两解 u_1, u_2, 令 $u = u_1 - u_2$, 则有

$$\begin{cases} u_{tt} = a^2 \Delta u, & (x, y, z) \in \Omega, t > 0, \\ \left[b \dfrac{\partial u}{\partial n} + cu \right]_{\partial \Omega} = 0, & t \geqslant 0, \ b, c > 0, b^2 + c^2 \neq 0, \\ u|_{t=0} = 0, u_t|_{t=0} = 0, & (x, y, z) \in \overline{\Omega}, \end{cases}$$

根据 (7.15) 及 $\left[b \dfrac{\partial u}{\partial n} + cu \right]_{\partial \Omega} = 0$ 知

$$\frac{d}{dt} \iiint\limits_{\Omega} [u_t^2 + a^2(u_x^2 + u_y^2 + u_z^2)] dV = -2\frac{c}{b} a^2 \oiint\limits_{\partial \Omega} u_t u \, ds = -\frac{c}{b} a^2 \frac{d}{dt} \oiint\limits_{\partial \Omega} u^2 ds,$$

所以

$$\frac{d}{dt} \left\{ \iiint\limits_{\Omega} [u_t^2 + a^2(u_x^2 + u_y^2 + u_z^2)] dV + \frac{c}{b} a^2 \oiint\limits_{\partial \Omega} u^2 ds \right\} = 0, \tag{7.16}$$

记 $E(t) = \iiint\limits_{\Omega} [u_t^2 + a^2(u_x^2 + u_y^2 + u_z^2)] dV + \frac{c}{b} a^2 \oiint\limits_{\partial \Omega} u^2 ds$, (7.16) 表示在不受外力

作用下的总能量守恒, 即 $E(t) = C$. 由于

$$C = E(0) = \iiint\limits_{\Omega} [u_t^2 + a^2(u_x^2 + u_y^2 + u_z^2)]|_{t=0} dV + \frac{c}{b} a^2 \oiint\limits_{\partial \Omega} u^2|_{t=0} ds = 0,$$

所以 $E(t) = 0$, 因此

$$\iiint\limits_{\Omega} [u_t^2 + a^2(u_x^2 + u_y^2 + u_z^2)]dV = 0, \quad \oiint\limits_{\partial\Omega} u^2|_{t=0}ds = 0,$$

因此, 在 Ω 内有 $u_x = u_y = u_z = u_t = 0$, 而在边界 $\partial\Omega$ 上有 $u|_{t=0} = 0$, 故在 $\overline{\Omega}$ 上恒有 $u = 0$. 考虑稳定性, 设 u_1, u_2 为在不同初始条件下的解.

令 $u = u_1 - u_2$, 则有

$$\begin{cases} u_{tt} = a^2 \Delta u, & (x,y,z) \in \Omega, t > 0, \\ \left[b\dfrac{\partial u}{\partial n} + cu\right]_{\partial\Omega} = 0, & t \geqslant 0, \, b,c > 0, b^2 + c^2 \neq 0, \\ u|_{t=0} = \varphi, \quad u_t|_{t=0} = \psi, & (x,y,z) \in \overline{\Omega}, \end{cases}$$

其中 φ, ψ 为初始误差, 于是 (7.16) 式成立, 根据守恒性质有

$$E(t) = \iiint\limits_{\Omega} [u_t^2 + a^2(u_x^2 + u_y^2 + u_z^2)]dV + \frac{c}{b}a^2 \oiint\limits_{\partial\Omega} u^2 ds = E(0),$$

而

$$E(0) = \iiint\limits_{\Omega} [u_t^2 + a^2(u_x^2 + u_y^2 + u_z^2)]_{t=0}dV + \frac{c}{b}a^2 \oiint\limits_{\partial\Omega} u^2|_{t=0}ds$$

$$= \iiint\limits_{\Omega} [\psi^2 + a^2(\varphi_x^2 + \varphi_y^2 + \varphi_z^2)]dV + \frac{c}{b}a^2 \oiint\limits_{\partial\Omega} \varphi^2 ds,$$

记 $E_0(t) = \iiint\limits_{\Omega} u^2 dV$, 则

$$\frac{d}{dt}E_0(t) = \iiint\limits_{\Omega} 2uu_t dV \leqslant \iiint\limits_{\Omega} u^2 dV + \iiint\limits_{\Omega} u_t^2 dV \leqslant E_0(t) + E(t) = E_0(t) + E(0),$$

两端乘 e^{-t}, 然后在 $[0,t]$ 上积分得

$$E_0(t) \leqslant (e^t - 1)E(0) + e^t E_0(0) \leqslant (e^T - 1)E(0) + e^T E_0(0),$$

由此式即知, 当初值有微小变化, 即 $E(0), E_0(0)$ 很小时, 解以 L_2 范数是稳定的, 即解连续依赖于初值.

7.4 波动方程初值问题

考虑三维波动方程初值问题

$$\begin{cases} u_{tt} = a^2 \Delta u, & (x,y,z) \in \mathbf{R}^3, t > 0, \\ u|_{t=0} = 0, u_t|_{t=0} = 0, & (x,y,z) \in \mathbf{R}^3. \end{cases} \tag{7.17}$$

设 $M_0(x_0, y_0, z_0) \in \mathbf{R}^3$, $R_0 = at_0$ 充分大, 以 M_0 为心, R_0 为半径作球 $B_{M_0}^{R_0} \subset \mathbf{R}^3$:

$$(x - x_0)^2 + (y - y_0)^2 + (z - z_0)^2 \leqslant R_0^2.$$

我们已经知道该球的决定区域为超锥体 K:

$$(x - x_0)^2 + (y - y_0)^2 + (z - z_0)^2 \leqslant (R_0 - at)^2 \triangleq R_t^2,$$

当 t 固定时, 它是 $\mathbf{R}^3$ 中的一个球域 $B_{M_0}^{R_t}$. 设 $u(x,y,z,t) \in C^1$, 令

$$E(t) = \iiint\limits_{B_{M_0}^{R_t}} [u_t^2 + a^2(u_x^2 + u_y^2 + u_z^2)] dV$$

称为齐次波动方程的总能量.

引理 7.1(第一能量不等式) 若 $u(x,y,z,t)$ 满足 (7.17) 中的齐次波动方程, 则当 $0 \leqslant t \leqslant \dfrac{R_0}{a}$ 时, 有能量不等式

$$E(t) \leqslant E(0). \tag{7.18}$$

证明 注意到 $R_t = R_0 - at$, 故

$$\frac{dE(t)}{dt} = \frac{d}{dt} \int_0^{R_t} \oiint\limits_{\partial B_{M_0}^{\rho}} [u_t^2 + a^2(u_x^2 + u_y^2 + u_z^2)] ds d\rho$$

$$= \oiint\limits_{\partial B_{M_0}^{R_t}} [u_t^2 + a^2(u_x^2 + u_y^2 + u_z^2)] ds \frac{dR_t}{dt}$$

$$+ 2\iiint\limits_{B_{M_0}^{R_t}} [u_t u_{tt} + a^2(u_x u_{xt} + u_y u_{yt} + u_z u_{zt})] dV$$

$$= -a \oiint_{\partial B_{M_0}^{R_t}} [u_t^2 + a^2(u_x^2 + u_y^2 + u_z^2)]ds + 2 \iiint_{B_{M_0}^{R_t}} u_t u_{tt} dV$$

$$+ 2a^2 \iiint_{B_{M_0}^{R_t}} \left[\frac{\partial}{\partial x}(u_t u_x) + \frac{\partial}{\partial y}(u_t u_y) + \frac{\partial}{\partial z}(u_t u_z) \right] dV$$

$$- 2a^2 \iiint_{B_{M_0}^{R_t}} u_t(u_{xx} + u_{yy} + u_{zz}) dV$$

$$= -a \oiint_{\partial B_{M_0}^{R_t}} [u_t^2 + a^2(u_x^2 + u_y^2 + u_z^2)]ds + 2a^2 \oiint_{\partial B_{M_0}^{R_t}} u_t \frac{\partial u}{\partial n} ds$$

$$= -a \oiint_{\partial B_{M_0}^{R_t}} [(u_t \cos\alpha - au_x)^2 + (u_t \cos\beta - au_y)^2$$

$$+ (u_t \cos\gamma - au_z)^2] ds \leqslant 0,$$

因此 $E(t) \leqslant E(0)$.

引理 7.2(第二能量不等式) 若设 $E_0(t) = \iiint_{B_{M_0}^{R_t}} u^2 dV$, 则当 u 满足齐次波动

方程时有

$$E_0(t) \leqslant e^t E_0(0) + (e^t - 1)E(0). \tag{7.19}$$

证明

$$\frac{dE_0(t)}{dt} = 2 \iiint_{B_{M_0}^{R_t}} u_t u dV - a \oiint_{\partial B_{M_0}^{R_t}} u^2 ds$$

$$\leqslant \iiint_{B_{M_0}^{R_t}} (u_t^2 + u^2) dV \leqslant E_0(t) + E(t) \leqslant E_0(t) + E(0),$$

故

$$E_0(t) \leqslant e^t E_0(0) + (e^t - 1)E(0).$$

定理 7.6 初值问题 (7.17) 的解是唯一的, 且在 L_2 范数意义下连续依赖于
初值.

证明 唯一性. 与前面相同, 我们只需证明在齐次初始条件, 即 $\varphi = \psi = 0$ 下, 定解问题有唯一零解. 事实上, 由 $E(t), E_0(t)$ 的定义知 $E(0) = E_0(0) = 0$, 因此由 (7.19) $E_0(t) = 0$, 即 $\iiint\limits_{B_{M_0}^{R_t}} u^2 dV = 0$, 故 $u \equiv 0$.

关于稳定性, 由第二能量不等式, 当 $t \leqslant T$ 时

$$E_0(t) \leqslant e^T E_0(0) + (e^T - 1)E(0),$$

即

$$||u||_{L_2}^2 \leqslant e^T ||\varphi||_{L_2}^2 + (e^T - 1)[||\psi||_{L_2}^2 + a^2(||\varphi_x||_{L_2}^2 + ||\varphi_y||_{L_2}^2 + ||\varphi_z||_{L_2}^2)],$$

于是 $\forall \varepsilon > 0$, 取 $\delta \leqslant \min\left(\dfrac{\varepsilon}{\sqrt{5e^T}}, \dfrac{\varepsilon}{\sqrt{5a^2(e^T-1)}}\right)$, 则当 $\max(||\varphi||_{L_2}, ||\psi||_{L_2},$ $||\varphi_x||_{L_2}, ||\varphi_y||_{L_2}, ||\varphi_z||_{L_2}) < \delta$ 时, 有 $||u||_{L_2} < \varepsilon$.

例 7.3 证明无界弦振动方程初值问题的适定性.

证明 我们已经求出了问题的解, 现证明解的唯一性和对初值的连续依赖性. 为此只要能仿照三维波动方程初值问题给出弦振动方程初值问题

$$\begin{cases} u_{tt} = a^2 u_{xx}, & -\infty < x < \infty, \ t > 0, \\ u(x,0) = \varphi(x), & -\infty < x < \infty, \\ u_t(x,0) = \psi(x), & -\infty < x < \infty \end{cases} \tag{7.20}$$

的第一和第二能量不等式即可.

先在 (x,t) 平面上任取一点 (x_0, t_0), 则 x 轴上的区间 $[x_0 - at_0, x_0 + at_0]$ 的决定区域为以该区间的线段和直线 $x = x_0 - a(t_0 - t)$ 及 $x = x_0 + a(t_0 - t)$ 所围三角形区域, 现定义沿穿过该三角形且平行于 x 轴的线段上的如下积分为总能量

$$E(t) = \int_{x_0-a(t_0-t)}^{x_0+a(t_0-t)} (u_t^2 + a^2 u_x^2)dx,$$

可以证明第一能量不等式 $E(t) \leqslant E(0)$. 事实上

$$\begin{aligned} \frac{d}{dt}E(t) &= \int_{x_0-a(t_0-t)}^{x_0+a(t_0-t)} (2u_{tt}u_t + 2a^2 u_x u_{xt})dx \\ &\quad - a[u_t^2 + a^2 u_x^2]_{x=x_0+a(t_0-t)} - a[u_t^2 + a^2 u_x^2]_{x=x_0-a(t_0-t)} \\ &= 2a^2 u_x u_t\big|_{x=x_0-a(t_0-t)}^{x=x_0+a(t_0-t)} + \int_{x_0-a(t_0-t)}^{x_0+a(t_0-t)} 2u_t(u_{tt} - a^2 u_{xx})dx \end{aligned}$$

$$- a[u_t^2 + a^2 u_x^2]_{x=x_0+a(t_0-t)} - a[u_t^2 + a^2 u_x^2]_{x=x_0-a(t_0-t)}$$

$$= - a(u_t - au_x)^2|_{x=x_0+a(t_0-t)} - a(u_t + au_x)^2|_{x=x_0-a(t_0-t)} \leqslant 0,$$

再令 $E_0(t) = \int_{x_0-a(t_0-t)}^{x_0+a(t_0-t)} u^2 dx$, 因

$$\frac{d}{dt}E_0(t) = \int_{x_0-a(t_0-t)}^{x_0+a(t_0-t)} 2uu_t dx - au^2|_{x=x_0+a(t_0-t)} - au^2|_{x=x_0-a(t_0-t)}$$

$$\leqslant \int_{x_0-a(t_0-t)}^{x_0+a(t_0-t)} 2uu_t dx \leqslant E_0(t) + E(t) \leqslant E_0(t) + E(0),$$

上述不等式两端乘以 e^{-t}, 然后在 $[0,t]$ 上积分得

$$E_0(t) \leqslant e^T E_0(0) + (e^T - 1),$$

称为第二能量不等式. 这与 7.3 节中初边值问题的结论完全相同, 因此可获得相同的结果, 即弦振动方程初值问题解是唯一的, 并连续依赖于初值.

我们需要指出, 在讨论波动方程所有定解问题的稳定性时, 我们仅考虑了解对初值的连续依赖性, 而没有考虑边值及自由项对解的影响, 而解连续地依赖于自由项和边值是一个显然的事实, 因为在第 2 章我们看到, 非齐次边界条件总是可以通过函数变换化为齐次边界条件, 同时使得边界条件对解的影响转移到自由项与初始条件对解的影响上, 而对所有的非齐次方程定解问题, 均可通过引入一个齐次化原理, 将问题转化为齐次方程的相应问题, 同时自由项对解的影响也转移为初始条件对解的影响. 当然也可以直接证明解连续地依赖于自由项. 为此我们以下面的一维问题为例进行说明.

例 7.4　证明如下无界弦强迫振动方程初值问题的适定性,

$$\begin{cases} u_{tt} = a^2 u_{xx} + f(x,t), & -\infty < x < \infty, \ t > 0, \\ u(x,0) = 0, & -\infty < x < \infty, \\ u_t(x,0) = 0, & -\infty < x < \infty. \end{cases} \quad (7.21)$$

证明　采用与例 7.3 相同的记号, 利用例 7.3 的证明可见

$$\frac{d}{dt}E(t) \leqslant \int_{x_0-a(t_0-t)}^{x_0+a(t_0-t)} 2u_t f(x,t)dx$$

$$\leqslant \int_{x_0-a(t_0-t)}^{x_0+a(t_0-t)} f^2(x,t)dx + \int_{x_0-a(t_0-t)}^{x_0+a(t_0-t)} u_t^2 dx \leqslant \|f\|_{L_2}^2 + E(t),$$

上述不等式两端乘以 e^{-t}, 然后在 $[0,t]$ 上积分得

$$E(t) \leqslant e^t E(0) + e^t \int_0^t \|f\|_{L_2}^2 e^{-t} dt,$$

注意到 $E(0) = 0$, 所以

$$E(t) \leqslant e^t \int_0^t \|f\|_{L_2}^2 e^{-t} dt \leqslant (e^T - 1) \max_{0 \leqslant t \leqslant T} \|f\|_{L_2}^2,$$

再令 $E_0(t) = \int_{x_0-a(t_0-t)}^{x_0+a(t_0-t)} u^2 dx$, 因

$$\frac{d}{dt} E_0(t) \leqslant E_0(t) + E(t) \leqslant E_0(t) + (e^T - 1) \max_{0 \leqslant t \leqslant T} \|f\|_{L_2}^2,$$

故有

$$E_0(t) \leqslant e^T E_0(0) + (e^T - 1)^2 \max_{0 \leqslant t \leqslant T} \|f\|_{L_2}^2 \leqslant (e^T - 1)^2 \max_{0 \leqslant t \leqslant T} \|f\|_{L_2}^2,$$

此即

$$\|u\|_{L_2}^2 \leqslant (e^T - 1)^2 \max_{0 \leqslant t \leqslant T} \|f\|_{L_2}^2,$$

从此出发, 不难证明所给初值问题解的唯一性与解对自由项的连续依赖性.

习 题 7

1. 方程 $\frac{\partial u}{\partial t} = a^2 \frac{\partial^2 u}{\partial x^2} + cu \ (c > 0)$ 的解 u 在矩形 R_T 的侧边 $x = \alpha$ 及 $x = \beta$ 上不超过 B, 又在底边 $t = 0$ 上不超过 M, 证明此时 u 在矩形 R_T 内满足不等式

$$|u(x,t)| \leqslant \max(Me^{ct}, Be^{ct}),$$

并由此推出上述混合问题解的唯一性与对初值的连续依赖性.

2. 设 $u(x,t)$ 为热传导方程混合问题

$$\begin{cases} \frac{\partial u}{\partial t} = a^2 \frac{\partial^2 u}{\partial x^2}, & 0 < x < l, t > 0, \\ u|_{t=0} = \varphi(x), & 0 \leqslant x \leqslant l, \\ u|_{x=0} = u|_{x=l} = 0, & t \geqslant 0 \end{cases}$$

的解, $E(t) = \int_0^l u^2(x,t)dx$, 试证明 $E(t)$ 关于 t 是单调减少的, 并由此推出热传导方程第一边值问题解的唯一性, 对于第二、第三边值问题解的唯一性是否亦可用此法得到?

3. 证明: 函数

$$v(x,y,t,\xi,\eta,\tau) = \frac{1}{4\pi a^2(t-\tau)} e^{-\frac{(x-\xi)^2+(y-\eta)^2}{4a^2(t-\tau)}},$$

对于变量 (x,y,t) 满足方程

$$\frac{\partial v}{\partial t} = a^2\left(\frac{\partial^2 v}{\partial x^2} + \frac{\partial^2 v}{\partial y^2}\right),$$

对于变量 (ξ,η,τ), 满足方程

$$\frac{\partial v}{\partial \tau} = -a^2\left(\frac{\partial^2 v}{\partial \xi^2} + \frac{\partial^2 v}{\partial \eta^2}\right).$$

4. 证明: 如果 $u_1(x,t)$, $u_2(x,t)$ 分别是下述两个定解问题

$$\begin{cases} \dfrac{\partial u_1}{\partial t} = a^2\dfrac{\partial^2 u_1}{\partial x^2}, \\ u_1|_{t=0} = \varphi_1(x) \end{cases} \quad \text{及} \quad \begin{cases} \dfrac{\partial u_2}{\partial t} = a^2\dfrac{\partial^2 u_2}{\partial y^2}, \\ u_2|_{t=0} = \varphi_2(y) \end{cases}$$

的解, 则 $u(x,y,t) = u_1(x,t)u_2(y,t)$ 是定解问题

$$\begin{cases} \dfrac{\partial u}{\partial t} = a^2\left(\dfrac{\partial^2 u}{\partial x^2} + \dfrac{\partial^2 u}{\partial y^2}\right), \\ u|_{t=0} = \varphi_1(x)\varphi_2(y) \end{cases}$$

的解.

5. 从积分 $\displaystyle\int_0^t dt \int_0^l u(u_t - u_{xx})dx = 0$ 出发, 证明混合问题

$$\begin{cases} \dfrac{\partial u}{\partial t} = \dfrac{\partial^2 u}{\partial x^2}, \quad 0 < x < l, \ t > 0, \\ u|_{t=0} = \varphi(x), \\ u|_{x=0} = u|_{x=l} = 0 \end{cases}$$

的解的唯一性, 并考虑第二和第三边值条件情形.

6. 设 $u(x,t)$ 是初值问题

$$\begin{cases} \dfrac{\partial u}{\partial t} = \dfrac{\partial^2 u}{\partial x^2}, \quad -\infty < x < \infty, \ t > 0, \\ u|_{t=0} = 0 \end{cases}$$

的古典解, 记 $M_t = \sup\limits_{|x|\leqslant l, 0\leqslant t\leqslant T} |u(x,t)|$, 已知 $\lim\limits_{l\to\infty} \dfrac{M_l}{l^2} = 0$, 试证: u 在区域 $D : \{0 \leqslant t \leqslant T, -\infty < x < \infty\}$ 中恒为零.

7. 设 $Lu = u_{tt} - a^2 u_{xx}$.

(1) 如果 $Lu = 0, Lv = 0$, 证明 $L(u_t v_t + a^2 u_x v_x)dx = 0$.

(2) 如果 u, v 都满足

$$\begin{cases} Lw = 0, & 0 < x < l, t > 0, \\ w|_{x=0} = w|_{x=l} = 0, & t \geqslant 0, \end{cases}$$

证明 $\dfrac{d}{dt} \displaystyle\int_0^l (u_t v_t + a^2 u_x v_x)dx = 0$.

8. 设 $u(x, t)$ 满足

$$\begin{cases} u_{tt} = a^2 u_{xx}, & 0 < x < l, t > 0, \\ u|_{t=0} = f(x), \ u_t|_{t=0} = g(x), & 0 \leqslant x \leqslant l, \\ u|_{x=0} = u|_{x=l} = 0, & t \geqslant 0. \end{cases}$$

用 $u(x, t)$ 的 Fourier 级数解中的 Fourier 系数 a_n, b_n, 表示能量积分 $\dfrac{1}{2} \displaystyle\int_0^l (u_t^2 + a^2 u_x^2)dx$.

9. 求混合问题 $$\begin{cases} u_{tt} = a^2 u_{xx}, & 0 < x < \pi, t > 0, \\ u|_{t=0} = \dfrac{\pi}{2} - \left| \dfrac{\pi}{2} - x \right|, u_t|_{t=0} = 0, & 0 \leqslant x \leqslant \pi, \\ u|_{x=0} = u|_{x=\pi} = 0, & t \geqslant 0 \end{cases}$$

的 Fourier 级数形式的解, 并计算其能量积分.

10. 试用能量法证明波动方程初值问题:

(1) $$\begin{cases} u_{tt} = a^2 u_{xx}, & x \in \mathbf{R}^1, t > 0, \\ u|_{t=0} = \varphi(x), \ u_t|_{t=0} = \psi(x); & x \in \mathbf{R}^1; \end{cases}$$

(2) $$\begin{cases} u_{tt} = a^2 \Delta u, & (x, y) \in \mathbf{R}^2, t > 0, \\ u|_{t=0} = \varphi(x, y), \ u_t|_{t=0} = \psi(x, y), & (x, y) \in \mathbf{R}^2 \end{cases}$$

的解是唯一的, 且连续依赖于初值.

第 8 章　特殊函数 (一): Bessel 函数

8.1　引　言

前面我们详细讨论了两变元的三类典型方程定解问题的分离变量法, 而没有涉及其他情况, 事实上, 分离变量法还可用于其他一些定解问题, 当然这会引出新的课题.

引例 8.1　考虑如下 Helmholtz 方程边值问题

$$\begin{cases} \dfrac{\partial^2 u}{\partial x^2} + \dfrac{\partial^2 u}{\partial y^2} + bu = 0, & x^2 + y^2 \leqslant R^2, \\ u|_{x^2+y^2=R^2} = \varphi, \end{cases} \tag{8.1}$$

其中 b 为实数, 在极坐标下, 问题化为

$$\begin{cases} \dfrac{\partial^2 u}{\partial \rho^2} + \dfrac{1}{\rho} \dfrac{\partial u}{\partial \rho} + \dfrac{1}{\rho^2} \dfrac{\partial^2 u}{\partial \theta^2} + bu = 0, & \rho < R, \\ u|_{\rho=R} = \varphi(\theta). \end{cases} \tag{8.2}$$

这是一两变元的椭圆型方程第一边值问题. 同前面求解圆域上的 Laplace 方程第一边值问题完全相同, 应用分离变量法: 令 $u(\rho,\theta) = P(\rho)\Phi(\theta)$ 代入方程有

$$P''(\rho)\Phi(\theta) + \frac{1}{\rho}P'(\rho)\Phi(\theta) + \frac{1}{\rho^2}P(\rho)\Phi''(\theta) + bP(\rho)\Phi(\theta) = 0,$$

$$\frac{P''(\rho) + \dfrac{1}{\rho}P'(\rho) + bP(\rho)}{\dfrac{1}{\rho^2}P(\rho)} = -\frac{\Phi''(\theta)}{\Phi(\theta)},$$

记此等式为 μ 得到

$$\Phi''(\theta) + \mu\Phi(\theta) = 0, \tag{8.3}$$

$$\rho^2 P''(\rho) + \rho P'(\rho) + (b\rho^2 - \mu)P(\rho) = 0. \tag{8.4}$$

由于是圆上的问题, 故应具有周期性 $u(\rho, \theta+2\pi) = u(\rho,\theta)$, 将 $u(\rho,\theta) = P(\rho)\Phi(\theta)$ 代入得周期性条件

$$\Phi(\theta + 2\pi) = \Phi(\theta),$$

该式与 (8.3) 构成一周期固有值问题

$$\begin{cases} \Phi''(\theta) + \mu\Phi(\theta) = 0, \\ \Phi(\theta + 2\pi) = \Phi(\theta). \end{cases}$$

解之得固有值:

$$\mu = n^2 \quad (n = 0, 1, 2, \cdots),$$

固有函数为

$$\Phi_0(\theta) = \frac{a_0}{2},$$

$$\Phi_n(\theta) = a_n \cos n\theta + b_n \sin n\theta \quad (n = 1, 2, \cdots),$$

其中 a_n, b_n 为待定常数. 将 $\mu = n^2$ 代入 (8.4) 得

$$\rho^2 P''(\rho) + \rho P'(\rho) + (b\rho^2 - n^2)P(\rho) = 0. \tag{8.5}$$

当 $b > 0$ 时, 称此方程为 Bessel 方程; 当 $b < 0$ 时, 称其为虚变 (宗) 量的 Bessel 方程, 显然研究其解对定解问题 (8.1) 有着重要的意义.

引例 8.2 求解

$$\begin{cases} \dfrac{\partial u}{\partial t} = a^2 \left(\dfrac{\partial^2 u}{\partial x^2} + \dfrac{\partial^2 u}{\partial y^2} \right), \quad x^2 + y^2 < R, \ t > 0, \\ u|_{x^2+y^2=R^2} = 0, \\ u|_{t=0} = \varphi. \end{cases} \tag{8.6}$$

令 $u(x, y, t) = V(x, y)T(t)$ 代入方程得

$$V(x, y)T'(t) = a^2(V_{xx} + V_{yy})T,$$

于是

$$\frac{T'}{a^2 T} = \frac{V_{xx} + V_{yy}}{V} = -\lambda,$$

则得

$$T' + a^2\lambda T = 0,$$

$$V_{xx} + V_{yy} + \lambda V = 0,$$

其中 λ 为固有值. 显然关于 V 的方程为 Helmholtz 方程, 而对于该方程的边界条件为

$$V|_{x^2+y^2=R^2} = 0,$$

由于考虑圆上的问题, 则必有自然边界条件:

$$|V|_{x^2+y^2=0}| < +\infty.$$

如同引例 8.1, 先将方程写成极坐标下的形式

$$\begin{cases} \dfrac{\partial^2 V}{\partial \rho^2} + \dfrac{1}{\rho}\dfrac{\partial V}{\partial \rho} + \dfrac{1}{\rho^2}\dfrac{\partial^2 V}{\partial \theta^2} + \lambda V = 0, \\[2mm] V|_{\rho=R} = 0, \end{cases}$$

再令 $V(\rho,\theta) = P(\rho)\Phi(\theta)$, 则得

$$\Phi''(\theta) + \mu\Phi(\theta) = 0,$$

$$\rho^2 P''(\rho) + \rho P'(\rho) + (\lambda\rho^2 - \mu)P(\rho) = 0,$$

同引例 8.1 相同, 可得固有值 $\mu = n^2$, 于是

$$\rho^2 P''(\rho) + \rho P'(\rho) + (\lambda\rho^2 - n^2)P(\rho) = 0,$$

与边界条件 $P(R) = 0, |P(0)| < +\infty$ 一起便构成了 Bessel 方程得固有值问题:

$$\begin{cases} \rho^2 P''(\rho) + \rho P'(\rho) + (\lambda\rho^2 - n^2)P(\rho) = 0, \\ P(R) = 0, \quad |P(0)| < +\infty. \end{cases} \tag{8.7}$$

对圆形薄膜的振动问题

$$\begin{cases} u_{tt} = a^2(u_{xx} + u_{yy}), \quad x^2 + y^2 < R^2, \\ u|_{x^2+y^2=R^2} = 0, \\ u|_{t=0} = \varphi(x,y), \\ u_t|_{t=0} = \psi(x,y) \end{cases}$$

进行分离变量法求解也可得到 (8.7).

8.2 Bessel 方程的解

对 Bessel 方程 (8.5), 我们仅考虑 $b > 0$ 情况, 令 $r = \sqrt{b}\rho$, 并记 $F(r) = P\left(\dfrac{r}{\sqrt{b}}\right)$, 则得

$$r^2 F''(r) + r F'(r) + (r^2 - n^2)F(r) = 0,$$

这是 Bessel 方程常见的形式, 这是一二阶线性变系数常微分方程, 习惯上写为

$$x^2 y''(x) + x y'(x) + (x^2 - n^2) y(x) = 0. \tag{8.8}$$

由前面的引例我们知 n 为整数, 事实上 n 可以为任意实数和复数, 但为简单记, 此处我们仅考虑 n 为实数的情况. 因方程中 n 以 n^2 形式出现, 故不妨设 $n \geqslant 0$. 现在我们来求方程 (8.8) 的级数形式的解, 为此, 我们给出如下两个引理.

引理 8.1(解的解析性定理)   设二阶齐次线性方程

$$p_0(x) y'' + p_1(x) y' + p_2(x) y = 0, \tag{8.9}$$

若 $p_0(x), p_1(x)$ 和 $p_2(x)$ 在 $x = x_0$ 的邻域内是 x 的解析函数, 又 $p_0(x_0) \neq 0$, 则 (8.9) 的解也是 x 的解析函数, 即

$$y(x) = \sum_{k=0}^{\infty} a_k (x - x_0)^k. \tag{8.10}$$

引理 8.2(解可展为广义幂级数定理)   若 (8.9) 满足引理 8.1 的条件, 但在 $x = x_0$ 处 $p_0(x)$ 有 s 重零点 (s 有限), $p_1(x)$ 有不小于 $s - 1$ 重零点, $p_2(x)$ 有不小于 $s - 2$ 重零点, 则 (8.9) 至少有一个如下广义幂级数

$$y(x) = \sum_{k=0}^{\infty} a_k (x - x_0)^{k+\rho} \tag{8.11}$$

形式的非平凡解, 其中 ρ 为一实数.

对照引理 8.2 的条件, 不难知道方程 (8.8) 有形如 (8.11) 的解, 因此将 (8.11) 代入 (8.8) 得

$$\sum_{k=0}^{\infty} [(\rho+k)(\rho+k-1) + (\rho+k) + (x^2 - n^2)] a_k x^{\rho+k} \equiv 0.$$

当且仅当 x 的各次幂的系数为零时, 上式成立, 即

$$\begin{cases} a_0(\rho^2 - n^2) = 0, \\ a_1[(\rho+1)^2 - n^2] = 0, \\ [(\rho+k)^2 - n^2] a_k + a_{k-2} = 0, \quad k = 2, 3, \cdots. \end{cases} \tag{8.12}$$

当 $a_0 \neq 0$ 时得 $\rho = \pm n$, 这时由 (8.12) 的第二个等式可见 $a_1 = 0$; 先将 $\rho = n$ 代入 (8.12) 的第三个等式可得到递推公式

$$a_k = -\frac{a_{k-2}}{k(2n+k)}, \tag{8.13}$$

由此可见, 当 k 为奇数时 $a_k = 0$, 当 k 为偶数时, 可按 (8.13) 依次计算得

$$a_2 = -\frac{a_0}{2(2n+2)} = -\frac{a_0}{2^2 1!(n+1)},$$

$$a_4 = -\frac{a_2}{4(2n+4)} = \frac{a_0}{2^4 2!(n+2)(n+1)},$$

一般地

$$a_{2m} = (-1)^m \frac{a_0}{2^{2m} m!(n+m)\cdots(n+2)(n+1)},$$

其中 $a_0 \neq 0$ 为任一常数, 现取

$$a_0 = \frac{1}{2^n \Gamma(n+1)},$$

其中 $\Gamma(n+1)$ 为 Γ 函数, 其定义为

$$\Gamma(\lambda) = \int_0^\infty e^{-x} x^{\lambda-1} dx,$$

应满足 $\Gamma(\lambda+1) = \lambda\Gamma(\lambda)$, 于是有

$$a_{2m} = (-1)^m \frac{1}{2^{n+2m} m!\Gamma(n+m+1)},$$

这样我们就得到 Bessel 方程 (8.7) 的一个特解

$$y = \sum_{m=0}^\infty (-1)^m \frac{1}{m!\Gamma(n+m+1)} \left(\frac{x}{2}\right)^{n+2m}, \tag{8.14}$$

通常记为 $J_n(x)$, 并称其为第一类的 n 阶 Bessel 函数, 不难证明级数 (8.14) 在整个数轴上收敛. 再将 $\rho = -n$ 代入 (8.12) 的第三个等式, 类似地处理, 可得到另一个特解

$$J_{-n}(x) = \sum_{m=0}^\infty (-1)^m \frac{1}{m!\Gamma(-n+m+1)} \left(\frac{x}{2}\right)^{-n+2m}, \tag{8.15}$$

显然当 $\rho = \pm n$ 时, 第一类 n 阶 Bessel 函数可以统一地写为

$$J_n(x) = \sum_{m=0}^\infty (-1)^m \frac{1}{m!\Gamma(n+m+1)} \left(\frac{x}{2}\right)^{n+2m}. \tag{8.16}$$

根据线性常微分方程解的结构可知, 要求得 Bessel 方程 (8.8) 的通解, 就要求得它的两个线性无关的特解. 现研究 $J_n(x)$ 与 $J_{-n}(x)$ 是否线性无关.

当 n 不是整数时, 从 $J_n(x)$ 和 $J_{-n}(x)$ 的级数表达式易知, 在 $x = 0$ 的邻域内, $J_n(x)$ 有界, 而 $J_{-n}(x)$ 是无界的, 从而 $J_n(x)$ 与 $J_{-n}(x)$ 是线性无关的, 这便构成了 Bessel 方程 (8.8) 的一个基础解系, 于是通解为

$$y(x) = AJ_n(x) + BJ_{-n}(x), \tag{8.17}$$

其中 A, B 为任意常数.

特别地, 当 n 为半整数阶时, 即 $n = m + \dfrac{1}{2}(m$ 为整数) 时, 可以证明 $J_n(x)$ 和 $J_{-n}(x)$ 均为初等函数如

$$J_{\frac{1}{2}}(x) = \sqrt{\frac{2}{\pi}}\frac{\sin x}{\sqrt{x}}, \quad J_{-\frac{1}{2}}(x) = \sqrt{\frac{2}{\pi}}\frac{\cos x}{\sqrt{x}}.$$

一般地, 有

$$J_{m+\frac{1}{2}}(x) = (-1)^m\sqrt{\frac{2}{\pi}}x^{m+\frac{1}{2}}\left(\frac{d}{xdx}\right)^m\left(\frac{\sin x}{x}\right),$$

$$J_{-m-\frac{1}{2}}(x) = \sqrt{\frac{2}{\pi}}x^{m+\frac{1}{2}}\left(\frac{d}{xdx}\right)^m\left(\frac{\cos x}{x}\right),$$

这里 $\left(\dfrac{d}{xdx}\right)^m$ 表示 m 个计算符 $\dfrac{d}{xdx}$ 的 m 次作用. 当 n 为整数时, 由于 $\Gamma(-n+m+1)$ 在 $m = 0, 1, \cdots, n-1$ 时为无穷大, 从而有

$$J_{-n}(x) = \sum_{m=n}^{\infty}(-1)^m\frac{1}{m!\Gamma(-n+m+1)}\left(\frac{x}{2}\right)^{2m-n},$$

令 $m = n + k$ 得

$$J_{-n}(x) = \sum_{k=0}^{\infty}(-1)^{n+k}\frac{1}{(n+k)!\Gamma(k+1)}\left(\frac{x}{2}\right)^{2k+n}$$

$$= \sum_{k=0}^{\infty}(-1)^{n+k}\frac{1}{k!\Gamma(n+k+1)}\left(\frac{x}{2}\right)^{2k+n} = (-1)^nJ_n(x),$$

这说明 $J_n(x)$ 与 $J_{-n}(x)$ 线性相关, 因此 (8.8) 的通解不能由 $J_n(x)$ 与 $J_{-n}(x)$ 表出. 为了得到 Bessel 方程 (8.8) 的通解, 在 (8.17) 中取 $A = c\tan(n\pi), B =$

$-\csc(n\pi)$(此时 n 不为整数) 得

$$y_n(x) = \frac{J_n(x)\cos(n\pi) - J_{-n}(x)}{\sin(n\pi)}, \tag{8.18}$$

于是, 当 n 不为整数时 Bessel 方程 (8.8) 的通解也可写为

$$y_n(x) = AJ_n(x) + By_n(x). \tag{8.19}$$

当 n 为整数时, $y_n(x)$ 可定义为 n 趋于整数时的极限, 即

$$y_n(x) = \lim_{r \to n} y_r(x),$$

经复杂的计算可得

$$y_0(x) = \frac{2}{\pi}\left(\ln\frac{x}{2} + c\right)J_0(x) - \frac{2}{\pi}\sum_{k=0}^{\infty}\frac{(-1)^k}{(k!)^2}\left(\frac{x}{2}\right)^{2k}\sum_{m=0}^{k-1}\frac{1}{m+1},$$

$$y_n(x) = \frac{2}{\pi}\left(\ln\frac{x}{2} + c\right)J_n(x) - \frac{1}{\pi}\sum_{k=0}^{n-1}\frac{(n-k-1)!}{k!}\left(\frac{x}{2}\right)^{-n+2k}$$

$$- \frac{1}{\pi}\sum_{k=0}^{\infty}\frac{(-1)^k}{k!(n+k)!}\left(\frac{x}{2}\right)^{n+2k}\left(\sum_{m=1}^{k}\frac{1}{m} + \sum_{m=1}^{n+k}\frac{1}{m}\right), \quad n = 1, 2, \cdots,$$

其中 $c = \lim_{n\to\infty}\left(\sum_{k=1}^{n}\frac{1}{k} - \ln n\right) = 0.5772\cdots$, 称为 Euler 常数.

称函数 $y_n(x)$ 为第二类的 Bessel 函数, 显然 $y_n(x)$ 与 $J_n(x)$ 线性无关, 因此无论 n 是否整数, Bessel 方程 (8.8) 的通解均可表示成 (8.19), 只是 $y_n(x)$ 的定义不同罢了.

例 8.1　求解引例 8.1.

解　注意到在 (8.1) 中 $b > 0$, 记 $b = \alpha^2$, 于是 (8.5) 可重写为

$$\rho^2 P''(\rho) + \rho P'(\rho) + (\alpha^2\rho^2 - n^2) = 0,$$

其通解为

$$P_n(\rho) = AJ_n(\alpha\rho) + By_n(\alpha\rho).$$

因在圆心处解有界 (自然边界条件), 但 $y_n(0)$ 无界, 故必须有 $B = 0$, 所以

$$P_n(\rho) = AJ_n(\alpha\rho),$$

于是问题 (8.2) 的解为

$$u(\rho,\theta) = \frac{a_0}{2}J_0(\alpha\rho) + \sum_{n=1}^{\infty} J_n(\alpha\rho)(a_n\cos n\theta + b_n\sin n\theta),$$

由边界条件 $u|_{\rho=R} = \varphi(\theta)$ 得

$$\varphi(\theta) = \frac{a_0}{2}J_0(\alpha R) + \sum_{n=1}^{\infty} J_n(\alpha R)(a_n\cos n\theta + b_n\sin n\theta),$$

其中

$$a_0 = \frac{1}{\pi J_0(\alpha R)}\int_{-\pi}^{\pi}\varphi(\theta)d\theta,$$

$$a_n = \frac{1}{\pi J_n(\alpha R)}\int_{-\pi}^{\pi}\varphi(\theta)\cos n\theta d\theta,$$

$$b_n = \frac{1}{\pi J_n(\alpha R)}\int_{-\pi}^{\pi}\varphi(\theta)\sin n\theta d\theta, \qquad n = 1, 2, \cdots.$$

例 8.2 求解 Bessel 方程的固有值问题

$$\begin{cases} \rho^2 P''(\rho) + \rho P'(\rho) + (\lambda\rho^2 - n^2)P(\rho) = 0, \\ P(R) = 0, \quad |P(0)| < +\infty. \end{cases}$$

解 首先在引例 8.2 中, 通过分离变量, 我们已经得到方程 $T' + a^2\lambda T = 0$, 根据热传导方程解具有衰减性可知, $\lambda \geqslant 0$. 其次限定 n 为正整数, 由前面的讨论知方程的通解

$$P(\rho) = AJ_n(\sqrt{\lambda}\rho) + By_n(\sqrt{\lambda}\rho),$$

由 $P(0) < +\infty$ 知 $B = 0$, 再由 $P(R) = 0$ 得

$$J_n(\sqrt{\lambda}R) = 0.$$

设 $\mu_m^{(n)}$ $(m = 1, 2, \cdots)$ 为 Bessel 函数 $J_n(x)$ 的正零点 (关于 Bessel 函数的零点可以通过查表获得, 表 8.1 列出了 0—6 阶 Bessel 函数前 10 个正零点), 则易得固有值

$$\lambda_m = \left[\frac{\mu_m^{(n)}}{R}\right]^2, \quad m = 1, 2, \cdots,$$

固有函数为 $J_n\left(\dfrac{\mu_m^{(n)}}{R}\rho\right)$.

注 关于 Bessel 函数的零点, 数学上有如下性质:

(1) $J_n(x)$ 有无穷多个单重实零点, 且在 x 轴上关于原点对称分布. 从而 $J_n(x)$ 有无穷多个单重正零点.

(2) $J_n(x)$ 与 $J_{n+1}(x)$ 的零点交错分布, 即 $J_n(x)$ 的任何两个相邻的零点之间, 有且仅有 $J_{n+1}(x)$ 的一个零点, 反之亦然.

(3) 若以 $\mu_m^{(n)}$ 表示 $J_n(x)$ 的正零点, 则 $\lim\limits_{m\to\infty}(\mu_{m+1}^{(n)}-\mu_m^{(n)})=\pi$, 即 $J_n(x)$ 的零点在远离原点处几乎以 2π 为周期分布.

表 8.1   0—6 阶 Bessel 函数 $J_n(x)$ 前 10 个正零点

m	$J_0(x)$	$J_1(x)$	$J_2(x)$	$J_3(x)$	$J_4(x)$	$J_5(x)$	$J_6(x)$
1	2.4048	3.8317	5.1356	6.3802	7.5883	8.7715	9.9361
2	5.5201	7.0156	8.4172	9.7610	11.0647	12.3386	13.5893
3	8.6537	10.1735	11.6198	13.0152	14.3725	15.7002	17.0038
4	11.7915	13.3237	14.7960	16.2235	17.6160	18.9801	20.3208
5	14.9309	16.4706	17.9598	19.4094	20.8269	22.2178	23.5861
6	18.0711	19.6159	21.1170	22.5827	24.0190	25.4303	26.8202
7	21.2116	22.7601	24.2701	25.7482	27.1991	28.6266	30.0337
8	24.3525	25.9037	27.4206	28.9084	30.3710	31.8117	33.2330
9	27.4935	29.0468	30.5692	32.0649	33.5371	34.9888	36.4220
10	30.6346	32.1897	33.7165	35.2187	36.6990	38.1599	39.6032

8.3 Bessel 函数的递推公式

不同阶的 Bessel 函数之间存在着一定的内在联系, 这就是所谓的递推公式. 首先根据 Bessel 函数 $J_n(x)$ 的表达式, 直接计算可以证明

$$\frac{d}{dx}[x^n J_n(x)] = x^n J_{n-1}(x), \tag{8.20}$$

$$\frac{d}{dx}[x^{-n} J_n(x)] = -x^{-n} J_{n+1}(x). \tag{8.21}$$

事实上

$$\frac{d}{dx}[x^n J_n(x)] = \frac{d}{dx}\left[x^n \sum_{m=0}^{\infty} \frac{(-1)^m x^{n+2m}}{m!\,\Gamma(n+m+1)2^{n+2m}}\right]$$

$$= \sum_{m=0}^{\infty} \frac{(-1)^m 2(n+m) x^{2n+2m-1}}{m! \Gamma(n+m)(n+m) 2^{n+2m}}$$

$$= x^n \sum_{m=0}^{\infty} (-1)^m \frac{1}{m! \Gamma(n+m)} \left(\frac{x}{2}\right)^{n+2m-1}$$

$$= x^n J_{n-1}(x),$$

$$\frac{d}{dx}[x^{-n} J_n(x)] = \frac{d}{dx}\left[x^{-n} \sum_{m=0}^{\infty} (-1)^m \frac{1}{\Gamma(n+m+1)m!} \left(\frac{x}{2}\right)^{n+2m} \right]$$

$$= \sum_{m=1}^{\infty} (-1)^m \frac{2m x^{2m-1}}{\Gamma(n+m+1)m! \, 2^{n+2m}}$$

$$= \sum_{m=1}^{\infty} (-1)^m \frac{x^{2m-1}}{(m-1)! \Gamma(n+m+1) \, 2^{n+2m-1}},$$

令 $m - 1 = k$, 则有

$$\frac{d}{dx}[x^{-n} J_n(x)] = \sum_{k=0}^{\infty} (-1)^{k+1} \frac{x^{2k+1}}{k! \Gamma(n+k+2) \, 2^{n+2k+1}}$$

$$= -\sum_{k=0}^{\infty} (-1)^k \frac{1}{k! \Gamma(n+k+2)} \left(\frac{x}{2}\right)^{2n+2k+1} \cdot x^{-n}$$

$$= -x^{-n} J_{n+1}(x).$$

由 (8.20) 和 (8.21) 可以得到递推公式:

$$J_{n-1}(x) + J_{n+1}(x) = \frac{2n}{x} J_n(x), \tag{8.22}$$

$$J_{n-1}(x) - J_{n+1}(x) = 2 J_n'(x). \tag{8.23}$$

证明 将 (8.20) 和 (8.21) 写成

$$\begin{cases} x^n J_n'(x) + n x^{n-1} J_n(x) = x^n J_{n-1}(x), \\ x^{-n} J_n'(x) - n x^{-n-1} J_n(x) = -x^{-n} J_{n+1}(x), \end{cases}$$

即

$$\begin{cases} J_n'(x) + \dfrac{n}{x} J_n(x) = J_{n-1}(x), \\ J_n'(x) - \dfrac{n}{x} J_n(x) = -J_{n+1}(x). \end{cases}$$

两式相减即得 (8.22), 两式相加即得 (8.23).

对第二类 Bessel 函数, 有相同的递推公式, 即只需将 (8.20)—(8.23) 中的 $J_n(x)$ 换成 $y_n(x)$ 即可.

例 8.3   将 $J_4(x)$ 用 $J_0(x)$ 及 $J_1(x)$ 表示.

解 $J_4(x) = \dfrac{6}{x}J_3(x) - J_2(x)$

$$= \frac{6}{x}\left[\frac{4}{x}J_2(x) - J_1(x)\right] - \left[\frac{2}{x}J_1(x) - J_0(x)\right]$$

$$= \frac{6}{x}\left[\frac{4}{x}\left(\frac{2}{x}J_1(x) - J_0(x)\right) - J_1(x)\right] - \left[\frac{2}{x}J_1(x) - J_0(x)\right]$$

$$= \left(\frac{48}{x^3} - \frac{2}{x}\right)J_1(x) - \left(\frac{24}{x^2} - 1\right)J_0(x).$$

例 8.4   计算积分 $\displaystyle\int J_3(x)dx$.

解 $\displaystyle\int J_3(x)dx = \int x^2[x^{-2}J_3(x)]dx$

$$= -\int x^2 \frac{d}{dx}[x^{-2}J_2(x)]dx$$

$$= -J_2(x) + \int x^{-2}J_2(x)\cdot 2xdx$$

$$= -J_2(x) + 2\int \frac{1}{x}J_2(x)dx$$

$$= -J_2(x) - 2\int \frac{d}{dx}\left(\frac{J_1(x)}{x}\right)dx$$

$$= -J_2(x) - \frac{2}{x}J_1(x) + C.$$

8.4   函数展开成 Bessel 函数的级数

在 8.2 节中, 我们通过解固有值问题 (8.7) 获得了固有值和固有函数系分别为

$$\lambda_m = \left[\frac{\mu_m^{(n)}}{R}\right]^2, \quad P_m(\rho) = J_n\left(\frac{\mu_m^{(n)}}{R}\rho\right), \quad m = 1, 2, \cdots.$$

类比固有值问题:

$$\begin{cases} X''(x) + \lambda X(x) = 0, \\ X(0) = X(l) = 0 \end{cases}$$

的固有值与固有函数为 $\lambda_m = \left(\dfrac{m\pi}{l}\right)^2, X_m(x) = \sin\dfrac{m\pi}{l}x, m = 1, 2, \cdots$, 由于固有函数系 $\left\{\sin\dfrac{k\pi}{l}x\right\}$ 在 $[0, l]$ 上为一完备的正交函数系, 因此函数 $f(x)$ 可以在该固有函数系下展开为 Fourier 级数

$$f(x) = \sum_{m=1}^{\infty} A_m \sin\frac{m\pi}{l}x,$$

其中

$$A_m = \frac{2}{l}\int_0^l f(x)\sin\frac{m\pi}{l}x.$$

现考虑函数 $f(x)$ 能否展成 Bessel 函数的级数:

$$f(x) = \sum_{m=1}^{\infty} A_m J_n\left(\frac{\mu_m^{(n)}}{R}x\right), \tag{8.24}$$

其关键问题是要证明 $\left\{J_n\left(\dfrac{\mu_m^{(n)}}{R}x\right)\right\}$ 是否具有正交性, 回答是肯定的.

8.4.1 $\left\{J_n\left(\dfrac{\mu_m^{(n)}}{R}x\right)\right\}_1^{\infty}$ 的正交性

所谓正交性是指, 当 $m \neq k$ 时

$$\int_0^R x J_n\left(\frac{\mu_m^{(n)}}{R}x\right) J_n\left(\frac{\mu_k^{(n)}}{R}x\right) dx = 0. \tag{8.25}$$

当 $m = k$ 时, 积分

$$\int_0^R x J_n^2\left(\frac{\mu_m^{(n)}}{R}x\right) dx = M_n^2, \tag{8.26}$$

要求出 M_n^2. 此处函数系 $\left\{J_n\left(\dfrac{\mu_m^{(n)}}{R}x\right)\right\}$ 的正交性与已知函数系 $\left\{\sin\dfrac{k\pi}{l}x\right\}$ 的正交性不同, 称 (8.25) 和 (8.26) 为带权正交, 称 $q(x) = x$ 为权函数.

首先证明 (8.25) 成立. 按习惯将 ρ 记为 x, 并将 (8.7) 中的 Bessel 方程写成

$$\frac{d}{dx}\left[x\frac{dP}{dx}\right] + \left(\lambda x - \frac{n^2}{x}\right)P(x) = 0,$$

当 $m \neq k$ 时, $J_n\left(\dfrac{\mu_m^{(n)}}{R}x\right)$ 与 $J_n\left(\dfrac{\mu_k^{(n)}}{R}x\right)$ 分别为固有值问题 (8.7) 对应于固有值

$\lambda_m = \left[\dfrac{\mu_m^{(n)}}{R}\right]^2$ 和 $\lambda_k = \left[\dfrac{\mu_k^{(n)}}{R}\right]^2$ 的固有函数, 因此

$$\begin{cases} \dfrac{d}{dx}\left[x\dfrac{dJ_n(\alpha x)}{dx}\right] + \left(\alpha^2 x - \dfrac{n^2}{x}\right)J_n(\alpha x) = 0, \\ \dfrac{d}{dx}\left[x\dfrac{dJ_n(\beta x)}{dx}\right] + \left(\beta^2 x - \dfrac{n^2}{x}\right)J_n(\beta x) = 0, \end{cases}$$

其中 $\alpha = \dfrac{\mu_m^{(n)}}{R}$, $\beta = \dfrac{\mu_k^{(n)}}{R}$. 上式第一个方程乘以 $J_n(\beta x)$, 第二个方程乘以 $J_n(\alpha x)$, 然后两式相减得

$$\frac{d}{dx}\left[x\frac{dJ_n(\alpha x)}{dx}\right]J_n(\beta x) - \frac{d}{dx}\left[x\frac{dJ_n(\beta x)}{dx}\right]J_n(\alpha x) + (\alpha^2 - \beta^2)xJ_n(\alpha x)J_n(\beta x) = 0,$$

此式在 $[0, R]$ 上积分得

$$(\alpha^2 - \beta^2)\int_0^R xJ_n(\alpha x)J_n(\beta x)dx$$

$$= -\int_0^R \left\{\frac{d}{dx}\left[x\frac{dJ_n(\alpha x)}{dx}\right]J_n(\beta x) - \frac{d}{dx}\left[x\frac{dJ_n(\beta x)}{dx}\right]J_n(\alpha x)\right\}dx$$

$$= \int_0^R \left[x\frac{dJ_n(\alpha x)}{dx}\frac{dJ_n(\beta x)}{dx} - x\frac{dJ_n(\beta x)}{dx}\frac{dJ_n(\alpha x)}{dx}\right]dx = 0,$$

因此

$$\int_0^R xJ_n(\alpha x)J_n(\beta x)dx = 0.$$

为了求出 M_n^2, 将 (8.7) 中的 Bessel 方程两端乘以 $2P'(x)$ 得

$$2P'(x)[x^2 P''(x) + xP'(x) + (\lambda x^2 - n^2)P(x)] = 0,$$

或

$$\frac{d}{dx}[x^2(P'(x))^2 + (\lambda x^2 - n^2)P^2(x)] - 2\lambda x P^2(x) = 0.$$

注意到 $\lambda = \alpha^2 = \left[\dfrac{\mu_m^{(n)}}{R}\right]^2$, $P(x) = J_n(\alpha x)$, $P'(x) = \alpha J_n'(\alpha x)$, 故

$$2\left[\frac{\mu_m^{(n)}}{R}\right]^2 \int_0^R x J_n^2(\alpha x) dx$$

$$= [x^2\alpha^2(J_n'(\alpha x))^2 + (\alpha^2 x^2 - n^2)J_n^2(\alpha x)]_0^R$$

$$= (\mu_m^{(n)})^2[J_n'(\mu_m^{(n)})]^2,$$

这里已用了 $J_n(0) = 0$ 和 $J_n(\mu_m^{(n)}) = 0$, 最后有

$$M_n^2 = \int_0^R x J_n^2\left(\frac{\mu_m^{(n)}}{R}x\right) dx = \frac{R^2}{2}[J_n'(\mu_m^{(n)})]^2, \tag{8.27}$$

利用递推公式, 也有

$$M_n^2 = \frac{R^2}{2}J_{n-1}^2(\mu_m^{(n)}) = \frac{R^2}{2}J_{n+1}^2(\mu_m^{(n)}). \tag{8.28}$$

8.4.2 函数展开成 $\left\{J_n\left(\dfrac{u_m^{(n)}}{R}x\right)\right\}_1^\infty$ 的级数

在获得了函数系 $\left\{J_n\left(\dfrac{\mu_m^{(n)}}{R}x\right)\right\}_1^\infty$ 的正交性之后, 函数 $f(x)$ 就可以在函数

系 $\left\{J_n\left(\dfrac{\mu_m^{(n)}}{R}x\right)\right\}_1^\infty$ 下展开成级数, 我们称之为广义 Fourier 级数 (或 Bessel 函数的级数), 即

$$f(x) = \sum_{m=1}^\infty A_m J_n\left(\frac{\mu_m^{(n)}}{R}x\right), \tag{8.29}$$

其中

$$A_m = \frac{1}{M_n^2}\int_0^R x f(x) J_n\left(\frac{\mu_m^{(n)}}{R}x\right) dx, \quad m = 1, 2, \cdots. \tag{8.30}$$

例 8.5　将 $f(x) = 1$ 在 $[0,1]$ 内展开成 $\{J_0(u_m^{(0)}x)\}_1^\infty$ 的广义 Fourier 级数.

解　这时 $R = 1$, 因此有

$$1 = \sum_{m=1}^\infty A_m J_0(\mu_m^{(0)}x),$$

其中

$$A_m = \frac{1}{M_0^2} \int_0^1 x J_0(\mu_m^{(0)}x)dx = \frac{1}{M_0^2} \int_0^{\mu_m^{(0)}} \frac{1}{[\mu_m^{(0)}]^2} t J_0(t)dt$$

$$= \frac{1}{(\mu_m^{(0)})^2 M_0^2} \int_0^{\mu_m^{(0)}} \frac{d}{dt}[t J_1(t)]dt = \frac{1}{(\mu_m^{(0)})^2 M_0^2} \mu_m^{(0)} J_1(\mu_m^{(0)})$$

$$= \frac{J_1(\mu_m^{(0)})}{\mu_m^{(0)} \frac{1}{2} J_1^2(\mu_m^{(0)})} = \frac{2}{\mu_m^{(0)} J_1(\mu_m^{(0)})}, \quad m = 1, 2, \cdots.$$

例 8.6　设 λ_m $(m = 1, 2, \cdots)$ 为函数 $J_2(3x)$ 的零点, 试将函数 $f(x) = x^2$ 在区间 $[0,3]$ 内展成 $J_2(\lambda_m x)$ 的级数.

解

$$x^2 = \sum_{m=1}^\infty A_m J_2(\lambda_m x),$$

其中

$$A_m = \frac{1}{M_2^2} \int_0^3 x^3 J_2(\lambda_m x)dx = \frac{1}{M_2^2} \int_0^{3\lambda_m} \frac{t^3}{\lambda_m^4} J_2(t)dt$$

$$= \frac{1}{\lambda_m^4 M_2^2} \int_0^{3\lambda_m} \frac{d}{dt}(t^3 J_3(t))dt = \frac{27}{\lambda_m^4 M_2^2} \lambda_m^3 J_3(3\lambda_m)$$

$$= \frac{27}{\lambda_m^4 \frac{9}{2} J_3^2(3\lambda_m)} \lambda_m^3 J_3(3\lambda_m) = \frac{6}{\lambda_m J_3(3\lambda_m)} = -\frac{6}{\lambda_m J_1(3\lambda_m)}.$$

8.5　Bessel 函数的应用举例

下面举例说明 Bessel 函数在用分离变量法解数学物理方程定解问题中的应用.

例 8.7　设有半径为 R 的均匀圆盘, 边界上的温度为零, 初始时刻圆盘内的圆盘温度分布为 $1 - r^2$, 其中 r 是圆盘内任一点的极半径, 求圆盘内的温度分布.

解 由于圆盘内的温度分布只受初始温度和边界温度的影响, 故该问题的温度分布 u 不依赖于 θ, 即 $\dfrac{\partial u}{\partial \theta} = 0$, 于是该定解问题如下

$$\begin{cases} \dfrac{\partial u}{\partial t} = a^2 \dfrac{1}{r} \dfrac{\partial}{\partial r}\left(r \dfrac{\partial u}{\partial r}\right), & r < R, t > 0, \\ u|_{t=0} = 1 - r^2, \\ u|_{r=R} = 0. \end{cases} \tag{8.31}$$

令 $u(r,t) = P(r)T(t)$ 代入方程得

$$P(r)T'(t) = a^2 \frac{1}{r} \frac{d}{dr}[rP'(t)]T(t),$$

$$\frac{T'(t)}{a^2 T(t)} = \frac{\dfrac{1}{r} \dfrac{d}{dr}[rP'(r)]}{P(r)} = -\lambda,$$

于是有

$$T'(t) + \lambda a^2 T(t) = 0,$$

$$\frac{1}{r} \frac{d}{dr}[rP'(r)] + \lambda P(r) = 0.$$

根据边界条件知 $P(R) = 0.$

由于实际的热传导问题中, 在物体内部无热源的情况下, 当边界温度为常数时, 随着时间的增加, 物体的温度应趋于边界温度, 故此处有

$$\lim_{t \to \infty} u = 0.$$

而解 $T'(t) + \lambda a^2 T(t) = 0$ 得

$$T(t) = ce^{-\lambda a^2 t}.$$

由此可知, 若要 $u \to 0$, 必有 $\lambda > 0$. 现解如下固有值问题

$$\begin{cases} \dfrac{1}{r} \dfrac{d}{dr}[rP'(r)] + \lambda P(r) = 0, \\ P(R) = 0 \end{cases}$$

或

$$\begin{cases} r^2 P''(r) + rP'(r) + \lambda r^2 P(r) = 0, \\ P(R) = 0. \end{cases}$$

显然这是一零阶 Bessel 方程的固有值问题, 方程的通解为

$$P(r) = AJ_0(\sqrt{\lambda}r) + By_0(\sqrt{\lambda}r).$$

由于 $P(r)$ 在圆心应有界, 故 $B = 0$. 再由边界条件得 $0 = P(R) = AJ_0(\sqrt{\lambda}R)$, 欲求非零解, 必须有 $J_0(\sqrt{\lambda}R) = 0$. 设 $\mu_m^{(0)}$ $(m = 1, 2, \cdots)$ 为 $J_0(x)$ 的正零点, 则可解得固有值为 $\lambda_m = \left(\dfrac{\mu_m^{(0)}}{R}\right)^2$, 固有函数为

$$R_m(r) = J_0\left(\frac{\mu_m^{(0)}}{R}r\right), \quad m = 1, 2, \cdots,$$

从而

$$u_m(r, t) = c_m e^{-\left(\frac{\mu_m^{(0)}}{R}\right)^2 a^2 t} J_0\left(\frac{\mu_m^{(0)}}{R}r\right),$$

所以

$$u(r, t) = \sum_{m=1}^{\infty} c_m e^{-\left(\frac{\mu_m^{(0)}}{R}\right)^2 a^2 t} J_0\left(\frac{\mu_m^{(0)}}{R}r\right). \tag{8.32}$$

由初始条件知

$$1 - r^2 = \sum_{m=1}^{\infty} c_m J_0(\mu_m^{(0)}r),$$

其中

$$c_m = \frac{1}{M_0^2} \int_0^1 r(1 - r^2) J_0(\mu_m^{(0)}r)dr$$

$$= \frac{1}{M_0^2} \int_0^1 r J_0(\mu_m^{(0)}r)dr - \frac{1}{M_0^2} \int_0^1 r^3 J_0(\mu_m^{(0)}r)dr,$$

由例 8.5 可知

$$\frac{1}{M_0^2} \int_0^1 r J_0(\mu_m^{(0)}r)dr = \frac{2}{u_m^{(0)} J_1(\mu_m^{(0)})},$$

而

$$\frac{1}{M_0^2} \int_0^1 r^3 J_0(\mu_m^{(0)}r)dr \xlongequal{\rho=u_m^{(0)}r} \frac{1}{M_0^2} \int_0^{\mu_m^{(0)}} \left(\frac{\rho}{\mu_m^{(0)}}\right)^3 J_0(\rho)\frac{d\rho}{\mu_m^{(0)}}$$

$$= \frac{2}{(\mu_m^{(0)})^4 J_1^2(\mu_m^{(0)})} \int_0^{\mu_m^{(0)}} \rho^3 J_0(\rho) d\rho$$

$$= \frac{2}{(\mu_m^{(0)})^4 J_1^2(\mu_m^{(0)})} \int_0^{\mu_m^{(0)}} \rho^2 \frac{d}{d\rho}[\rho J_1(\rho)] d\rho$$

$$= \frac{2}{(\mu_m^{(0)})^4 J_1^2(\mu_m^{(0)})} \left[\rho^3 J_1(\rho)|_0^{\mu_m^{(0)}} - 2 \int_0^{\mu_m^{(0)}} \rho^2 J_1(\rho) d\rho \right]$$

$$= \frac{2}{(\mu_m^{(0)})^4 J_1^2(\mu_m^{(0)})} \left[(\mu_m^{(0)})^3 J_1(\mu_m^{(0)}) - 2\rho^2 J_2(\rho)|_0^{\mu_m^{(0)}} \right]$$

$$= \frac{2}{(\mu_m^{(0)})^4 J_1^2(\mu_m^{(0)})} [(\mu_m^{(0)})^3 J_1(\mu_m^{(0)}) - 2(\mu_m^{(0)})^2 J_2(\mu_m^{(0)})]$$

$$= \frac{2}{\mu_m^{(0)} J_1(\mu_m^{(0)})} - \frac{4 J_2(\mu_m^{(0)})}{(\mu_m^{(0)})^2 J_1^2(\nu_m^{(0)})},$$

于是

$$c_m = \frac{4 J_2(\mu_m^{(0)})}{(\mu_m^{(0)})^2 J_1^2(\mu_m^{(0)})},$$

由递推公式 $J_0(x) + J_2(x) = \frac{2}{x} J_1(x)$ 得

$$J_2(\mu_m^{(0)}) = \frac{2}{\mu_m^{(0)}} J_1(\mu_m^{(0)}),$$

所以

$$c_m = \frac{8}{(\mu_m^{(0)})^3 J_1(\mu_m^{(0)})}. \tag{8.33}$$

将 (8.33) 代入 (8.32) 便得到了问题 (8.31) 的形式解.

例 8.8 求下列薄膜的振动问题

$$\begin{cases} u_{tt} = a^2 \left(\dfrac{\partial^2 u}{\partial r^2} + \dfrac{1}{r} \dfrac{\partial u}{\partial r} \right), \quad r < 1, t > 0, \\ \dfrac{\partial u}{\partial r} \bigg|_{r=1} = 0, \\ u|_{t=0} = 0, \quad u_t|_{t=0} = \varphi(r). \end{cases} \tag{8.34}$$

解 令 $u(r,t) = P(r)T(t)$ 得

$$PT''(t) = a^2 T(t) \left(P''(r) + \frac{1}{r} P'(r) \right),$$

$$\frac{T''(t)}{a^2 T(t)} = \frac{P''(r) + \dfrac{1}{r} P'(r)}{P(r)} = -\lambda,$$

则

$$T''(t) + \lambda a^2 T(t) = 0,$$

$$P''(r) + \frac{1}{r} P'(r) + \lambda P(r) = 0.$$

由边界条件得 $P'(1) = 0$, 根据问题的实际意义可知 $\lambda \geqslant 0$.

当 $\lambda = 0$ 时, $T_0(t) = A_0 + B_0 t, P_0(r) = c_0 + D_0 \ln r$. 由于在圆心 ($r = 0$) 处 $u(r,t)$ 有界, 可知 $D_0 = 0$, 所以 $u_0(r,t) = A_0 + B_0 t$.

当 $\lambda > 0$ 时, 固有值问题为

$$\begin{cases} r^2 P''(r) + r P'(r) + \lambda r^2 P(r) = 0, \\ P'(1) = 0. \end{cases} \tag{8.35}$$

这是一隐含自然边界条件 $|P(0)| < +\infty$ 的零阶 Bessel 方程的固有值问题.

方程的通解为

$$P(r) = C J_0(\sqrt{\lambda} r) + D y_0(\sqrt{\lambda} r).$$

由 $|P(0)| < +\infty$ 知 $D = 0$, 再由 $P'(1) = 0$ 得

$$\sqrt{\lambda} C J_0'(\sqrt{\lambda}) = 0,$$

若要求非零解, 必须 $C \neq 0$, 故 $J_0'(\sqrt{\lambda}) = 0$, 由 Bessel 函数的递推公式得

$$\frac{d}{dx}[x^{-n} J_n(x)] = -x^{-n} J_{n+1}(x),$$

取 $n = 0$ 得 $J_0'(x) = -J_1(x)$, 所以 $J_1(\sqrt{\lambda}) = 0$. 设 $\mu_m^{(1)}$ 为 $J_1(x)$ 的正零点, 则得到固有值

$$\lambda_m = [\mu_m^{(1)}]^2, \quad m = 1, 2, \cdots,$$

对应地固有函数为

$$P_m(r) = J_0(\mu_m^{(1)} r), \quad m = 1, 2, \cdots.$$

另外解 $T'' + (\mu_m^{(1)} a)^2 T = 0$ 得

$$T_m(t) = A_m \cos(\mu_m^{(1)} at) + B_n \sin(\mu_m^{(1)} at),$$

由叠加原理得

$$u(r,t) = A_0 + B_0 t + \sum_{m=1}^{\infty} [A_m \cos(\mu_m^{(1)} at) + B_m \sin(\mu_m^{(1)} at)] J_0(\mu_m^{(1)} r). \quad (8.36)$$

由初始条件 $u|_{t=0} = 0$ 得

$$A_0 + \sum_{m=1}^{\infty} A_m J_0(\mu_m^{(1)} r) = 0,$$

故 $A_m = 0 (m = 0, 1, 2, \cdots)$, 再由另一初始条件 $u_t|_{t=0} = \varphi(r)$ 得

$$\varphi(r) = B_0 + \sum_{m=1}^{\infty} B_m \mu_m^{(1)} a J_0(\mu_m^{(1)} r), \quad (8.37)$$

两端乘 r 后在 $[0, 1]$ 上积分有

$$\int_0^1 r\varphi(r) dr = \frac{B_0}{2} + \sum_{m=1}^{\infty} B_m \mu_m^{(1)} a \int_0^1 r J_0(\mu_m^{(1)} r) dr.$$

根据递推公式: $xJ_0(x) = \dfrac{d}{dx}[xJ_1(x)]$, 故

$$\int_0^1 r J_0(\mu_m^{(1)} r) dr = \frac{1}{(\mu_m^{(1)})^2} \int_0^1 (\mu_m^{(1)} r) J_0(\mu_m^{(1)} r) d(\mu_m^{(1)} r)$$

$$= \frac{1}{(\mu_m^{(1)})^2} (\mu_m^{(1)} r) J_1(\mu_m^{(1)} r)|_0^1 = 0, \quad (8.38)$$

所以 $B_0 = 2 \displaystyle\int_0^1 r\varphi(r) dr$. 但要求得 $B_m (m = 1, 2, \cdots)$, 则必须研究 $\{J_0(\mu_m^{(1)} x)\}_1^{\infty}$ 的正交性. 事实上, 完全可以重复函数系 $\{J_n(u_m^{(n)} x)\}$ 的正交性的证明过程, (8.7) 中的零阶 Bessel 方程可写成

$$\frac{d}{dx} \left[x \frac{dP}{dx} \right] + \lambda x P(x) = 0.$$

记 $\alpha = \mu_m^{(1)}, \beta = \mu_k^{(1)}$ 为一阶 Bessel 函数的两个不同的零点, 则

$$\begin{cases} \dfrac{d}{dx} \left[x \dfrac{dJ_0(\alpha x)}{dx} \right] + \alpha^2 x J_0(\alpha x) = 0, \\ \dfrac{d}{dx} \left[x \dfrac{dJ(\beta x)}{dx} \right] + \beta^2 x J_0(\beta x) = 0. \end{cases}$$

第一个方程乘以 $J_0(\beta x)$ 减去第二个方程乘以 $J_0(\alpha x)$ 然后积分得

$$
(\alpha^2 - \beta^2) \int_0^1 x J_0(\alpha x) J_0(\beta x) dx
$$

$$
= \int_0^1 \left[\frac{d}{dx}\left[x\frac{dJ_0(\alpha x)}{dx}\right] J_0(\beta x) - \frac{d}{dx}[x\frac{dJ_0(\beta x)}{dx}] J_0(\alpha x) \right] dx
$$

$$
= \left[x\frac{dJ_0(\alpha x)}{dx} J_0(\beta x) - x\frac{dJ_0(\beta x)}{dx} J_0(\alpha x) \right]_0^1
$$

$$
- \int_0^1 \left[x\frac{dJ_0(x)}{dx}\frac{dJ_0(\beta x)}{dx} - x\frac{dJ_0(\beta x)}{dx}\frac{dJ_0(\alpha x)}{dx} \right] dx
$$

$$
= \frac{dJ_0(\alpha x)}{dx}\bigg|_{x=1} J_0(\beta) - \frac{dJ_0(\beta x)}{dx}\bigg|_{x=1} J_0(\alpha),
$$

由递推公式 $\dfrac{d}{dx}J_0(x) = -J_1(x)$ 知

$$
\frac{dJ_0(\alpha x)}{dx}\bigg|_{x=1} = -\alpha J_1(\alpha) = 0, \qquad \frac{dJ_0(\beta x)}{dx}\bigg|_{x=1} = -\beta J_1(\beta) = 0.
$$

于是当 $\alpha \neq \beta$ 时有

$$
\int_0^1 x J_0(\alpha x) J_0(\beta x) dx = 0.
$$

现求 $\displaystyle\int_0^1 r J_0^2(\mu_m^{(1)} r) dr$, 将 (8.35) 的方程两端乘以 $2P'(r)$ 得

$$
2P'(r)[r^2 P''(r) + r P'(r) + \lambda r^2 P(r)] = 0
$$

或写成

$$
\frac{d}{dr}[r^2 (P'(r))^2 + \lambda r^2 P^2(r)] - 2\lambda r P^2(r) = 0,
$$

取 $\lambda = \alpha^2, P(r) = J_0(\alpha r)$, 上式在 $[0,1]$ 上积分得

$$
2\alpha^2 \int_0^1 r J_0^2(\alpha r) dr = \left[r^2 \left(\frac{dJ_0(\alpha r)}{dr} \right)^2 + \alpha^2 r^2 J_0^2(\alpha r) \right]_0^1.
$$

注意到 $\dfrac{dJ_0(\alpha r)}{dr}\bigg|_{r=1} = -\alpha J_1(\alpha r)\bigg|_{r=1} = -\alpha J_1(\alpha) = 0$, 有

$$2\alpha^2 \int_0^1 rJ_0^2(\alpha r)dr = \alpha^2 J_0'^2(\alpha),$$

所以

$$\int_0^1 rJ_0^2(\mu_m^{(1)}r)dr = \frac{1}{2}J_0'^2(\mu_m^{(1)}). \tag{8.39}$$

因此 (8.37) 乘以 $rJ_0(\mu_k^{(1)}r)$, 然后在 $[0,1]$ 上积分有

$$\int_0^1 r\varphi(r)J_0(\mu_k^{(1)}r)dr = B_0\int_0^1 rJ_0(\mu_k^{(1)}r)dr + B_k\mu_k^{(1)}a\frac{1}{2}J_0'^2(\mu_k^{(1)}),$$

我们在 (8.38) 中已经算得 $\int_0^1 rJ_0(\mu_k^{(1)}r)dr = 0$, 再利用 (8.39) 可得

$$B_k = \frac{2}{\mu_k^{(1)}aJ_0'^2(\mu_k^{(1)})}\int_0^1 r\varphi(r)J_0(\mu_k^{(1)}r)dr, \quad k = 1, 2, \cdots. \tag{8.40}$$

综上所述, 我们得到问题 (8.34) 的解为

$$u(r,t) = 2t\int_0^1 r\varphi(r)dr + \sum_{m=1}^{\infty} B_m \sin(\mu_m^{(1)}at)J_0(\mu_m^{(1)}r),$$

其中, $\{B_m\}$ 由 (8.40) 给出.

对引例 8.2 的特殊情况, 即定解问题的解 u 不依赖于 θ 时, 已在例 8.7 中进行了求解. 在本章即将结束时, 我们看一下引例 8.2 的一般情况的求解, 以求达到抛砖引玉的作用.

例 8.9 求解引例 8.2

$$\begin{cases} \dfrac{\partial u}{\partial t} = u^2\left(\dfrac{\partial^2 u}{\partial x^2} + \dfrac{\partial^2 u}{\partial y^2}\right), & x^2 + y^2 < R^2, \ t > 0, \\ u|_{x^2+y^2=R^2} = 0, \\ u|_{t=0} = \varphi(r,\theta). \end{cases} \tag{8.41}$$

通过分离变量, 我们得到三个方程

$$T'(t) + \lambda a^2 T(t) = 0, \tag{8.42}$$

$$\Phi''(\theta) + \mu\Phi(\theta) = 0, \tag{8.43}$$

$$\rho^2 P''(\rho) + \rho P'(\rho) + (\lambda \rho^2 - \mu) P(\rho) = 0. \tag{8.44}$$

由例 8.1 的讨论知 $\lambda > 0$, 另外由于圆盘中在相同半径上的同一个点可以表示为 (r, θ) 和 $(r, \theta + 2\pi)$, 于是 $\Phi(\theta)$ 应满足周期性, 即 $\Phi(\theta+2\pi) = \Phi(\theta)$, 将此式与 (8.43) 式放在一起得到周期固有值问题

$$\begin{cases} \Phi''(\theta) + \mu\Phi(\theta) = 0, \\ \Phi(\theta+2\pi) = \Phi(\theta). \end{cases}$$

解之得固有值 $\mu = n^2 (n = 0, 1, 2, \cdots)$, 固有函数

$$\Phi_n(\theta) = a_n \cos n\theta + b_n \sin n\theta \quad (n = 0, 1, 2, \cdots).$$

将 $\mu = n^2 (n = 0, 1, \cdots), \lambda > 0$ 代入 (8.44), 再根据边界条件便构成了 Bessel 方程的固有值问题 (8.7).

由例 8.2 的结果, 该固有值问题的解为

$$\left\{ \lambda_{nm} = \left[\frac{\mu_m^{(n)}}{R} \right]^2, P_{nm}(\rho) = J_n\left(\frac{\mu_m^{(n)}}{R} \rho \right), \quad n = 0, 1, \cdots, m = 1, 2, \cdots \right\}.$$

而将 λ_{nm} 代入 (8.42) 解得

$$T_{nm}(t) = C_{nm} e^{-\left(\frac{\mu_m^{(n)}}{R} a \right)^2 t},$$

最后根据叠加原理得

$$u(\rho, \theta, t) = \sum_{n=0}^{\infty} \sum_{m=1}^{\infty} e^{-\left(\frac{\mu_m^{(n)}}{R} a \right)^2 t} (A_{nm} \cos n\theta + B_{nm} \sin n\theta) J_n\left(\frac{\mu_m^{(n)}}{R} \rho \right),$$

根据初始条件得

$$\varphi(\theta, \varphi) = \sum_{n=1}^{\infty} \sum_{m=1}^{\infty} (A_{mn} \cos n\theta + B_{nm} \sin n\theta) J_n\left(\frac{\mu_m^{(n)}}{R} \rho \right).$$

如何由上式得到系数 $\{A_{mn}, B_{nm}, n = 0, 1, \cdots, m = 1, 2, \cdots\}$, 显然已超出了本书的范围, 可在文献 (梁昆淼, 1979) 中查阅.

习 题 8

1. 证明:

(1) $\dfrac{\sin x}{x} = \displaystyle\int_0^{2\pi} J_0(x\cos\theta)d\theta;$

(2) $\dfrac{1-\cos x}{x} = \displaystyle\int_0^{\frac{\pi}{2}} J_1(x\cos\theta)d\theta.$

2. 证明: 若 $f(r) = 1 - r^2$, 则 $g(\omega) = \displaystyle\int_0^1 f(r)J_0(\omega r)rdr = \dfrac{2}{\omega^2}J_2(\omega).$

3. 证明 $(n > -1)$:

(1) $\displaystyle\int_0^1 x^{n+1} J_n(\omega x)dx = \dfrac{J_{n+1}(\omega)}{\omega};$

(2) $\displaystyle\int_0^1 x^{n+3} J_n(\omega x)dx = \dfrac{J_{n+1}(\omega)}{\omega} - \dfrac{2J_{n+2}(\omega)}{\omega^2}.$

4. 证明:

(1) $\displaystyle\int_0^x xJ_0(x)dx = xJ_1(x);$

(2) $\displaystyle\int_0^x x^3 J_0(x)dx = 2x^2 J_0(x) + (x^3 - 4x)J_1(x).$

5. 证明: $f(x) = x^\nu (0 < x < 1)$ 的 Bessel 函数展开式为

$$x^\nu = 2\sum_{k=1}^\infty \frac{J_\nu(u_k x)}{u_k J_{\nu+1}(u_k)} \quad (\nu > -1),$$

其中 μ_k 是方程 $J_\nu(x) = 0$ 的正根.

6. 证明:

(1) $J_{\frac{1}{2}}(x) = \sqrt{\dfrac{2}{\pi x}}\sin x;$

(2) $J_{-\frac{1}{2}}(x) = \sqrt{\dfrac{2}{\pi x}}\cos x.$

7. 求解如下定解问题:

(1) $\begin{cases} u_{tt} = a^2\left(\dfrac{\partial^2 u}{\partial\rho^2} + \dfrac{1}{\rho}\dfrac{\partial u}{\partial\rho}\right), & \rho < R, t > 0, \\[2mm] u|_{\rho=R} = 0, & t \geqslant 0, \\[2mm] u|_{t=0} = 1 - \dfrac{\rho^2}{R^2}, \quad u_t|_{t=0} = 0, & \rho \leqslant R; \end{cases}$

$$(2) \begin{cases} u_{tt} = a^2 \dfrac{1}{x} \dfrac{\partial}{\partial x} \left(x \dfrac{\partial u}{\partial x} \right), & 0 < x < l, t > 0, \\[2mm] u|_{x=0} < \infty, \quad u_x|_{x=l} = 0, & t \geqslant 0, \\[2mm] u|_{t=0} = f(x), \quad u_t|_{t=0} = 0, & 0 \leqslant x \leqslant l, \end{cases} \qquad \text{其中 } f(x) \text{ 为已知函数;}$$

$$(3) \begin{cases} \Delta u = 0, & \rho < a, 0 < z < h, \\[2mm] u|_{\rho=a} = 0, & 0 \leqslant z \leqslant h, \\[2mm] u|_{z=0} = 0, \quad u|_{z=h} = 1, & \rho \leqslant a. \end{cases}$$

8. 一无限长圆筒, 内径为 a, 外径为 b, 初始温度为 $u_0(\rho)$, 当 $t > 0$ 时, 界面 $\rho = a$, $\rho = b$ 的温度保持为零度, 求该圆筒的温度分布.

9. 一无限长实心圆柱, 半径为 b, 初始温度为 $u_0(\rho)$, 然后界面温度保持恒温 v_0 开始冷却, 试求该柱体内部的温度变化.

10. 求解如下圆对称问题:

$$(1) \begin{cases} u_{tt} = a^2 \left(\dfrac{\partial^2 u}{\partial x^2} + \dfrac{\partial^2 u}{\partial y^2} \right), & r < R, t > 0, \\[2mm] |u||_{r=0} \leqslant M, \quad \dfrac{\partial u}{\partial r}\bigg|_{r=R} = 0, \quad t \geqslant 0, \\[2mm] u|_{t=0} = \varphi(r), \; u_t|_{t=0} = \psi(r), & r \leqslant R, \end{cases} \qquad \text{其中 } M > 0 \text{ 是常数;}$$

$$(2) \begin{cases} u_t = a^2 \left(\dfrac{\partial^2 u}{\partial x^2} + \dfrac{\partial^2 u}{\partial y^2} \right), & r < R, t > 0, \\[2mm] |u(0, t)| \leqslant M, \quad \dfrac{\partial u}{\partial r}\bigg|_{r=R} = 0, \quad t \geqslant 0, \\[2mm] u|_{t=0} = \varphi(r), & r \leqslant R, \end{cases} \qquad \text{其中 } M > 0 \text{ 是常数.}$$

第 9 章 特殊函数 (二): Legendre 多项式

9.1 引　言

本章我们将讨论由定解问题的分离变量法引出的 Legendre 方程的求解及其固有值问题, 从而应用到数学物理方程的定解问题的求解.

引例 9.1 考虑如下旋转对称问题

$$\begin{cases} \Delta u = 0, & x^2 + y^2 + z^2 < a^2, \\ u|_{x^2+y^2+z^2=a^2} = \phi, \end{cases} \tag{9.1}$$

其中 ϕ 为已知函数. 在球坐标下 (9.1) 化为

$$\begin{cases} \dfrac{1}{r^2} \dfrac{\partial}{\partial r} \left(r^2 \dfrac{\partial u}{\partial r} \right) + \dfrac{1}{r^2 \sin\theta} \dfrac{\partial}{\partial \theta} \left(\sin\theta \dfrac{\partial u}{\partial \theta} \right) + \dfrac{1}{r^2 \sin^2\theta} \dfrac{\partial^2 u}{\partial \varphi^2} = 0, \\ u|_{r=\theta} = \phi(\theta, \varphi). \end{cases} \tag{9.2}$$

由于是旋转对称问题, 故 u 与变量 φ 无关, 即 $\dfrac{\partial u}{\partial \varphi} = 0$. 现分离变量, 令

$$u(r, \theta) = R(r)Q(\theta),$$

代入方程有

$$\frac{1}{r^2} \frac{d}{dr}[r^2 R'(r)]Q(\theta) + \frac{1}{r^2 \sin\theta} \frac{d}{d\theta}(\sin\theta Q'(\theta))R = 0,$$

即

$$\frac{\dfrac{d}{dr}[r^2 R']}{R} = -\frac{\dfrac{1}{\sin\theta} \dfrac{d}{d\theta}(\sin\theta Q'(\theta))}{Q(\theta)},$$

将此式记为 λ, 于是得

$$r^2 R''(r) + 2r R'(r) - \lambda R(r) = 0, \tag{9.3}$$

$$\frac{1}{Q(\theta)\sin\theta} \frac{d}{d\theta}(\sin\theta Q'(\theta)) = -\lambda. \tag{9.4}$$

方程 (9.3) 为 Euler 方程, 而对方程 (9.4), 令 $x = \cos\theta$ $(-1 \leqslant x \leqslant 1)$, 并将 $Q(\theta)$ 记为 $y(x)$, 则方程化为

$$(1 - x^2)\frac{d^2y}{dx^2} - 2x\frac{dy}{dx} + \lambda y(x) = 0, \tag{9.5}$$

称此方程为 Legendre 方程.

现考虑 λ 的取值. 当 $\lambda < -\frac{1}{4}$ 时, 方程 (9.3) 的通解为

$$R(r) = r^{-\frac{1}{2}}\left[A\cos\left(\frac{1}{2}\sqrt{-1-4\lambda}\ln r\right) + B\sin\left(\frac{1}{2}\sqrt{-1-4\lambda}\ln r\right)\right],$$

而当 $\lambda = -\frac{1}{4}$ 时, (9.3) 的通解为

$$R(r) = r^{-\frac{1}{2}}(A\ln r + B),$$

由于 $|u| < \infty$, 而当 $\lambda \leqslant -\frac{1}{4}$ 时, $R(0)$ 均无界, 故这时有 $A = B = 0$, 即问题无非零解. 当 $\lambda > -\frac{1}{4}$ 时, 通解为

$$R(r) = Ar^{\frac{1}{2}(\sqrt{1+4\lambda}-1)} + Br^{-\frac{1}{2}(\sqrt{1+4\lambda}+1)},$$

显然要使 $R(r)$ 在 $r = 0$ 有界且非零, 必须 $B = 0$, 同时要求 $\sqrt{1+4\lambda} - 1 \geqslant 0$, 并且 $A \neq 0$, 所以 $\lambda \geqslant 0$. 综合 $\lambda > -\frac{1}{4}$ 和 $\lambda \geqslant 0$ 知, 若要方程 (9.3) 有非零的有界解, 必须 $\lambda \geqslant 0$, 取 $\lambda = n(n+1)$, 显然有 $n \geqslant 0$ 或 $n < -1$. 当 $n \geqslant 0$ 时, 注意到 $\frac{1}{2}(\sqrt{1+4n(n+1)}-1) = n$, 所以方程 (9.3) 的解为

$$R(r) = Ar^n, \tag{9.6}$$

当 $n < -1$ 时, 注意到 $\frac{1}{2}(\sqrt{1+4n(n+1)}-1) = -(n+1)$, 所以方程的解为

$$R(r) = Ar^{-(n+1)},$$

作变换 $m = -(n+1)$, 于是有 $R(r) = Ar^m$, 这可统一写为 (9.6), 因此我们通常仅考虑 $n \geqslant 0$ 的情况即可, 将 $\lambda = n(n+1)$ 代入 (9.5) 得

$$\frac{d}{dx}\left[(1-x^2)\frac{dy}{dx}\right] + n(n+1)y(x) = 0. \tag{9.7}$$

9.2　Legendre 方程的解

关于 Legendre 方程 (9.7) 的求解, 与解 Bessel 方程有相同的思路. 我们考虑其级数解, 由引理 8.1 知, 方程存在解析解

$$y(x) = \sum_{k=0}^{\infty} a_k x^k,$$

将其代入 (9.7) 有

$$(1-x^2)\sum_{k=2}^{\infty} k(k-1)a_k x^{k-2} - 2x\sum_{k=1}^{\infty} ka_k x^{k-1} + n(n+1)\sum_{k=0}^{\infty} a_k x^k \equiv 0,$$

此即

$$\sum_{k=0}^{\infty}\{(k+2)(k+1)a_{k+2} - [k(k-1)+2k-n(n+1)]a_k\}x^k = 0,$$

比较系数得

$$(k+2)(k+1)a_{k+2} - [k(k-1)+2k-n(n+1)]a_k = 0,$$

所以

$$a_{k+2} = \frac{k(k+1)-n(n+1)}{(k+2)(k+1)}a_k = -\frac{(n+k+1)(n-k)}{(k+2)(k+1)}a_k,$$

由此关系可知 $a_{2m}(m=1,2,\cdots)$ 可以由 a_0 表示, $a_{2m+1}(m=1,2,\cdots)$ 可以由 a_1 表示, 按此递推关系式, 可具体导出 a_{2m} 和 a_{2m+1}:

$$a_{2m} = (-1)^m\frac{(n-2)(n-4)\cdots(n-2m+2)n(n+1)\cdots(n+2m-1)}{(2m)!}a_0, \quad (9.8)$$

$$a_{2m+1} = (-1)^m\frac{(n-1)(n-3)\cdots(n-2m+1)(n+2)(n+4)\cdots(n+2m)}{(2m+1)!}a_1.$$
$$\tag{9.9}$$

将 (9.8) 和 (9.9) 代入 $y(x) = \sum_{k=0}^{\infty} a_k x^k$ 得

$$y(x) = a_0\left[1 - \frac{n(n+1)}{2!}x^2 + \frac{(n-2)n(n+1)(n+2)}{4!}x^4 + \cdots\right.$$

$$\left. + (-1)^m\frac{(n-2)(n-4)\cdots(n-2m+2)n(n+1)\cdots(n+2m-1)}{(2m)!}x^{2m}+\cdots\right]$$

$$+ a_1 \left[x - \frac{(n-1)(n+2)}{3!}x^3 + \cdots + (-1)^m \right.$$

$$\left. \cdot \frac{(n-1)(n-3)\cdots(n-2m+1)(n+2)\cdots(n+2m)}{(2m+1)!}x^{2m+1} + \cdots \right]$$

$$= a_0 y_1(x) + a_1 y_2(x),$$

其中

$$y_1(x) = 1 - \frac{n(n+1)}{2!}x^2 + \frac{(n-2)n(n+1)(n+2)}{4!}x^4 + \cdots + (-1)^m$$

$$\cdot \frac{(n-2)(n-4)\cdots(n-2m+2)n(n+1)\cdots(n+2m-1)}{(2m)!}x^{2m} + \cdots,$$

$$y_2(x) = x - \frac{(n-1)(n+2)}{3!}x^3 + \cdots + (-1)^m$$

$$\cdot \frac{(n-1)(n-3)\cdots(n-2m+1)(n+2)\cdots(n+2m)}{(2m+1)!}x^{2m+1} + \cdots,$$

a_0, a_1 为任意常数, 显然 $y_1(x)$ 与 $y_2(x)$ 线性无关. 当 n 不为整数时, 这是两个无穷级数, 不难证明两个级数 $y_1(x)$ 与 $y_2(x)$ 在 $(-1,1)$ 内绝对收敛, 且 $y_1(x)$ 与 $y_2(x)$ 都是 Legendre 方程 (9.7) 的解, 于是 $y = a_0 y_1(x) + a_1 y_2(x)$ 便为 Legendre 方程 (9.7) 的通解.

从 $y_1(x)$ 和 $y_2(x)$ 的表达式可见, 当 n 为整数时 $y_1(x), y_2(x)$ 之一便退化为一多项式, 另一个仍为在 $(-1,1)$ 内绝对收敛的级数, 故通解的结论仍成立, 现讨论 n 为整数的情况. 将递推关系

$$a_{k+2} = -\frac{(n-k)(n+k+1)}{(k+2)(k+1)}a_k$$

改写为

$$a_k = -\frac{(k+2)(k+1)}{(n-k)(n+k+1)}a_{k+2},$$

于是, 多项式中各次幂项系数可以由最高次幂项系数表出, 从而可写出该多项式. 为了使这些表达式写成比较简洁的形式, 并且使多项式在 $x = 1$ 处取值为 1, 我们取

$$a_n = \frac{(2n)!}{2^n(n!)^2},$$

这样

$$a_{n-2} = -\frac{n(n-1)(2n)!}{2(2n-1)2^n(n!)^2} = -\frac{(2n-2)!}{2^n(n-1)!(n-2)!},$$

$$a_{n-4} = (-1)^2 \frac{(n-2)(n-3)}{4(2n-3)} \cdot \frac{(2n-2)!}{2^n(n-1)!(n-2)!}$$

$$= (-1)^2 \frac{(2n-4)!}{2!2^n(n-2)!(n-4)!},$$

一般地, 当 $n-2m \geqslant 0$ 时, 我们有

$$a_{n-2m} = (-1)^m \frac{(2n-2m)!}{m!2^n(n-m)!(n-2m)!},$$

当 n 为正偶数时, 将这些系数代入 $y_1(x)$ 的表达式得

$$y_1(x) = \sum_{m=0}^{n/2} (-1)^m \frac{(2n-2m)!}{2^n m!(n-m)!(n-2m)!} x^{n-2m},$$

由此显然可推知

$$a_0 = (-1)^{\frac{n}{2}} \frac{n!}{2^n \left[\left(\frac{n}{2}\right)!\right]^2}.$$

当 n 为正奇数时, 将系数代入 $y_2(x)$ 有

$$y_2(x) = \sum_{m=0}^{\frac{n-1}{2}} (-1)^m \frac{(2n-2m)!}{2^n m!(n-m)!(n-2m)!} x^{n-2m},$$

这时不难求得

$$a_1 = (-1)^{\frac{n-1}{2}} \cdot \frac{n!}{2^{n-1}[(\frac{n-1}{2})!]^2}.$$

可以将 $y_1(x)$, $y_2(x)$ 统一地写为

$$P_n(x) = \sum_{m=0}^{\left[\frac{n}{2}\right]} (-1)^m \frac{(2n-2m)!}{2^n m!(n-m)!(n-2m)!} x^{n-2m}, \tag{9.10}$$

其中 $\left[\frac{n}{2}\right]$ 表示 $\frac{n}{2}$ 的整数部分, 该多项式被称为 Legendre 多项式 (或称为第一类 Legendre 函数), 我们可以写出前面几个 Legendre 多项式

$$P_0(x) = 1,$$

$$P_1(x) = x,$$

$$P_2(x) = \frac{1}{2}(3x^2 - 1),$$

$$P_3(x) = \frac{1}{2}(5x^3 - 3x),$$

$$P_4(x) = \frac{1}{8}(35x^4 - 30x^2 + 3),$$

$$P_5(x) = \frac{1}{8}(63x^5 - 70x^3 + 15x).$$

综上所述, 当 n 不是整数时, Legendre 方程 (9.3) 的通解为

$$y(x) = Ay_1(x) + By_2(x),$$

其中 A, B 为任意常数, $y_1(x)$, $y_2(x)$ 均为无穷级数, 当 n 为正整数时, $P_n(x)$ 给出了 (9.7) 的一个特解, 另一个解仍为无穷级数, 记为 $Q_n(x)$, 称为第二类 Legendre 函数. 可以证明 $Q_n(x)$ 在 $|x| < 1$ 时收敛, 而在 $x = \pm 1$ 时发散. 从 (9.8) 和 (9.9) 不难得到当 $n = 0, 1, 2$ 时 $Q_n(x)$ 的表达式

$$Q_0(x) = x + \frac{x^3}{3} + \frac{x^5}{5} + \cdots = \frac{1}{2}\ln\frac{1+x}{1-x},$$

$$Q_1(x) = x\left(x + \frac{x^3}{3} + \frac{x^5}{5} + \cdots\right) - 1 = \frac{x}{2}\ln\frac{1+x}{1-x} - 1,$$

$$Q_2(x) = \frac{3x^2 - 1}{2}\left(x + \frac{x^3}{3} + \frac{x^5}{5} + \cdots\right) - \frac{3x}{2} = \frac{3x^2 - 1}{4}\ln\frac{1+x}{1-x} - \frac{3x}{2}.$$

显然 $Q_n(x)$ 与 $P_n(x)$ 线性无关, 于是 (9.7) 的通解为

$$y(x) = c_1 P_n(x) + c_2 Q_n(x).$$

9.3　Legendre 多项式的 Rodrigues 表达式

为了应用和记忆上的方便, 可将 Legendre 多项式 $P_n(x)$ 表述为

$$P_n(x) = \frac{1}{2^n n!}\frac{d^n}{dx^n}(x^2 - 1)^n, \tag{9.11}$$

此式由 Rodrigues (罗德里格斯) 给出, 因此称为 Rodrigues 表达式. 本节我们将推导该式. 为此我们考虑函数

$$\omega = (x^2 - 1)^n.$$

该式两边对 x 求导后再乘以 $x^2 - 1$ 得

$$(1 - x^2)\frac{d\omega}{dx} + 2nx\omega = 0,$$

再对 x 求导得

$$(1 - x^2)\frac{d^2\omega}{dx^2} + 2(n-1)x\frac{d\omega}{dx} + 2n\omega = 0,$$

继续这个求导过程得

$$(1 - x^2)\frac{d^3\omega}{dx^3} + 2(n-2)x\frac{d^2\omega}{dx^2} + 2(2n-1)\frac{d\omega}{dx} = 0,$$

$$(1 - x^2)\frac{d^4\omega}{dx^4} + 2(n-3)x\frac{d^3\omega}{dx^3} + 3(2n-2)\frac{d^2\omega}{dx^2} = 0,$$

$$\cdots\cdots$$

$$(1 - x^2)\frac{d^2\omega^{(k)}}{dx^2} + 2(n-k-1)x\frac{d\omega^{(k)}}{dx} + (k+1)(2n-k)\omega^{(k)} = 0, \qquad (9.12)$$

其中 $\omega^{(k)} = \dfrac{d^k\omega}{dx^k}$. 若取 $k = n$, 则 (9.12) 为

$$(1 - x^2)\frac{d^2\omega^{(n)}}{dx^2} - 2x\frac{d\omega^{(n)}}{dx} + n(n+1)\omega^{(n)} = 0,$$

这表明 $C\omega^{(n)}$ 为 Legendre 方程的一个多项式解, 其中 C 是一个任意常数, 记

$$P_n(x) = C\omega^{(n)} = C\frac{d^n}{dx^n}(x^2 - 1)^n,$$

由 $P_n(1) = 1$ 知, $Cn!2^n = 1$, 于是 $C = \dfrac{1}{2^n n!}$, 即

$$P_n(x) = \frac{1}{2^n n!}\frac{d^n}{dx^n}(x^2 - 1)^n.$$

另外由 (9.11) 不难得到

$$P_n(-x) = (-1)^n P_n(x). \qquad (9.13)$$

例 9.1 证明

$$(2n + 1)P_n(x) = P'_{n+1}(x) - P'_{n-1}(x). \qquad (9.14)$$

证明　由 (9.11) 可得

$$P_n'(x) = \frac{1}{2^n n!} \frac{d^n}{dx^n}[2nx(x^2-1)^{n-1}]$$

$$= \frac{1}{2^{n-1}(n-1)!} \frac{d^{n-1}}{dx^{n-1}}[(x^2-1)^{n-1} + 2(n-1)x^2(x^2-1)^{n-2}],$$

以 $n+1$ 代替 n 有

$$P_{n+1}'(x) = \frac{1}{2^n n!} \frac{d^n}{dx^n}[(x^2-1)^n + 2nx^2(x^2-1)^{n-1}],$$

又

$$P_{n-1}'(x) = \frac{1}{2^{n-1}(n-1)!} \frac{d^n}{dx^n}(x^2-1)^{n-1},$$

所以

$$P_{n+1}'(x) - P_{n-1}'(x) = \frac{1}{2^2 n!} \frac{d^n}{dx^n}[(x^2-1)^n + 2nx^2(x^2-1)^{n-1}]$$

$$- \frac{1}{2^{n-1}(n-1)!} \frac{d^n}{dx^n}(x^2-1)^{n-1}$$

$$= \frac{1}{2^n n!} \frac{d^n}{dx^n}[(x^2-1)^n + 2nx^2(x^2-1)^{n-1} - 2n(x^2-1)^{n-1}]$$

$$= (2n+1)P_n(x).$$

9.4　函数展开成 Legendre 多项式级数

在求解数学物理方程定解问题时, 需要将函数展开成 Legendre 多项式级数, 为此首先要证明以 Legendre 多项式全体所构成的函数系 $\{P_n(x), n = 0, 1, 2, \cdots\}$ 为正交函数系, 这与函数展开成 Fourier 级数类似.

9.4.1　Legendre 多项式的正交性

所谓 Legendre 多项式的正交性, 是要证明

$$\int_{-1}^{1} P_m(x)P_n(x)dx = \begin{cases} 0, & m \neq n, \\ \dfrac{2}{2n+1}, & m = n. \end{cases} \tag{9.15}$$

事实上, 首先有

$$\int_{-1}^{1} x^k P_n(x)dx = 0, \quad k < n.$$

这是因为当 $k < n$ 时, 有

$$\int_{-1}^{1} x^k P_n(x) dx = \frac{1}{2^n n!} \int_{-1}^{1} x^k \frac{d^n}{dx^n} (x^2 - 1)^n dx$$

$$= \frac{1}{2^n n!} x^k \frac{d^{n-1}}{dx^{n-1}} (x^2 - 1)^n \Big|_{-1}^{1} - \frac{k}{2^n n!} \int_{-1}^{1} x^{k-1} \frac{d^{n-1}}{dx^{n-1}} (x^2 - 1)^n dx,$$

上式右端第一项, 由于 $(x^2 - 1)^n = (x-1)^n (x+1)^n$, 故 $\frac{d^{n-1}}{dx^{n-1}} (x^2 - 1)^n$ 展开式的每一项均有因子 $(x^2 - 1)$, 因此这一项等于 0, 对第二项可以继续使用分部积分方法, 且所有积出的项均与上述积分中的第一项相同为 0, 这个过程可以继续下去, 最后得到

$$\int_{-1}^{1} x^k P_n(x) dx = (-1)^k \frac{k!}{2^n n!} \int_{-1}^{1} \frac{d^{n-k}}{dx^{n-k}} (x^2 - 1)^n dx$$

$$= (-1)^k \frac{k!}{2^n n!} \frac{d^{n-k-1}}{dx^{n-k-1}} (x^2 - 1)^n \Big|_{-1}^{1} = 0.$$

于是在 (9.15) 中, 不妨设 $m < n$, 则多项式 $P_m(x)$ 中各项的幂次都不超过 n, 于是有 $\int_{-1}^{1} P_m(x) P_n(x) dx = 0$, 而当 $m = n$ 时, 有

$$\int_{-1}^{1} \frac{d^n}{dx^n} (x^2 - 1)^n P_n(x) dx = P_n(x) \frac{d^{n-1}}{dx^{n-1}} (x^2 - 1)^n \Big|_{-1}^{1}$$

$$- \int_{-1}^{1} \frac{d}{dx} P_n(x) \frac{d^{n-1}}{dx^{n-1}} (x^2 - 1)^n dx,$$

与前面同样的理由, 上式右端第一项为 0, 将第二项积分继续分部积分, 并且这个过程一直进行下去, 最后得到

$$\int_{-1}^{1} \frac{d^n}{dx^n} (x^2 - 1)^n P_n(x) dx = (-1)^n \int_{-1}^{1} (x^2 - 1)^n \frac{d^n}{dx^n} P_n(x) dx,$$

由于 $\frac{d^n}{dx^n} P_n(x) = \frac{(2n)!}{2^n n!}$, 所以有

$$\int_{-1}^{1} \frac{d^n}{dx^n} (x^2 - 1)^n P_n(x) dx = (-1)^n \frac{(2n)!}{2^n n!} \int_{-1}^{1} (x^2 - 1)^n dx,$$

因为

$$\int_{-1}^{1} (x^2-1)^n dx = \int_{-1}^{1} (x-1)^n (x+1)^n dx$$

$$= \frac{1}{n+1}(x-1)^n(x+1)^{n+1}\Big|_{-1}^{1} - \frac{n}{n+1}\int_{-1}^{1}(x-1)^{n-1}(x+1)^{n+1}dx.$$

当 $n > 1$ 时, 上述等式右端第一项为 0, 第二项按相同的办法继续分部积分, 一直到

$$\int_{-1}^{1}(x^2-1)^n dx = (-1)^n \frac{n!}{(n+1)(n+2)\cdots(2n)}\int_{-1}^{1}(x+1)^{2n}dx$$

$$= (-1)^n \frac{(n!)^2 2^{2n+1}}{(2n+1)!},$$

所以最后得到

$$\int_{-1}^{1} P_n^2(x)dx = \frac{1}{2^n n!}\int_{-1}^{1}\frac{d^n}{dx^n}(x^2-1)^n P_n(x)dx$$

$$= (-1)^n \frac{(2n)!}{2^n n!}\frac{1}{2^n n!}(-1)^n\frac{(n!)^2 2^{2n+1}}{(2n)!(2n+1)} = \frac{2}{2n+1}.$$

9.4.2　函数展开成 Legendre 多项式级数

所谓函数展开成 Legendre 多项式级数, 即

$$f(x) = \sum_{n=0}^{\infty} A_n P_n(x), \quad |x| < 1, \tag{9.16}$$

这只要求出以上级数的系数 A_n 即可, 根据 Legendre 多项式的正交性, (9.16) 两端乘以 $P_m(x)$, 然后在 $(-1,1)$ 上积分得 $\int_{-1}^{1} f(x)P_m(x)dx = \frac{2}{2m+1}A_m$, 即

$$A_m = \frac{2m+1}{2}\int_{-1}^{1} f(x)P_m(x)dx. \tag{9.17}$$

例 9.2　将函数

$$f(x) = \begin{cases} -1, & -1 < x < 0, \\ 1, & 0 < x < 1 \end{cases}$$

按 Legendre 多项式展成广义 Fourier 级数.

解

$$f(x) = \sum_{n=0}^{\infty} A_n P_n(x),$$

其中

$$A_n = \frac{2n+1}{2} \int_{-1}^{1} f(x) P_n(x) dx$$

$$= \frac{2n+1}{2} \left[-\int_{-1}^{0} P_n(x) dx + \int_{0}^{1} P_n(x) dx \right],$$

上式右端第一个积分为

$$\int_{-1}^{0} P_n(x) dx = \int_{0}^{1} P_n(-x) dx = (-1)^n \int_{0}^{1} P_n(x) dx,$$

于是 $A_{2m} = 0, m = 0, 1, \cdots$.

$$A_{2m+1} = \frac{2(2m+1)+1}{2} 2 \int_{0}^{1} P_{2m+1}(x) dx$$

$$= \frac{4m+3}{2^{2m+1}(2m+1)!} \int_{0}^{1} \frac{d^{2m+1}}{dx^{2m+1}} (x^2-1)^{2m+1} dx$$

$$= \frac{4m+3}{2^{2m+1}(2m+1)!} \frac{d^{2m}}{dx^{2m}} (x^2-1)^{2m+1} \bigg|_{0}^{1},$$

由于 $(x^2-1)^{2m+1} = (x-1)^{2m+1}(x+1)^{2m+1}$, 对其求 $2m$ 阶导数, 根据两个函数乘积的导数公式, 求导后的每一项都包含因子 $x-1$, 所以上述积分右端上限代入后为 0, 而下限代入时只要找出 $(x^2-1)^{2m+1}$ 的 $2m$ 次幂的系数即可. 因 $(x^2-1)^{2m+1} = \sum_{k=0}^{2m+1} C_{2m+1}^k x^{2k} (-1)^{2m+1-k}$, 其中 $C_m^k = \frac{m!}{k!(m-k)!}$ 为组合记号 $\left(\text{许多教材也记为} \begin{pmatrix} m \\ k \end{pmatrix}\right)$, 显然 x^{2m} 的系数为 $C_{2m+1}^m (-1)^{m+1}$, 而 x^{2m} 的 $2m$ 阶导数为 $(2m)!$, 因此

$$A_{2m+1} = -\frac{4m+3}{2^{2m+1}(2m+1)!} (-1)^{m+1} (2m)! C_{2m+1}^m$$

$$= (-1)^m \frac{(4m+3)(2m)!}{2^{2m+1} m!(m+1)!}.$$

于是

$$f(x) = \sum_{m=0}^{\infty} (-1)^m \frac{(4m+3)(2m)!}{2^{2m+1}m!(m+1)!} \, P_{2m+1}(x).$$

例 9.3　将函数 $f(x) = x^3$ 按 Legendre 多项式展开成广义 Fourier 级数.

解

$$x^3 = \sum_{n=0}^{\infty} A_n P_n(x),$$

其中

$$A_n = \frac{2n+1}{2} \int_{-1}^{1} x^3 P_n(x) dx \, .$$

首先当 $n > 3$ 时, $A_n = 0$; 其次当 $n \leqslant 3$ 时, 该积分可以用两种办法求得, 第一种办法是将 $P_n(x)$ 写成 Rodrigues 表达式, 然后不断地分部积分, 每分部积分一次 x^3 便降一次幂, 直到积出. 第二种办法是用比较系数的方法, 我们采用这种办法求之. 因

$$x^3 = A_0 P_0(x) + A_1 P_1(x) + A_2 P_2(x) + A_3 P_3(x)$$

$$= A_0 + A_1 x + A_2 \frac{1}{2}(3x^2 - 1) + A_3 \frac{1}{2}(5x - 3x)$$

$$= \frac{5}{2} A_3 x^3 + \frac{3}{2} A_2 x^2 + \left(A_1 - \frac{3}{2} A_3 \right) x + \left(A_0 - \frac{1}{2} A_2 \right),$$

故比较系数有

$$\frac{5}{2} A_3 = 1, \quad \frac{3}{2} A_2 = 0, \quad A_1 - \frac{3}{2} A_3 = 0, \quad A_0 - \frac{1}{2} A_2 = 0,$$

解得 $A_0 = A_2 = 0$, $A_3 = \dfrac{2}{5}$, $A_1 = \dfrac{3}{5}$, 即

$$x^3 = \frac{3}{5} P_1(x) + \frac{2}{5} P_3(x).$$

例 9.4　求证如下递推公式

$$(n+1)P_{n+1}(x) - (2n+1)xP_n(x) + nP_{n-1}(x) = 0. \tag{9.18}$$

证明　将多项式 $xP_n(x)$ 展成广义 Fourier 级数

$$xP_n(x) = \sum_{k=0}^{\infty} A_k P_k(x),$$

其中, $A_k = \dfrac{2k+1}{2} \displaystyle\int_{-1}^{1} xP_n(x)P_k(x)dx.$ 因该等式左端为 $n+1$ 次多项式, 故右端

应为 $\displaystyle\sum_{k=0}^{n+1} A_k P_k(x).$ 另外, 当 $k < n-1$ 时, $xP_k(x)$ 的次数小于 n, 故

$$\int_{-1}^{x} xP_k(x)P_n(x)dx = 0.$$

此外因 $xP_n^2(x)$ 为奇函数, 故

$$A_n = \frac{2n+1}{2}\int_{-1}^{1} xP_n^2(x)dx = 0,$$

这样有

$$xP_n(x) = A_{n-1}P_{n-1}(x) + A_{n+1}P_{n+1}(x). \tag{9.19}$$

由于该方程两端 x 的最高次幂系数应相等, 故

$$\frac{(2n)!}{2^n(n!)^2} = A_{n+1}\frac{(2n+2)!}{2^{n+1}[(n+1)!]^2},$$

所以

$$A_{n+1} = \frac{n+1}{2n+1}.$$

再由 $P_n(1) = 1$ 得

$$1 = A_{n-1} + \frac{n+1}{2n+1},$$

所以, $A_{n-1} = 1 - \dfrac{n+1}{2n+1} = \dfrac{n}{2n+1}$, 将 A_{n+1}, A_{n-1} 代入 (9.18) 整理即得结论.

9.5 Legendre 多项式的应用举例

例 9.5 求解例 9.1

$$\begin{cases} \dfrac{1}{r^2}\dfrac{\partial}{\partial r}\left(r^2\dfrac{\partial u}{\partial r}\right) + \dfrac{1}{r^2\sin\theta}\dfrac{\partial}{\partial\theta}\left(\sin\theta\dfrac{\partial u}{\partial\theta}\right) = 0, \quad r < a, \\[3mm] u|_{r=a} = \phi(\theta). \end{cases} \tag{9.20}$$

解 由 9.1 节的讨论知, 令 $u(r,\theta) = R(r)Q(\theta)$, 其中 $R(r), Q(\theta) = Q(\arccos x) = y(x)$ 分别满足

$$\frac{d}{dr}\left(r^2\frac{dR}{dr}\right) - n(n+1)R(r) = 0, \tag{9.21}$$

$$\frac{d}{dx}\left[(1-x^2)\frac{dy}{dx}\right] + n(n+1)y(x) = 0, \tag{9.22}$$

方程 (9.21) 的解为 $R(r) = Ar^n$. 由 9.2 节的讨论知, 当 n 不为整数时, (9.22) 的通解为

$$y(x) = c_1 y_1(x) + c_2 y_2(x),$$

其中 $y_1(x), y_2(x)$ 均为幂级数, 且在 $|x| < 1$ 内绝对收敛. 但可以证明这两级数在 $x = \pm 1$ 两点处发散, 而 $x = \pm 1$, 对应于 $\theta = 0, \pi$, 这是直角坐标系的 z 轴. 而根据实际问题, u 在球上有界, 因此 n 只能取整数, 故其解为

$$y(x) = c_1 P_n(x) + c_2 Q_n(x),$$

因 $Q_n(x)$ 在 $x = \pm 1$ 时无界, 故 $c_2 = 0$, 所以

$$y(x) = c_1 P_n(x).$$

这样 Legendre 方程的固有值问题

$$\begin{cases} (1-x^2)P''(x) - 2xP'(x) + n(n+1)P(x) = 0, & |x| < 1, \\ |P(\pm 1)| < \infty \end{cases}$$

的解为 $\lambda_n = n(n+1)$ $(n = 0, 1, 2, \cdots)$ 是固有值, $P_n(x)$ $(n = 0, 1, \cdots)$ 为对应于固有值 λ_n 的固有函数. 最后由线性方程解的叠加原理可得到问题 (9.20) 的解为

$$u(r, \theta) = \sum_{n=0}^{\infty} A_n r^n P_n(\cos\theta),$$

由边界条件 $u|_{r=a} = \phi(\theta)$ 得

$$\phi(\theta) = \sum_{n=0}^{\infty} A_n a^n P_n(\cos\theta),$$

$$A_n = \frac{2n+1}{2a^n}\int_{-1}^{1} \phi(\arccos x) P_n(x)dx, \tag{9.23}$$

或

$$A_n = \frac{2n+1}{2a^n}\int_{0}^{\pi} \phi(\theta) P_n(\cos\theta)\sin\theta d\theta. \tag{9.24}$$

例 9.6 一同心球壳, 其内半径为 a, 外半径为 b, 设内球表面的电势为 $\cos^2\theta$, 外球表面的电势为 0, 试求该球壳内任一点的电势.

解 据题意定解问题为

$$\begin{cases} \Delta u = 0, & a < r < b, \\ u|_{r=a} = \cos^2\theta, u|_{r=b} = 0, & 0 \leqslant \theta \leqslant \pi. \end{cases}$$

显然这是一个旋转对称问题, 即问题的解不依赖于球坐标中坐标 φ, 故在球坐标系下问题为

$$\begin{cases} \dfrac{1}{r^2}\dfrac{\partial}{\partial r}\left(r^2\dfrac{\partial u}{\partial r}\right) + \dfrac{1}{r^2\sin\theta}\dfrac{\partial}{\partial\theta}\left(\sin\theta\dfrac{\partial u}{\partial\theta}\right) = 0, & a < r < b, \\ u|_{r=a} = \cos^2\theta, u|_{r=b} = 0, & 0 \leqslant \theta \leqslant \pi. \end{cases} \tag{9.25}$$

令 $x = \cos\theta$, 则问题化为

$$\begin{cases} \dfrac{1}{r^2}\dfrac{\partial}{\partial r}\left(r^2\dfrac{\partial u}{\partial r}\right) + \dfrac{1}{r^2}\dfrac{\partial}{\partial x}\left[(1-x^2)\dfrac{\partial u}{\partial x}\right] = 0, & a < r < b, \\ u|_{r=a} = x^2, u|_{r=b} = 0, & -1 \leqslant x \leqslant 1. \end{cases}$$

类似于引例, 令 $u = R(r)P(x)$,

$$\frac{d}{dr}\left(r^2\frac{dR}{dr}\right) - \lambda R(r) = 0, \tag{9.26}$$

$$\frac{d}{dx}\left[(1-x^2)\frac{dP}{dx}\right] + \lambda P(x) = 0, \tag{9.27}$$

首先, 应注意到对任何 $a > 0$ (当然包含 $a \to 0$ 的情况), 定解问题 (9.25) 都是适定的, 因此同 9.1 节中引例的讨论类似, 应有固有值 $\lambda \geqslant 0$, 记为 $\lambda = n(n+1)$. 与例 9.5 的讨论相同, 方程 (9.27) 中, 固有值 $\lambda = n(n+1)$ 中的 $n \geqslant 0$ 应为自然数, 对应的固有函数为 $P_n(x)$.

解 (9.26) 得

$$R_n(r) = A_n r^n + B_n r^{-(n+1)}, \quad n = 0, 1, \cdots, \tag{9.28}$$

又因边界条件 $u|_{r=b} = 0$ 得 $R_n(b) = 0$, 故 $B_n = -A_n b^{2n+1}$, 所以

$$R_n(r) = A_n[r^n - b^{2n+1}r^{-(n+1)}], \quad n = 0, 1, \cdots,$$

因此问题 (9.25) 的解为

$$u = \sum_{n=0}^{\infty} A_n[r^n - b^{2n+1}r^{-(n+1)}]P_n(x),$$

由 $u|_{r=a} = x^2$ 得

$$x^2 = \sum_{n=0}^{\infty} A_n[a^n - b^{2n+1}a^{-(n+1)}]P_n(x),$$

因上式左端为二次多项式, 故右端当 $n > 2$ 时, $A_n = 0$, 因此

$$x^2 = \sum_{n=0}^{2} A_n[a^n - b^{2n+1}a^{-(n+1)}]P_n(x), \tag{9.29}$$

将 $P_0(x) = 1$, $P_1(x) = x$ 和 $P_2(x) = \dfrac{1}{2}(3x^2 - 1)$ 代入 (9.29), 然后比较方程两端的系数得

$$A_0 = \frac{a}{3(a-b)}, \quad A_1 = 0, \quad A_2 = \frac{2a^3}{3(a^5 - b^5)},$$

所以解为

$$u = \frac{a}{3(a-b)}\left(1 - \frac{b}{r}\right)P_0(x) + \frac{2a^3}{3(a^5-b^5)}\left(r^2 - \frac{b^5}{r^3}\right)P_2(x),$$

亦即

$$u(r,\theta) = \frac{a}{3(a-b)}\left(1 - \frac{b}{r}\right) + \frac{a^3}{3(a^5-b^5)}\left(r^2 - \frac{b^5}{r^3}\right)(3\cos^2\theta - 1).$$

习　题　9

1. 证明 $P_l'(1) = \dfrac{d}{dx}[P_l(x)]_{x=1} = \dfrac{1}{2}l(l+1)$.

2. 设 $f(x) = \begin{cases} 1, & 0 < x < 1, \\ -1, & -1 < x < 0, \end{cases}$ 证明

$$\int_{-1}^{1} f^2(x)dx = 2\sum_{n=0}^{\infty}(4n+3)\left[\frac{(2n-1)!!}{(2n+2)!!}\right]^2,$$

且上述级数收敛.

3. 证明

(1) $\displaystyle\int_{-1}^{1}(1-x^2)P_n'(x)P_m'(x)dx = 0, m \neq n;$

(2) $\displaystyle\int_{-1}^{1}x(1-x^2)P_n'(x)P_m'(x)dx = 0, m \neq n \pm 1.$

4. 证明:

(1) $\int_{-1}^{1} x^m P_n(x)dx = 0, m < n;$

(2) $\int_{-1}^{1} x^n P_n(x)dx = \dfrac{2^{n+1}(n!)^2}{(2n+1)!};$

(3) $\int_{-1}^{1} x^{2r} P_{2n}(x)dx = \dfrac{2^{2n+1}(2r)!(r+n)!}{(2r+2n+1)!(r-n)!}, r > n;$

(4) $\int_{-1}^{1} x^{2r+1} P_{2n+1}(x)dx = \dfrac{2^{2n+2}(2r+1)!(r+n+1)!}{(2r+2n+3)!(r-n)!}, r > n,$

其中 m,n,r 均为整数.

5. 设函数 u 在 $\mathbf{R}^3$ 上有界, B_0^a 表示以原点为心, a 为半径的球, 分别在该球内外求解定解问题:

(1) $\begin{cases} \Delta u = 0, & r < a, \\ u|_{r=a} = \cos\theta; \end{cases}$
    (2) $\begin{cases} \Delta u = 0, & r < a, \\ \left.\dfrac{\partial u}{\partial r}\right|_{r=a} = \cos\theta. \end{cases}$

6. 求解定解问题:

$$\begin{cases} \dfrac{\partial^2 u}{\partial t^2} = a^2 \dfrac{\partial}{\partial x}\left[(l^2-x^2)\dfrac{\partial u}{\partial x}\right], & 0 < x < l, t > 0, \\ u(0,t) = 0, \quad |u(l,t)| < \infty, & t \geqslant 0, \\ u(x,0) = \varphi(x), \quad u_t(x,0) = \psi(x), & 0 \leqslant x \leqslant l, \end{cases}$$

其中 $\varphi(x), \psi(x)$ 为已知函数.

7. 求解如下球对称问题:

(1) $\begin{cases} u_{tt} = a^2 \Delta u, & r < R, t > 0, \\ |u(0,t)| \leqslant M, \quad u|_{r=R} = 0, & t \geqslant 0, \\ u|_{t=0} = \varphi(r), \quad u_t|_{t=0} = \psi(r), & r \leqslant R, \end{cases}$ 　其中 $M > 0$ 是常数;

(2) $\begin{cases} u_t = a^2 \Delta u, & r < R, t > 0, \\ |u(0,t)| \leqslant M, \quad \left.\dfrac{\partial u}{\partial r}\right|_{r=R} = 0, & t \geqslant 0, \\ u|_{t=0} = \varphi(r), & r \leqslant R, \end{cases}$ 　其中 $M > 0$ 是常数.

参考文献

戴嘉尊. 2002. 数学物理方程. 南京: 东南大学出版社.

姜礼尚, 孙和生, 陈志浩, 等. 1997. 偏微分方程选讲. 北京: 高等教育出版社.

梁昆淼. 1978. 数学物理方法. 北京: 人民教育出版社.

南京大学数学系计算数学专业. 1979. 偏微分方程. 北京: 科学出版社.

邵惠民. 2004. 数学物理方法. 北京: 科学出版社.

王元明. 2004. 数学物理方程与特殊函数. 3 版. 北京: 高等教育出版社.

薛兴恒. 1995. 数学物理偏微分方程. 合肥: 中国科学技术大学出版社.

赵凯华, 陈熙谋. 1978. 电磁学. 北京: 人民教育出版社.

附录 A   Sturm-Liouville 固有值问题

在第 2 章和第 8、9 章, 我们已经看到, 用分离变量法解定解问题时, 必导出固有值问题, 即在一定的边界条件下求一个含参数的齐次常微分方程非零解的问题. 本节介绍固有值问题的一些概念及主要结论, 而不作全面论述.

A.1   固有值问题的提法

设带有参量的二阶常微分方程的一般形式为

$$c_1(x)\frac{d^2y}{dx^2} + c_2(x)\frac{dy}{dx} + (c_3(x) + \lambda)y = 0. \tag{A1}$$

若作如下变换

$$k(x) = \exp\left[\int \frac{c_2(x)}{c_1(x)}dx\right], \quad q(x) = -\frac{c_3(x)}{c_1(x)}k(x), \quad \rho(x) = \frac{k(x)}{c_1(x)},$$

则 (A1) 化为

$$\frac{d}{dx}\left[k(x)\frac{dy}{dx}\right] - q(x)y + \lambda\rho(x)y = 0. \tag{A2}$$

我们称 (A2) 为 Sturm-Liouville (S-L) 方程. 方程 (A2) 中的 λ 为一常数, 而 $k(x), q(x)$ 和 $\rho(x)$ 通常都假设为实变函数, 为保证解的存在, 又设 $q(x)$ 和 $\rho(x)$ 在闭区域 $[a, b]$ 上连续, 而 $k(x)$ 在 (a, b) 上连续可微.

若 $k(x)$ 和 $\rho(x)$ 在 $[a, b]$ 上都是正的, 则称方程 (A2) 是正则的. 当所给区间是半无限区间或无限区间或者当 $k(x)$ 和 $\rho(x)$ 在有限区间 $[a, b]$ 的一个或两个端点处等于零时, $q(x)$ 在 (a, b) 中出现间断点, 则称 (A2) 是奇异的.

解线性偏微分方程定解问题时, 在对方程进行分离变量的同时, 还要对边界条件分离变量而获得 $y(x)$ 满足的边界条件, 如:

(1) 第一、二、三类边界条件. 可统一地写成

$$\alpha_1 y(a) + \alpha_2 y'(a) = 0, \quad \beta_1 y(b) + \beta_2 y'(b) = 0,$$

其中 $\alpha_1, \alpha_2, \beta_1, \beta_2$ 均为实数, 且 $\alpha_1^2 + \alpha_2^2 \neq 0$, $\beta_1^2 + \beta_2^2 \neq 0$.

(2) 周期性边界条件. 通常在一个周期的端点上有

$$y(a) = y(b),$$

从而 $y'(a) = y'(b)$.

(3) 自然边界条件. 若在端点上 $k(a) = 0, k'(a) \neq 0$, 则要求

$$|y(a)| < M \quad (\text{对应于 } k(a) = 0),$$

或

$$|y(b)| < M \quad (\text{对应于 } k(b) = 0).$$

此外, 区间的端点可能是 (A2) 的奇点 (例如当 $k(x)$ 在端点为 0 时), 对于这些端点, 由问题本身的特点会提出一些要求, 例如要求解连续或有界, 或不超过指定阶数的无穷大, 等等. 这些要求也可起到边界条件的作用, 我们统称为自然边界条件.

因此, S-L 固有值问题就是由方程 (A2) 加上相应的边界条件所构成的, 而解固有值问题就是寻求满足该问题的非零解, 即求固有值与固有函数.

A.2　固有值问题的主要结论

S-L 问题的研究已有近二百年的历史, 人们得到了很多极富有实用价值的结论, 为分离变量法奠定了坚实的理论基础, 下面列出其中一些重要的结论.

在 S-L 固有值问题中, 若

(1) $k(x)$, $k'(x), \rho(x)$ 都是 (a,b) 上的实变连续函数.

(2) $q(x) \geqslant 0$ 且连续或在端点至多有一阶极点.

(3) $k(x) > 0$, $\rho(x) > 0$ 或者它们在端点至多有一阶零点, 则

(i) 固有值存在, 所有固有值都是非负实数, 特别当 $\alpha_1\alpha_2 \leqslant 0, \beta_1\beta_2 \geqslant 0$ 时, 所有固有值都是正数, 即 $\lambda > 0$.

(ii) 有零固有值的充要条件是边界条件均为齐次第二类边界条件或周期边界条件, 且 $q(x) \equiv 0$; 与 $\lambda = 0$ 对应的固有函数为常数.

(iii) 对齐次边界, 一个固有值 λ_n 对应于一个固有函数 $y_n(x)$, 且 $y_n(x)$ 在 (a,b) 上有 n 个零点; 对周期性边界条件, 一个固有值 λ_n 可能有几个线性无关的固有函数, 此时这些线性无关的固有函数的排行要调整, 调整后的固有函数可按零点的个数排序.

(iv) 对应于不同的固有值的固有函数在 $[a,b]$ 上是带权正交的.

(v) 固有函数系 $\{y_n(x)\}_{n=0}^{\infty}$ 在 $[a,b]$ 上构成一个正交完备系, 即任给一个 $[a,b]$ 上的具有连续一阶导函数和分段连续的二阶导函数, 且适合固有值问题边界条件

的函数 $f(x)$ 都可按 $\{y_n(x)\}$ 展开成 $[a, b]$ 上绝对且一致收敛的级数, 即

$$f(x) = \sum_{n=0}^{\infty} A_n y_n(x),$$

其中

$$A_n = \frac{\displaystyle\int_a^b f(x) y_n(x) \rho(x) dx}{\displaystyle\int_a^b y_n^2(x) \rho(x) dx},$$

称 $N_n = \sqrt{\displaystyle\int_a^b y_n^2(x) \rho(x) dx}$ 为固有函数 $y_n(x)$ 的模. 若 $f(x)$ 和 $f'(x)$ 在 $[a, b]$ 上分段连续, 则此级数在 $f(x)$ 的间断点 x_0 处收敛于 $\frac{1}{2}[f(x_0 + 0) + f(x_0 - 0)]$, 且在 $[a, b]$ 上的收敛失去一致性.

为了加深对上述结论的理解, 我们对部分结论给出以下证明. 现在我们先导出一个 Lagrange 恒等式.

定义算符 L

$$L = -\frac{d}{dx}\left[k(x)\frac{d}{dx}\right] + q(x),$$

因此

$$y_m L(y_n) - y_n L(y_m) = \frac{d}{dx}\left[k(x)\left(\frac{dy_m}{dx}y_n - y_m\frac{dy_n}{dx}\right)\right],$$

$$y_m^* L(y_n) - y_n L(y_m^*) = \frac{d}{dx}\left[k(x)\left(\frac{dy_m^*}{dx}y_n - y_m^*\frac{dy_n}{dx}\right)\right],$$

其中 y_m^* 表示 y_m 的共轭复数. 对上面第二式在 $[a, b]$ 上积分得

$$\int_a^b y_m^* L(y_n) dx - \int_a^b y_n L(y_m)^* dx = k(x)\left(\frac{dy_m^*}{dx}y_n - y_m^*\frac{dy_n}{dx}\right)\bigg|_a^b.$$

由于 $y_m(x), y_n(x)$ 都满足相同的边界条件, 故

$$\int_a^b y_m^* L(y_n) dx - \int_a^b y_n L(y_m)^* dx = 0,$$

即

$$\int_a^b y_m^* L(y_n) dx = \int_a^b L(y_m)^* y_n dx. \qquad (A3)$$

现证明上述结论 (i).

定理 A1 若 $\rho(x) > 0$, 则 S-L 固有值问题的所有固有值都是实数.

证明 将 S-L 方程重写为

$$L(y) = \lambda \rho(x) y,$$

由于 $\rho(x) > 0$ 为实函数, 故

$$L(y)^* = \lambda^* \rho(x) y^*,$$

代入恒等式有

$$0 = \int_a^b [y^* L(y) - y L(y)^*] dx = \int_a^b [y^* \lambda \rho(x) y - y \lambda^* \rho(x) y^*] dx$$

$$= (\lambda - \lambda^*) \int_a^b \rho(x) |y|^2 dx.$$

因 $\rho(x) > 0$, $\int_a^b \rho(x) |y|^2 dx > 0$, 所以, $\lambda = \lambda^*$, 此即 λ 为实数.

定理 A2 对应于不同固有值的固有函数, 在 $[a, b]$ 上是带权 $\rho(x) > 0$ 正交, 即当 $m \neq n$ 时, 成立

$$\int_a^b \rho(x) y_m^*(x) y_n(x) dx = 0. \tag{A4}$$

证明 将 S-L 方程代入恒等式 (A3) 有

$$0 = \int_a^b [y_m^* L(y_n) - y_n L(y_m)^*] dx = \int_a^b [y_m^* \lambda_n \rho(x) y_n - y_n \lambda_m \rho(x) y_m^*] dx$$

$$= (\lambda_n - \lambda_m) \int_a^b \rho(x) y_m^* y_n dx,$$

因当 $m \neq n$ 时, $\lambda_m \neq \lambda_n$, 故结论成立.

定理 A3 在带有第三类齐次边界条件的 S-L 固有值问题中, 若 $k(x) > 0$, $\rho(x) > 0, q(x) \geqslant 0, \alpha_1 \alpha_2 \leqslant 0, \beta_1 \beta_2 \geqslant 0$, 则问题的固有值满足 $\lambda > 0$.

证明 将 S-L 方程 (A2) 两边同乘以 y^* 并积分得

$$\int_a^b \frac{d}{dx} \left[k(x) \frac{dy}{dx} \right] y^* dx + \lambda \int_a^b \rho(x) |y(x)|^2 dx = \int_a^b q(x) |y(x)|^2 dx,$$

因为

$$\int_a^b \frac{d}{dx}\left[k(x)\frac{dy}{dx}\right]y^*(x)dx$$

$$= k(x)\frac{dy}{dx}y^*(x)\Big|_a^b - \int_a^b k(x)\left|\frac{dy}{dx}\right|^2 dx$$

$$= k(b)y'(b)y^*(b) - k(a)y'(a)y^*(a) - \int_a^b k(x)\left|\frac{dy}{dx}\right|^2 dx.$$

而由边界条件解得 $y'(a) = -\dfrac{\alpha_1}{\alpha_2}y(a), y'(b) = -\dfrac{\beta_1}{\beta_2}y(b)$ (当 $\alpha_2 = 0$ 时, 解出 $y(a) = 0$. 同理若 $\beta_2 = 0$, 解出 $y(b) = 0$), 故据假设 $\alpha_1\alpha_2 \leqslant 0$, $\beta_1\beta_2 \geqslant 0$ 有

$$\int_a^b \frac{d}{dx}\left[k(x)\frac{dy}{dx}\right]y^*(x)dx$$

$$= -k(b)\frac{\beta_1}{\beta_2}|y(b)|^2 + k(a)\frac{\alpha_1}{\alpha_2}|y(a)|^2 - \int_a^b k(x)|y'(x)|^2 dx < 0.$$

所以

$$\lambda \int_a^b \rho(x)|y(x)|^2 dx > 0.$$

再由 $\rho(x) > 0$ 知 $\lambda > 0$.

定理 A4 (1) 固有函数 $y(x)$ 的零点都是一阶的, 且全部位于 (a,b) 内.

(2) 线性无关的两个固有函数 $y_n(x)$ 与 $y_m(x)$ 的零点交错排列, 即 $y_n(x)$ 的每两个相邻零点之间有且仅有 $y_m(x)$ 的一个零点, 反之亦然.

证明 (1) $y(x)$ 不能有重零点. 因 $y(x)$ 是 S-L 方程 (A2) 的解, 若 $x = \xi$ 为 $y(x)$ 的 k 阶 $(k \geqslant 2)$ 零点, 则必有 $y(\xi) = 0, y'(\xi) = 0$, 由 S-L 方程可逐次得到 $y^{(k)}(\xi) = 0$ $(k = 2, 3, \cdots)$, 从而得到 $y(x) \equiv 0$, 这与非零解矛盾, 故若 $x = \xi$ 为零点, 则必为一阶的.

(2) 令 $\alpha, \beta \in (a, b)$ 为 $y_n(x)$ 的两个相邻零点, 显然 $y_m(\alpha) \neq 0$, $y_m(\beta) \neq 0$, 否则 $y_n(x)$ 与 $y_m(x)$ 线性相关, 与题设矛盾. 若 $y_m(x)$ 在 (α, β) 内没有零点, 则函数 $u(x) = \dfrac{y_n(x)}{y_m(x)}$ 在 (α, β) 内连续, 且 $u(\alpha) = u(\beta) = 0$, 由罗尔定理知 $u'(x)$ 在 (α, β) 内至少有一个零点. 不妨设为 ν, 即

$$u'(\nu) = \frac{y_n'(\nu)y_m(\nu) - y_n(\nu)y_m'(\nu)}{y_m^2(\nu)} = \frac{w[y_n, y_m]}{y_m^2}\bigg|_{x=\nu} = 0,$$

故

$$w[y_n, y_m]_{x=\nu} = \begin{vmatrix} y_m & y_n \\ y'_m & y'_n \end{vmatrix}_{x=\nu} = 0.$$

这说明 $y_n(x), y_m(x)$ 线性相关, 与题设矛盾. 这就证明了 $y_m(x)$ 在 (α, β) 内有且只有一个零点.

定理 A5   S-L 问题的无穷多个实固有值满足

$$0 \leqslant \lambda_0 < \lambda_1 < \cdots < \lambda_n < \cdots,$$

并且 $\lim\limits_{n \to \infty} \lambda_n = \infty$. 每个固有值 λ_n 只对应一个固有函数 $y_n(x)$, 且在 (a, b) 上有 n 个零点.

证明略.

定义在 $[a, b]$ 上并且满足 S-L 问题边界条件的任一个逐段光滑的函数 $f(x)$ 可按此函数系展开为一致收敛的广义 Fourier 级数

$$f(x) = \sum_{n=0}^{\infty} c_n y_n(x),$$

其中

$$c_n = \int_a^b \rho(x) f(x) y_n(x) dx \Big/ \int_a^b \rho(x) y_n^2(x) dx, \quad n = 0, 1, \cdots,$$

对这一定理的证明有兴趣的读者可在有关书籍中找到 (例如 R. 柯朗, D. 希尔伯特的《数学物理方法 I》).

附录 B Fourier 变换表和 Laplace 变换表

1. Fourier 变换表

$f(x)$	$F(\lambda) = \int_{-\infty}^{\infty} f(\xi)e^{-i\lambda\xi}d\xi$
$\begin{cases} e^{i\omega x}, & a < x < b \\ 0, & x < a, x > b \end{cases}$	$\dfrac{i}{\lambda + \omega}(e^{-i(\lambda+\omega)a} - e^{-i(\lambda+\omega)b})$
$\begin{cases} e^{-ax+i\omega x}, & x > 0 \\ 0, & x < 0 \end{cases}$	$\dfrac{i}{\omega + \lambda + ia}$
$e^{-|x|}$	$\dfrac{2}{1 + \lambda^2}$
e^{-ax^2} (Re $a > 0$)	$\sqrt{\dfrac{\pi}{a}}e^{-\frac{\lambda^2}{4a}}$
$\dfrac{1}{|x|}$	$\dfrac{\sqrt{2\pi}}{|\lambda|}$
$\dfrac{1}{|x|}e^{-a|x|}$ ($a > 0$)	$\sqrt{\dfrac{2\pi}{a^2 + \lambda^2}}(\sqrt{a^2 + \lambda^2} + a)^{\frac{1}{2}}$
$\dfrac{\sin bx}{x}$	$\begin{cases} \pi, & |\lambda| < b \\ 0, & |\lambda| > b \end{cases}$
$\dfrac{\mathrm{sh}ax}{\mathrm{sh}\pi x}$ $(-\pi < a < \pi)$	$\dfrac{\sin a}{\cos a + \mathrm{ch}\lambda}$
$\dfrac{\mathrm{ch}ax}{\mathrm{ch}\pi x}$ $(-\pi < a < \pi)$	$\dfrac{2\cos\dfrac{a}{2}\mathrm{ch}\dfrac{\lambda}{2}}{\mathrm{ch}\lambda - \cos a}$
$\cos \eta x$	$\sqrt{\dfrac{x}{\eta}}\cos\left(\dfrac{\lambda^2}{4\eta} - \dfrac{\pi}{4}\right)$
$\sin \eta x$	$\sqrt{\dfrac{x}{\eta}}\sin\left(\dfrac{\lambda^2}{4\eta} + \dfrac{\pi}{4}\right)$

2. Laplace 变换表

$f(t)$	$F(p) = \int_0^\infty f(t)e^{-pt}\,dt$
c	c/p
$t^n (n = 1, 2, \cdots)$	$n!/p^{n+1}$
e^{at}	$1/(p - a)$
$\sin \omega t$	$\omega/(p^2 + \omega^2)$
$\cos \omega t$	$p/(p^2 + \omega^2)$
$\sqrt{t}$	$\sqrt{\pi/(4p^3)}$
$1/\sqrt{t}$	$\sqrt{\pi/p}$
$e^{at} \sin \omega t$	$\omega/[(p - a)^2 + \omega^2]$
$e^{at} \cos \omega t$	$(p - a)/[(p - a)^2 + \omega^2]$
$\mathrm{erf}(a\sqrt{t})$	$a/(p\sqrt{p + a})$
$\mathrm{erfc}(a/(2\sqrt{t}))$	$e^{-a\sqrt{p}}/p$
$t^{\alpha-1} (\alpha > 0)$	$\Gamma(\alpha)/p^\alpha$
$J_0(at)$	$1/\sqrt{p^2 + a^2}$
$I_0(at)$	$1/\sqrt{p^2 - a^2}$
$(\sin \omega t)/t$	$\arctan(\omega/p)$
$t\,\mathrm{sh}\,\omega t$	$2\omega p/(p^2 - \omega^2)^2$
$t\,\mathrm{ch}\,\omega t$	$(p^2 + \omega^2)/(p^2 - \omega^2)^2$

注: 误差函数 $\mathrm{erf}(a) = \dfrac{2}{\sqrt{\pi}} \displaystyle\int_0^a e^{-t^2}\,dt$, 余误差函数 $\mathrm{erfc}(a) = 1 - \mathrm{erf}(a) = \dfrac{2}{\sqrt{\pi}} \displaystyle\int_a^\infty e^{-t^2}\,dt$